丛书编委会

主　编：王　战　于信汇

副主编：黄仁伟

编　委（以姓氏笔画为序）：

于　蕾　王玉梅　王　振　王　健　方松华

权　衡　朱平芳　刘　杰　刘　鸣　汤蕴懿

孙福庆　杨亚琴　杨　雄　何建华　何锡荣

沈开艳　张兆安　邵　建　郁鸿胜　周冯琦

荣跃明　姚勤华　晏可佳　殷啸虎　谢京辉

强　荧

组　稿：上海社会科学院创新工程办公室

丛书总序

在中国特色社会主义伟大实践中加快构建中国特色哲学社会科学,既是开创中华民族伟大复兴的思想基础,也是应对当前深刻复杂国际形势的重要支撑。党的十八大以来,以习近平同志为总书记的党中央把加快构建中国特色哲学社会科学作为提高治国理政能力、推进国家治理体系和治理能力现代化的战略任务,高度重视、精心部署、全力推动。这也为上海社会科学院新时期的发展提供了目标方向。

理论的生命力在于创新。古往今来,世界大国崛起路径各异,但在其崛起的过程中,无不伴随着重大的理论创新和哲学社会科学的发展。面对新挑战、新要求,中国哲学社会科学特别需要加强理论前沿、重大战略、综合领域、基层实践的诠释和指导能力。作为国家哲学社会科学的重要研究机构,2014年上海社会科学院率先在地方社会科学院实施哲学社会科学创新工程;2015年又成为国家首批高端智库试点单位。上海社会科学院从体制机制入手,以理论创新为突破口,围绕"国家战略和上海先行先试"定位,以智库建设和学科发展"双轮驱动"为创新路径,积极探索,大胆实践,对哲学社会科学的若干重大理论和现实问题开展前瞻性、针对性、储备性政策研究,完成了一批中央决策需要的、具有战略和全局意义、现实针对性强的高质量成果。

在上海社会科学院创新工程实施三年之际,通过本套丛书集中展示了我院在推进哲学社会科学理论创新中的成果,并将分批陆续出版。在编撰过程中,我们既强调对重大理论问题的深入探讨,也鼓励针对高端智库决策成果中的热点现实问题进行理论探讨。希望本丛书能体现高端智库的研究水平、社科院的研究特色,对国家战略性、前瞻性、基础性问题进行深入思考,也为繁荣新时期中国哲学社会科学理论创新添砖加瓦。

丛书主编

2016 年 11 月 15 日

目　录

第一章

引　言

　　区域可持续发展离不开良好环境的有力支撑,而环境绩效评价则是促进环境质量提升的重要环节之一。经过几十年的经济快速发展,当前区域生态环境问题愈发严峻,需要将环境管理和环境业绩有机地协调起来,实施区域层面的环境绩效评价,以促进地区经济发展、社会进步和生态环境的协调可持续发展。区域环境绩效评价在本质上就是评估区域环保目标是否如期实现,区域在环境保护方面取得了哪些显著的成就。开展环境绩效评估,能够为区域有关部门制定生态环境决策提供依据,有助于构建和完善地方政府生态文明绩效考核体系,可以定期向政府部门提供区域环境绩效信息,诊断区域环境绩效是否符合相关标准,在此基础上能够有效地建立健全科学的区域环境绩效管理体系。

第一节　环境绩效管理背景意义

　　环境绩效评估是对区域环境绩效发展状况进行分析、量测和评估,是一种系统性的程序,根据评估结果,可以对环境绩效进行定期考核和优化。

一、环境绩效评估已成为世界范围内有效的环境管理工具

当前,生态环境问题已严重影响到人类福祉的提升,加大环境保护力度已成为国际共识。区域可持续发展离不开良好的环境管理,而环境绩效评价则是提升环境管理水平的重要环节之一。实践证明,环境绩效评估是一种非常有效的环境管理方式,随着全球环境保护意识的不断增强,环境绩效评估在许多国家和地区都得到了广泛开展。

(一) 环境绩效评估是世界各国环境管理的新趋势

环境绩效评估有助于提高国家或地区的环境管理水平,促进环境绩效水平的持续提升。作为一种有效的环境管理工具,环境绩效评估在世界范围内受到广泛关注,已被经合组织(OECD)、亚洲开发银行(ADB)等多个国际机构采纳、应用和推广,并在多个国家和地区层面进行了多样化的环境绩效管理实践。

OECD 早在 1991 年就启动了环境绩效评估工作,其所有成员国均不同程度地开展了环境绩效评估实践;OECD 还鼓励和引导部分非成员国开展环境绩效管理工作。通过环境绩效评估,OECD 可以对成员国的环境保护情况进行系统性的评测,阐述各成员国在环境治理方面所采取的措施,并基于对经济、社会、环境数据的收集、分析、评估,得出相应的评估结论,为各国下一步的环境保护决策提供借鉴和参考。

OECD 环境绩效评估结果不仅能够促进各成员国完善已有的环境保护政策和措施,而且为世界上其他国家了解 OECD 成员国的环境绩效状况提供了一个非常好的平台,因此各个被评估国家纷纷认可环境绩效评估的意义和作用。

2007 年,OECD 公布《OECD 中国环境绩效评估》报告,介绍了中

国 1990 年之后环境保护、环境与经济协调发展、国际环境保护合作等领域的努力和取得的成就,测评了环保目标的实现程度和环保承诺的履行情况,并指出中国环境保护中还有待进一步完善的地方。该报告对中国环境决策的优化有着重要作用,也有利于其他国家了解中国环境保护开展情况,进一步促进中国将环境绩效纳入政府考核内容,促进经济社会发展方式转型,更加凸显生态优先的发展理念。

(二) 环境绩效评估是测评联合国可持续发展目标的重要参考

环境绩效评估能够反映环境保护目标是否如期实现,为实现环境保护的过程管理、促进全社会的可持续发展提供了重要依据。联合国"千年发展目标"确立之后,为全球各国制定了一系列责任目标和发展要求,这就需要构建科学合理的评估标准,评价世界各国的节能减排和环境管理的工作水平。"千年发展目标"在可持续发展领域制定了具体的评估指标,第一次将可持续发展理念摆上了全球政策议程,然而可持续发展目标下缺乏相关的指标,缺乏充分的定义和准确测评,环境绩效指数的推出则填补了这方面的空缺。

为了定量地评估分布在世界不同地区的经济体在环境绩效管理领域所付出的努力,耶鲁大学和哥伦比亚大学于 1999 年构建了环境可持续发展指数(ESI),该指数共包括 21 个环境可持续发展指标,以此对多个国家和地区的可持续发展状况进行衡量和排序。为了更针对性地突出环境绩效,也为了使联合国可持续发展目标能够得到定量评价,在 ESI 的基础之上,耶鲁大学和哥伦比亚大学在 2006 年构建了环境绩效指数(EPI),并先后发布了 6 次全球环境绩效指数报告,其中第 6 次报告于 2016 年发布。由于全世界关注的环境问题焦点随着经济社会发展而不断变化,因此,已发布的 6 次 EPI 评估的具体指标也随之不断调整。

环境绩效指数侧重于政策目标导向和定量绩效测评,并以此评估环境绩效目标的实现程度。环境绩效指数建立的指标体系,主要包括与政策、污染治理、资源管理等领域相关的指标,这些指标构成了一套反映当前环境保护和绩效管理问题与挑战的评价体系。环境绩效指数为的是帮助管理者发现环境管理中存在的问题,为其提供环境治理和生态保护的发展趋势,测评政策产生的成效如何,为环境绩效管理者提供优化环境决策的信息和依据,指出提升未来环境数据质量的发展方向。

二、我国生态文明体制改革要求构建环境绩效考核机制

在全面深化改革的部署之下,我国已进入生态文明体制改革的关键期。推进生态文明体制改革,首先需要构建基础性框架,形成完善的生态文明制度体系。其中重点之一就是构建生态文明绩效评价考核制度。环境绩效是生态文明绩效的重点内容之一,构建和完善生态文明绩效评价考核制度,其关键就是要形成环境绩效评价制度,建立健全绩效评估导向的环境管理模式(董战峰,2015)。

(一) 我国正深入推进生态文明体制改革

中共十八大提出了涵盖生态文明建设在内的"五位一体"总体布局。之所以将生态文明建设纳入总体布局,是因为当前生态环境问题已严重制约了我国经济社会的可持续发展,必须改变生态环境持续恶化的发展态势,努力建设美丽中国,这是我国经济社会发展到当前时期必须正视和解决的问题。根据"五位一体"的发展部署,经济、政治、文化和社会四个领域的改革都是以生态文明建设为基础的,需要把生态文明理念融入其他四个领域建设的全过程。生态文明建设是一项战略任务,涉及生产和生活方式变革,必须依靠完善制度体系才能实现根本性变革任务。也就是说,生态文明建设理念及具体举措的落实和推广,需要一个系统性的体制机制,既包括各种类型的政策制度,也包括各种具有技术性的机制。

中共十八届三中全会审议通过的《中共中央关于全面深化改革若干重大问题的决定》，提出 6 个方面的体制改革，其中就包括深化生态文明体制改革。要求围绕着美丽中国建设，构建生态文明制度体系，完善国土开发、资源保护、生态修复和环境治理等方面的体制机制，从而形成新型的人与自然关系格局。与其他的体制改革相比，生态文明体制明显滞后，因此，生态文明体制改革更注重建设。2015年 9 月，我国发布了《生态文明体制改革总体方案》。该方案是生态文明改革的顶层设计，从机制体制改革视角提出推进生态文明建设的部署，对我国生态文明顶层设计具有显著意义。按照总体部署，国家推出"1＋6"生态文明体制改革措施，目标是到 2020 年，构建系统的生态文明制度体系。"1"指生态文明体制改革总体方案，"6"包括环境保护督察方案（试行）、生态环境监测网络建设方案、开展领导干部自然资源资产离任审计的试点方案、党政领导干部生态环境损害责任追究办法（试行）、编制自然资源资产负债表试点方案、生态环境损害赔偿制度改革试点方案。

（二）环境绩效是生态文明体制改革的重要内容

改革开放以来，我国国内生产总值年均增长约 10%，经济总量已居世界第二。但经济增长过程中的资源环境成本太高，不可避免地伴随着生态破坏和环境污染，随着全社会环保意识的持续增强，全社会对政府加大环境管理力度、提升环境管理水平的呼声也越来越高。区域环境绩效在某种意义上也是区域在生态保护、污染防治、节能减排等方面取得的各种效益，包括环境效益、经济效益和社会效益。环境绩效总体上伴随着区域经济社会的发展而发展。当区域已有的生态文明制度体系、环境保护基础设施、环境保护组织方式等能够发挥作用，有效减轻经济社会活动对环境的破坏，并产生良好的预防和恢复效应，此时区域环境绩效水平表现良好。当经济社会发展环境发生变化，对生态环境的负面影响不断加大，而现有的环境管理方式没有随之转型,就不能满足环境保护需求,区域环境绩效水平将表现较差,此时必须转变生态环境领域的政策措施,包括宏观层面和微观层面的环境战略转型,才能对区域生态环境进行有效治理,实现人与自然环境的和谐发展。因此,环境绩效评价对区域环境保护转型发展有促进作用。

此外,环境绩效评价可以强化环境决策的科学性和合理性,环境绩效评估一方面是对当前的生态环境政策、环保行为成效的评价;另一方面可以在评价的基础上提出环境绩效优化对策,有助于政府环保责任的履行,为环境保护计划的制订、制度有效性评价等提供信息和决策依据。环境绩效评估是包含评估指标、评估数据、评估方法、评估结果等多要素在内的系统工作,通过构建科学合理的评估指标体系,使环境绩效评估结果更加具有操作性,在环境保护中真正发挥测评、考核和支撑作用,成为加快生态文明体制改革的重要驱动因素,使环境绩效评估成为区域生态文明建设和可持续发展的制度性约束。

三、长江经济带建设坚持生态优先的战略定位

推动长江经济带发展是近年来我国的国家战略之一。2016 年 1 月,习近平总书记指出,实施重大生态修复工程是长江经济带发展的优先选项,长江经济带生态文明建设对实现国家战略目标至关重要。生态环境问题具有复杂性、不确定性等特征,需要根据经济社会发展趋势不断制定新的环境管理方案,长江经济带需要探索高效的、合理的环境管理体系,不断完善环境制度体系,环境绩效评估能够促进政府主导的环境管理方法的改进和完善,是新形势下应用较为广泛的一种环境管理理念,对于促进环境管理政策的落实,提升环境管理水平有着重要的作用。

（一）长江经济带建设上升为国家战略

长江是我国一条重要的黄金水道,航运能力强。依托长江来带动流域中上游地区的发展成为我国区域发展战略的重要内容。近年来,我国在长江沿岸部署了多个国家级发展区块,如皖江城市带、鄱阳湖生态经济区、长株潭两型社会配套改革试验区、自由贸易试验区等,这些都表明我国日益重视长江流域的开发与发展。

2014年9月12日,国务院正式提出将推动长江经济带发展,建设中国经济发展的新支撑带,这标志着长江经济带建设成为我国又一个国家层面的重大发展战略。长江经济带涵盖了上海、江苏、浙江、安徽、江西、湖北、湖南、重庆、四川、云南、贵州11省市(见图1-1),长江经济带的人口和生产总值占我国的比重均超过40％,在我国

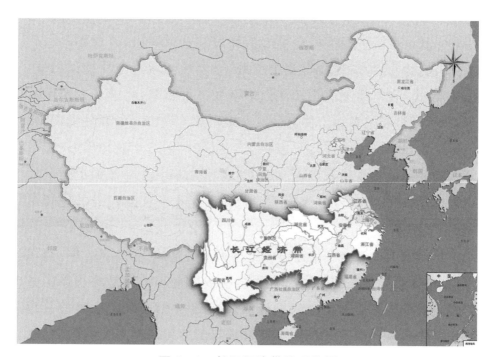

图1-1 长江经济带地理位置

资料来源:长江经济带地理位置示意图,2014-09-25. http://www.gov.cn/zhengce/2014-09/25/content_2755974.htm

经济发展版图中占有绝对的影响力和带动作用。建设长江经济带有助于我国经济发展和生态环境保护水平的进一步提升。

长江经济带建设的目标定位之一即为生态文明建设的先行示范带,以长江经济带的生态文明建设,推动全国的生态文明建设。通过长江经济带的先行示范作用,构建东部沿海地区与中西部内陆地区良性互动的空间格局。

(二)长江经济带建设要求强化流域环境绩效管理

2016 年,在推动长江经济带发展座谈会上,习近平总书记指出,长江流域要共抓大保护,不搞大开发。长江生态环境修复在今后要处在区域发展的压倒性位置。今后一段时期,以修复长江生态环境为主要目标的大保护战略将成为推动长江经济带发展最紧迫而重大的任务。长江经济带作为一个整体,必须加强流域生态环境的协同治理。长江经济带经济社会发展的流域性特征突出,涉及港、城、产业、交通、生物、生态环境等多个领域,必须从流域整体性特征出发,统筹谋划。在空间上优化长江经济带城市群布局,促进东中西城市群联动,通过长三角城市群、武汉城市群、成渝城市群的联动发展,带动整个长江经济带发展。国家"十三五"规划纲要草案提出,长江经济带的发展定位是生态优先、绿色发展,促进长江上中下游的协同发展与互动合作,将长江经济带建设成为我国生态文明建设的先行示范带。

从国家为长江经济带建设制定的发展方向来看,生态文明、流域协同、整体发展是长江经济带建设的主要方向。特别是将长江经济带建设成为生态文明建设的先行示范带,更是对流域生态环境管理提出的新要求。历史上长江经济带是我国开发时间最长、经济活动最为集中的地区之一,高强度的经济开发和高密度的人口产业布局,对流域自然环境的影响越来越大,产生的生态环境问题开始影响到区域经济社会的可持续发展。随着国家和沿江各省市日益重视生态环境保护,长江流域生态文明建设取得了阶段性进展,但距离生态文明建设先行示范带的目标要求尚有不小的差距,生态环境保护仍面临一系列挑战。在这样的背景下,长江经济带建设必须加强流域环境协同治理,强化流域环境绩效管理模式,以环境绩效评估结果指导流域生态环境保护工作。

第二节 国内外环境绩效管理研究进展

环境绩效评估能够为一定区域的环境管理效果提供客观的评估依据,能够评估和考核区域环保目标是否如期实现。定量测评区域环境绩效的发展水平,可以发现环境管理存在的问题和障碍,从而提出针对性的优化方案。鉴于环境绩效管理的重要作用,国内外众多学者从多个领域开展了环境绩效相关研究。

一、环境绩效的内涵

环境绩效最早是反映企业从事环境管理活动中在改善环境方面所取得的成效。1992 年,世界可持续发展工商理事会提出生态效率,生态效率中的环境绩效部分是评估企业或区域创造单位价值所造成的环境影响是多少。环境绩效还可用来评价可持续发展水平,是评估节能减排政策成效的指标之一(张子龙,2015b)。Melnyket(2003)在研究中指出,环境绩效是指企业在经营决策中考虑环境问题带来的生产过程和产品的升级。魏艳素(2006)认为,环境绩效是企业在环境保护、污染活动的治理中所取得的环境效益和社会效益。还有研究认为,环境绩效的界定也包括企业在关注环保问题时与各利益相关者之间建立和谐关系的能力。孟志华(2011)认为,环境绩效是指资源开发与利用、生态保护与环境治理过程中获得的收益,包括有形收益和无形收益。Repar(2016)认为,地方的环境绩效是由一个基于区域的指示器来测量,而所有的环境问题必须在全球层面考虑,不能仅实施单独的本地或全球的环境绩效指标,而应该将两者结合起来。

环境绩效评估则是通过评估环境状况与环境发展目标之间的差异,测评政府部门环境管理水平的方法(曹颖,2006)。国际标准化组织将环境绩效评估定义为:环境绩效评估是持续对环境绩效进行测量与评估的一种系统的程序,评估对象包括管理系统、操作系统及周围的环境状况等(ISO,1999)。实际上,环境绩效评价可以从区域、行业、企业和项目等不同角度展开,企业的环境绩效仅仅反映企业环境管理活动对自然环境和自身组织的影响程度。环境问题具有区域整体性特点,从区域层面进行环境绩效探讨环境保护更有意义,卢小兰(2013)认为,区域环境绩效是指基于资源消耗和环境破坏获得的经济产出。区域环境绩效等于经济增加值比资源环境所消耗的价值,比值越大则环境绩效越高。区域环境绩效评估包括两个主要方面(乌兰,2013):一是构建评价指标体系,辨析区域突出的生态环境问题和风险;二是根据评价指标体系,通过数据的收集、处理和分析,定量测评区域环境现状与环境发展目标之间的距离,总结出区域环境管理存在的瓶颈及面临的挑战,分析区域环境管理制度的不足,根据分析结果制定有针对性的对策建议,解决区域环境绩效管理中存在的问题。

二、环境绩效的评价方法

目前,国内外在区域层面的环境绩效评价方法研究主要集中在两大方面:

一是构建绩效指数方法,绩效指数方法在国家和区域尺度的可持续发展评价、环境保护成效评估、开发区投资条件评价等方面已有应用实践,其中代表性的如耶鲁大学构建了全球国家环境绩效指数(EPI),连续多年发布世界各国的环境绩效指数。众多学者通过构建评价环境绩效指标体系,评价特定区域的环境绩效(智颖飙,2009;官紫玲,2007)。Almeida(2016)对比了环境绩效的综合指数(CIEP)和环境绩效指数(EPI),虽然两个指标体系使用不同的方法和变量,两者仍共享大约 20％相同的变量。Thomakos(2016)分析碳排放强度和EPI 之间的关系,发现 EPI 的信息内容在很大程度上可以由经济增长水平和碳排放强度状态加以解释,因此不论是处于何种发展水平的国家,在促进经济增长的同时,也应控制碳排放。García-Sánchez(2015)由世界卫生组织(WHO)提出的驱动力—压力—状态—环境暴露—影响—响应(DPSEEA)方法开发环境绩效综合指数(CIEP)。但由于环境绩效涉及内容丰富,包括经济、社会、环境等多个领域,指标选取以及指标权重确定过程的客观性和合理性难以把握。

二是运用数据包络分析方法。国内多数学者选用 Malmquist 指数模型(王俊能,2010)、SBM(杨青山,2012)、C^2R(郭存芝,2010)等方法进行环境绩效评价,将资源能源消耗与环境污染因子纳入评价模型,根据模型所计算得出的效率系数值来评价环境绩效水平(张子龙,2015a)。Jin(2014)运用数据包络分析(DEA)法测量不同层次的环境绩效,并对亚太经合组织(APEC)经济体在 2010 年的环境绩效进行了评价。一些学者认为,由于环境绩效尚无较为明确的生产函数,因此利用传统生产率测算方法很难准确衡量和评判环境绩效水平(翁俊豪,2016),而该方法所需指标少,有利于对难以确权的指标进行处理,避免人为确定权重带来的潜在影响,故而在环境绩效评价中应用较多。

三、环境绩效的影响因素

国内外很多研究者都指出技术创新是提升环境绩效的主要影响

因素。Ezzi(2016)认为,创新战略对环境绩效有至关重要的影响。国涓(2013)指出,由于低能耗和低排放区域的技术相对比较先进,该类型区域的环境绩效均值最高。傅为忠(2015)研究指出,区域技术创新能力对环境绩效有正相关作用,但受技术发展水平差异的影响,不同地区技术创新对环境绩效的影响程度有所差异。周智玉(2016)研究认为,技术差距是造成城市群内环境绩效差异的主要原因,在缩小技术差距的政策措施上,可以从加大顶尖技术的研发引进力度和加快先进技术推广扩散两个方面着手。在技术进步的同时,Ai(2015)认为,相对于自主创新,引进技术和模仿创新更加能够有效改善区域环境绩效。Ghisetti(2013)的研究则表明,环境绩效的提升反过来也能够促进环境保护技术的发展。

除此之外,很多学者从综合性方面探讨了环境绩效的多重影响因素,Costantini(2013)认为,国家层面实现积极的环境绩效(EP)在很大程度上取决于生产专业化、严格的监管、公共机构的创新能力和私营商业部门等因素的差异。张建升(2016)研究指出,互联网、人力资本、财政支出、环境规制水平、研发投入、经济密度等影响因素对城市群环境绩效呈显著的正相关,外商直接投资、产业结构对环境绩效呈显著的负相关。Wen(2016)利用跨国面板数据研究了 2002 至 2012 年 85 个国家政府意识形态与环境绩效之间的关系,结果显示,左翼政府倾向于提升环境质量,而右翼政府更关心经济增长。然而,当环境状况良好时,左翼和右翼政府都会选择较高的经济增长目标。

四、环境绩效的管理机制

随着经济发展和环境保护的矛盾日益显现,需要强化环境绩效管理,从根本上实现经济发展方式转型。因此,建立完善环境绩效管理制度成为国内学者关注的热点。陈亮(2009)认为,完善环境绩效考核机制需要加强四个方面的工作：以职能转变为根本，以绿色核算为基础，以建立统一考核机制为目标，以环保责任问责为保障。蔡秀锦（2013）认为，服务型政府治理模式能够改进管理体制、拓展管理理念、合理定位管理者角色，从而为改善环境绩效提供新的基础。董战峰（2015）认为，需要推进环境绩效的制度化、法制化发展，为环境绩效出台相应的法律法规、技术指南、管理办法、指导意见等。建立健全环境绩效管理协调机制，构建横向和纵向管理部门之间的沟通协调机制，实现信息共享、联动管理，还需要建立环境绩效管理信息系统。蒋洪强（2015）指出，生态环境绩效考核制度的贯彻需要完善环境绩效考核的顶层设计，促进环境绩效考核的第三方参与。总的看来，学者们均认为环境绩效评估是一项颇有成效的环境管理方式，在提高环境管理效能方面有积极作用。但如何构建环境绩效管理制度体系目前仍处于探讨阶段，地方实践环节较为薄弱。

五、对环境绩效评价的启示

通过对环境绩效研究进展的梳理，可以总结出对区域环境绩效评价的以下启示：

第一，应构建符合区域特点的环境绩效评价体系。环境绩效评价体系是用来测评区域环境管理水平和取得的成效。环境绩效评价体系是对区域环境绩效进行评估的基础，直接影响评估结果。区域环境绩效评估涉及不同区域尺度、不同环境领域。从区域尺度上看，有国家、省、市、流域、生态工业园区等不同空间范围。从环境领域来看，有能源环境绩效、流域水环境绩效等。因此，在构建区域环境绩效评价框架时，应借鉴已有研究成果中有用的观点，结合区域经济社会和环境治理发展特点，因地制宜构建科学合理的环境绩效评价体系。

第二，地方环境绩效要与全球环境绩效相结合。国内现有的环境绩效研究均是就地方论地方,研究视角局限在特定的地域范围之内,虽然这与地方开展环境绩效考核有密切关系,但环境问题是一个跨区域性问题,需要与外部环境结合分析。因此,应借鉴国外一些研究视角,从全球层面考虑地方环境问题,而不是仅实施单独的本地的环境绩效指标,应该将地方环境绩效与全球环境绩效两者相结合,从中找出发展规律。

第三,进一步加强地方环境绩效管理实践。环境绩效管理是一种新的管理方式,还有许多需要完善的地方,而国内现有的环境绩效研究主要集中在探索新的环境绩效理论和评估方法上,对地方开展环境绩效管理实践的指导作用并不是十分有效。因此,需要借鉴国外经验,在现有的理论和方法研究基础上,积极探索环境绩效管理实践,建立并逐步完善相关法律法规,完善环境绩效管理的试点工作,总结经验和不足,为大范围开展环境绩效管理奠定基础。

第二章

国内外环境绩效管理代表性研究成果

环境绩效管理是建立在环境管理架构上的管理思想和管理模式。环境管理体系研究的目的是要将环境绩效管理纳入到整个环境管理架构和体系中去。环境管理体系是全面管理体系的组成部分，包括制定、实施、实现、评审、维护环境方针所需的组织结构、策划、活动、职责、操作惯例、程序、过程和资源。IOS14001是标准化了的环境管理体系，对很多企业、地区及国家政府提供了环境管理体系的思路和参考流程。环境绩效评估是环境绩效管理的核心和关键问题，而环境绩效评估指标体系的构建又是环境绩效评估的基础。

第一节 环境绩效评价指标体系代表性成果

国内外环境绩效评价指标体系的研究成果比较丰富，比较有代表性的指标体系研究成果有：

一、韩国汉城 21 世纪议程指标体系

1997 年，汉城（现更名为首尔）为了实现其生存与协调发展，制定

了 21 世纪议程的目标及行动计划。其目标分为 8 个方面：大气环境、水环境、固体废弃物、生态环境、社会文化、交通设施、公众意识和社会保障，强调了人居环境与人类活动的环境友好。其行动计划分为市民、企业和政府三个层面，不仅强调市民的参与和环境保护意识的提高，还从企业行为、政府政策的制定等方面保证人类良好的居住环境和人类健康。

二、美国西雅图社区可持续发展指标体系

位于美国西北部的西雅图以绿色和清洁著称，是美国西北部最大的城市，同时也是美国距远东最近的大型港口，其航空、航天和造船业发达。与其他许多城市一样，西雅图也存在着社会、生态、经济发展的不协调问题。为此西雅图制定了可持续发展指标体系，该指标体系涉及经济、环境、社会等方面的内容，共计 40 项指标。西雅图社区可持续发展指标体系将更多的关注点放在了经济和社会的可持续发展上，它更多地关注当地居民的生活水平和环境状况，而且许多指标是定性的和描述性的，还有些指标需要依据人们的主观意识来判断，带有较大的不确定性。

三、意大利都灵冬季奥运会环境指标体系

2006 年 2 月，意大利北部城市都灵举办了第 20 届冬季奥运会。众所周知，奥运村的建设既要符合举行大型赛事的条件，又要考虑赛事结束后城市各种设施的利用问题，并且在注重环境的今天，要举行重大赛事，环境问题应该首先给予重点考虑。为了评估奥运村的建设是否符合可持续发展的要求，制定了一套包括 8 个方面的指标体系。

四、中国城市环境综合整治定量考核指标

为推进我国的环境保护进程,1997 年 5 月,国家环保局下发了
《关于开展创建国家环境保护模范城市活动的通知》,决定在全国
各城市开展创建国家环境保护模范城市活动。为确定这些城市的
发展建设是否符合环境保护模范城市的标准,对此建立了相应的考
核体系,包括基本条件和考核指标两部分。其中基本条件共 3 项,
考核指标 4 个类别、共计 25 项指标。国家环保模范城市考核指标
规定其基本条件为：城市环境综合整治定量考核连续三年名列全国
或全省前列;通过国家卫生城市考核验收;环境保护投资指数大于
1.5%。

五、中国生态城市建设指标体系

2003 年 5 月,国家环保总局为了深化生态示范区建设,推动全面
建设小康社会战略任务的实现,组织制定了《生态县、生态市、生态省
建设指标(试行)》。指标大体分为 3 类,即经济发展、环境保护与社
会进步。

经济发展指标包括人均国内生产总值、年人均财政收入、农民年
人均纯收入、城镇居民年人均可支配收入、第三产业占 GDP 比例、单
位 GDP 能耗、单位 GDP 水耗、实施清洁生产企业的比例、规模化企
业通过 ISO14001 环境管理体系认证的比率等。部分经济发展指标
考虑了经济发达地区与经济欠发达地区的差异。

环境保护指标包括森林覆盖率、受保护地区占国土面积比
例、退化土地恢复率、城市空气质量、城市水功能区水质达标率、
主要污染物排放强度、集中式饮用水源地水质达标率、城镇生活
污水集中处理率、工业用水重复利用率、噪声达标区覆盖率、城镇

生活垃圾无害化处理率、工业固体废物处置利用率、城镇人均公共绿地面积、旅游区环境达标率等。部分环境保护指标考虑了不同自然地理区域之间的差异,如丘陵区与平原地区、南方地区与北方地区。

社会进步指标包括城市生命线系统完好率、城市化水平、城市气化率、城市集中供热率、恩格尔系数、基尼系数、高等教育入学率、环境保护宣传教育普及率、公众对环境的满意率等(上海环境科学院,2009)。

六、环境绩效指数

耶鲁大学环境法律与政策中心(YCELP)及哥伦比亚大学国际地球科学信息网络中心(CIESIN)于 2000 年首次推出环境可持续发展指数(ESI)以来,一直以制定国家级环境指数闻名全球。在 ESI 的基础上,上述两家机构于 2006 年、2008 年、2010 年、2016 年四次发布环境绩效指数(EPI)。该方法认为定性评估无法为政策制定提供有效基础,定量评估才能为科学决策创造条件。指数计算采用接近目标法(Proximity-to-target),指标数值为实际水平与相应政策目标的距离标准化值,0 表示距离政策目标最远,100 表示达到甚至超过政策目标,数字越大表明环境管理总体水平越高。2010 年,EPI 研究了163 个国家 25 项指数与政策目标的差距,对各国进行排序,并允许各国与其邻国以及状况相似的国家进行比较分析。评价步骤包括评价指标和范围的确定、选择符合标准的国家和地区、数据的标准化处理、非正常数据的处理、缺失数据的归因化处理以及数据的综合评价。中国在 2006 年、2008 年、2010 年、2016 年的 EPI 排名分别是94/133、105/149、121/163、61/178。

在全球各国环境绩效指数的基础上,YCELP 与中国环境保护部环境规划院(CAEP)在 2006 年合作开展了中国省级环境绩效评估,后者于 2008 年再次独立开展了该评估。2011 年 10 月，YCELP、CIESIN 与中国环境保护部环境规划院（CAEP）、香港特区城市大学（CityU）在合作研究的基础上共同发布了《2011 中国环境绩效指数（CEPI）报告》。该报告反映了 2008 年年底到 2010 年年中这近两年的时间里，中国环境数据的采集和环境政策的发展情况。该报告包含了 3 大目标、12 个环境政策类别，共 32 个指标（见表 2-1），其中许多指标与污染防治绩效直接相关。政策目标的设定主要依据 4 类方法：规划目标值法，理论目标值法，国际对比目标值法，实际最高（最低）水平替代目标值法。数据来源均为官方公布的统计数据。对于各项指标，在数据条件具备的情况下，报告对各地区建立数据表，绘成折线图进行对比，并根据得分高低用不同颜色在中国地图中表示。

表 2-1 中国省级环境绩效指数（CEPI）指标框架

指数	目标	政策类别	指标
EPI	环境健康	空气污染（对人类的影响）	按人口加权的 PM10 浓度
			按人口加权的 SO_2 浓度
			按人口加权的 NO_2 浓度
		水（对人类的影响）	农村使用自来水的人口比例
			城市使用自来水的人口比例
		废物和卫生	城市废物强度
			工业固体废物强度
			城市固体废物处理率
			城市污水处理率
			城市居民废物处理率
			农村居民废物处理率
		有毒物质	重金属
			危险废物强度

（续表）

指数	目标	政策类别	指 标
	生态系统活力	空气污染（对生态系统的影响）	单位有人口居住的国土面积的 SO_2 排放量
			单位有人口居住的国土面积的 NO_2 排放量
		水资源（对生态系统的影响）	水资源缺乏指数
			化学需氧量排放的强度
		生物多样性及栖息地	陆地保护区
			海洋自然保护区
			近岸海域水质
		森林	森林蓄积量变化
			森林覆盖率的变化
		农业与土地管理	农药使用强度
			化学肥料的使用强度
			水土流失
	经济可持续发展	气候变化与能源	CO_2 强度
			人均 CO_2 排放量
		资源效率	经济能源利用效率
			废物利用效率
			农业用水效率
			工业用水效率
		环境治理	政府环境保护部门在编员工数
			环境保护投资占 GRP 的百分比

该报告认为，由于很多指数缺乏明确的政策目标，以及无法对数据进行充分的评估，因此无法得出中国省级综合环境指数；但该研究成功地拟订了一个评估中国环境挑战的中国环境绩效指数框架，并

为决策者提供了一整套可以跟踪调查的重要问题及指标,说明了收集数据的必要性、评估的最佳方法以及建立和监测进展对实现具体绩效目标的重要性(曹东,2011)。

第二节 环境绩效评估(实证研究)代表性成果

由于不同国家的经济社会发展阶段不一,不同发展阶段面临的主要环境问题各不相同,因此不同国家和地区对环境绩效管理的方法和程序都有所差异,评估的准则也有很大不同,代表性的研究主要有:

一、ISO14031 环境绩效评估

国际标准化组织(ISO)于 1999 年将过去各国与环境绩效评估相关的工作成果收集整理,并使其进一步成为国际标准——ISO14031环境绩效评估标准(2001 年,我国将其转化为国家标准《GB/T24031.2001 环境管理环境表现评价指南》)。根据 ISO14031,环境绩效可分为管理绩效、操作绩效、环境状况绩效三种类型,分别由管理绩效指标、操作绩效指标、环境状况指标三类指标来进行控制。

考虑到各国、各地区采用环境绩效管理方法程序的不一致,ISO与世界企业可持续发展委员会(简称 WBCSD)发展了国际环境绩效评估标准,WBCSD 提出以生态效益为核心的环境绩效评估标准。为了量化企业在环境与经济两方面的信息,WBCSD 将生态效益看作一种"产出"除以"投入"的比率,"产出"所指的是企业、部门或整体经济活动、产品与服务的总值;"投入"则指企业、部门或整体经济活动所造成的环境压力总和。可以通过公式表示如下:

$$生态效益 = \frac{产品或服务的价值}{对环境的影响}$$

公式中分子部分可表示为产能、产量、总营业额、获利率等;分母可表示为总耗能、总耗原料量、总耗水或温室效应气体排放总量等。

二、OECD 环境绩效评估

OECD 在 1991—2000 年完成了第一轮环境绩效评估过程,所有 31 个成员国都开展了系统的、独立的环境绩效评估工作,而且对非成员国,如保加利亚、俄罗斯和巴西等也进行了环境绩效评估。OECD 环境绩效评估指标遴选的原则包括:(1)基于 P－S－R 模型构建评估指标体系。P－S－R 模型即"压力(pressure)、状态(status)、响应(response)"模型,在国际和国家指标体系设计上广为采用,利用它可以建立一定的逻辑相应关系,有利于提出环境政策和政策评估,具有较好的实用性。(2)政策相关性。指标选取要与受评国的环境政策导向一致,要反映环境政策执行的效果。(3)分析有效性。应当选取那些包含信息最多的指标,用有限的指标就能够尽可能准确、全面地反映受评国的环境绩效可比性。选取的指标应当对受评国具有普遍的适用性,易于在受评国之间进行比较。其中压力指标,指人类活动引起环境状况发生变化的各种变量,如废物排放、资源浪费、砍伐森林等;状态指标,指环境当前状态或趋势,如污染物浓度、物种多样性、森林覆盖率等;响应指标,指人类为终止或逆转环境恶化、保护自然资源采取的各项政策手段与措施,如建立自然保护区、排污收费制度、污染者付费制度等。

OECD 的环境绩效评估采取定性和定量结合的方法。其环境绩效评估指标包括三类:(1)定量指标:如大气污染物排放目标、空气质量的国家标准等;(2)定性指标:人类活动的生态影响指标,自然资源的可持续利用;(3)描述性指标:用以描述环境现况及变化趋势。

OECD与中国合作开展的针对中国的环境绩效评估采用了其他所有OECD国家评估相同的方法,主要针对中国1995年以来在削减污染,强化自然资源管理,执行经济合理、环境有效的政策以及加强国际合作等方面的绩效,报告包括结论以及51条建议。与污染防治相关的绩效评估主要集中在第I部分"环境管理",包括大气管理、水管理、废物管理等领域,在每一领域中主要针对政策目标或框架、环境质量管理、政策绩效等进行分析(曹东、曹颖,2007)。

三、欧盟环境署等环境绩效评估

1979年,加拿大统计局专家首次提出"压力—响应"(Stress-Response)框架,1991年,OECD将其调整为"压力—状态—响应"(P-S-R)框架并首次应用于环境指标。在此基础上,国际应用系统分析学会、荷兰公共卫生与环境国家研究院共同构建了"驱动力—压力—

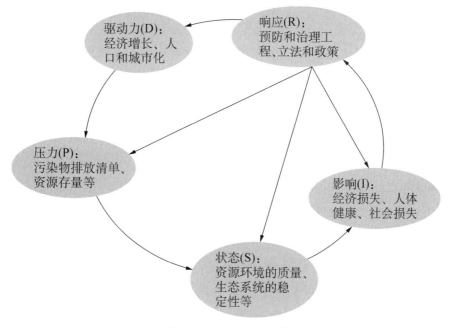

图 2 - 1　DPSIR 理论

状态—影响—响应"(DPSIR)评估体系,并被欧洲环境署、联合国环境署等国际组织应用推广(赵学涛,2011)。该评估体系有较好的逻辑完整性。

DPSIR 指标体系框架主要包括 5 大类、11 个子类,具体指标数可能随不同地区有所调整。各子类及其定义见表 2-2(赵学涛,2011)。

表 2-2　DPSIR 指标体系框架

类别	子类	定　　义
驱力	社会经济活动	不可持续消费和生产方式的人类相关活动
	自然干扰	任何自然过程都可能触发排放物释放和/或引起污染
压力	排放清单	排放清单是工业部门产生和释放的实际排放量
	排放物反应	排放物反应以另一种方式看作是一系列化学反应后因排放特性改变引起的二次排放清单
	排放物流向	排放压力强度部分取决于排放物流向
状态	基本账户	基本账户用于描述储备和流量(表面、体积、长度等)下无生命世界中的环境组成部分(空气、水、土壤等)
	生态系统潜力	生态系统潜力指有生命世界,包括生物多样性、植被、土壤生物和水生物
影响	直接损失	可用经济价值衡量
	间接损失	不可用经济价值衡量
响应	经济响应	改变消费和生产方式的经济手段(如投资、补贴、营销)
	管理响应	与驱动力或压力有关的、用于调节和减小环境压力的技术、社会、法规、立法和其他管理工具

该体系允许将独立描述性指标进行组合,从而衡量不同类别指标之间的相互影响,实现更完善的绩效评估功能。表 2-3 列出了一些例子。

表 2 - 3　DPSIR 框架基础上的独立描述性与组合描述性指标举例

类别	政策效果指标	功　能
独立描述性 指标	响应 状态 压力	衡量政府工作努力 检查环境质量改善 衡量环境压力变化情况
组合描述性 指标	响应—压力 响应—状态 压力—驱动力	衡量减排目标实现程度 衡量环境质量是否得到改善 衡量经济结构是否得到优化

2011 年,国家环境保护部环境规划院与联合国环境署(UNEP)在 DPSIR 基础上合作开展了中国"十一五"污染减排政策绩效评估项目,将原有框架调整为"政策响应、环境压力、环境状态、综合影响、全球环境"5 大类。在上海、西安、临沂 3 个城市进行的试点研究与应用表明,该评估体系可以初步反映这些城市污染减排政策的成效,但各地根据实际情况对指标体系做了少量调整。其中,上海市试点应用的具体指标体系及相关目标值见表 2 - 4。

表 2 - 4　上海市"十一五"污染减排政策绩效评估试点应用指标体系

综合 指标	具体指标	指标 编号	目标值	目标值来源
政策 响应	环保投入占 GDP 比例(%)	(1)	3%	上海市环保"十一五"规划
	工业二氧化硫去除率(%)	(2)	100%	理论值
	城镇污水处理率(%)	(3)	80%	上海市环保"十一五"规划
	水环境国控重点企业达标率(%)	(4)	100%	理论值
	污水处理厂达标排放率(%)	(5)	100%	理论值
	电力行业综合脱硫效率(%)	(6)	100%	理论值
	淘汰落后产能数量(项目数)	(7)	3 000	上海市节能减排工作实施方案(2007)
	国家重点监控企业在线监测设施稳定联网比例(%)	(8)	100%	理论值

（续表）

综合指标	具体指标	指标编号	目标值	目标值来源
环境压力	COD排放量（万吨）	（9）	25.9	上海市环保"十一五"规划
	SO_2排放量（万吨）	（10）	38	上海市环保"十一五"规划
环境状态	空气质量好于Ⅱ级标准的天数占全年的比例（%）	（11）	85%	上海市环保"十一五"规划
	空气中SO_2年均浓度比"十五"末下降率（%）	（12）	26%	参考SO_2排放量目标比"十五"末下降率
	地表水国控面劣Ⅴ类水质比例（%）	（13）	33%	国家对上海要求
	河流出境控制断面COD浓度比"十五"末下降率（%）	（14）	15%	参考COD排放量目标比"十五"末下降率
综合影响	公众对城市环境保护满意率（%）	（15）	85%	环境保护部城市环境综合整治定量考核目标值
	因大气污染造成的经济损失（亿元）	（16）	16.65	绿色GDP核算——假设全年达国家一级标准时的经济损失（仅计SO_2与酸雨造成的农业和建筑相关损失）
	全市万元工业增加值SO_2排放强度（kg/万元）	（17）	8	环境保护部城市环境综合整治定量考核目标值
	全市万元工业增加值COD排放强度（kg/万元）	（18）	1	环境保护部城市环境综合整治定量考核目标值

四、大湄公河次区域环境绩效评估

大湄公河次区域五国一省（柬埔寨、老挝、缅甸、泰国、越南、中国云南省）为了建立一个系统的环境行为评估框架从而实现可持续发展目标，于2003—2005年联合开展了环境绩效评估，该项目包括3个实施阶段：建立评估框架、开展国家层面绩效评估以及开展次区域层面绩效评估。评估方法分为6个步骤：确定环境优先关注领域，遴选评估指标,指标描述,确定指标目标值,制度缺陷分析,提出政策建议。

项目第一阶段确定评估框架和优先关注领域。国家层面的环境优先关注领域,包括土地退化、生物多样性、内陆水污染、固体废弃物、有毒污染物、固定源大气污染、机动车污染、近岸海域、气候变化、臭氧层消耗、水资源、鱼类资源以及森林资源,次区域层面的环境优先关注领域包括湄公河的重要功能、野生生物及资源的非法贸易以及政策目标与评估手段的一致性。项目实施的第二阶段,指标的构建主要依据 OECD 的"压力—现状—反响"(PSR)模型。第三阶段扩展为联合国的"驱动力—压力—状态—影响—响应"(DPSIR)模型。指标遴选遵循代表性、针对性、连续性、可获得性原则,并分为核心指标、关键指标、一般指标 3 类。指标目标值包括定性与定量两种。通过对环境现状与政策目标之间的差异对比分析,识别环境管理领域的主要问题及政策缺陷,并提出改进对策。

该评估项目发现,五国一省环境管理能力仍存在缺陷,环境目标的持续性不强;缺乏评估环境现状及变化趋势的高质量指标;部门之间合作与配合不够充分,影响了环境规划的制定和实施(曹东,2011)。

第三节　环境绩效管理体系代表性成果

环境绩效管理的研究基础之一是企业环境绩效管理。企业一般是以环境管理体系构建为基础,然后通过环境绩效评估来实施企业环境绩效管理。其概念模式如图 2-2 所示。而目前具有代表性的企业环境绩效管理是企业首先基于 ISO14001 构建环境管理体系,然后根据企业特点依据 ISO14031 构建企业环境绩效评估指标体系,对企业进行绩效评估。

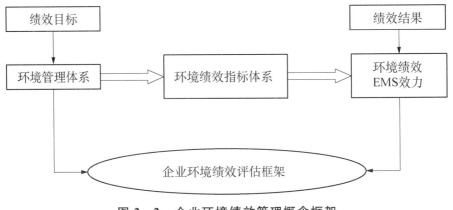

图 2 - 2　企业环境绩效管理概念框架

一、UNEP 环境管理体系

环境管理体系是一种系统地协调各机构部门实施的相关环境管理和绩效的工具。环境管理体系能够为这些管理工作提供全面综合的方法指导，以确保其适用性、可沟通，文档化以及目的性。环境管理系统还能够提高管理效率，节省成本，改善相关法律法规的执行效力，并进一步提高社会福利，促进城市可持续发展。同时，环境管理体系还可以避免由于环境管理不规范对企业造成的不必要困难，使企业竞争力得到增强。环境管理体系的组成部分主要有 3 大块，即战略及管理复查、实施及控制以及持续控制（UNEP，2010）。

二、ISO14001 环境管理体系

政府环境管理体系的概念主要是借鉴企业环境管理体系，通过引入 ISO14001 环境管理体系来实现，并在管理过程中推行由国际标准组织推出的一系列可持续发展的管理标准。在国外，政府环境管理体系的建立标准一般为 ISO14001，还有一些是基于其他标准建立

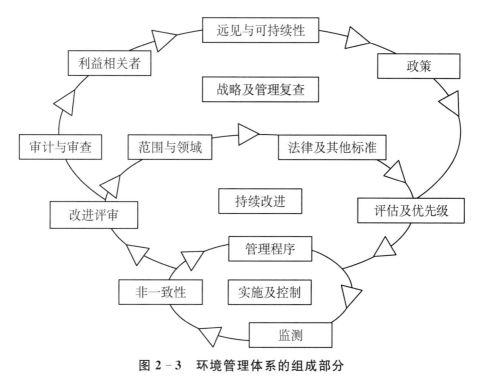

图 2 - 3　环境管理体系的组成部分

资料来源：Initial Environmental Review of the United Nations Office Nairobi（UNON） gigiri compound．UNEP．http：//www．unep．org/sustainability/resources_info．asp

的如欧盟制定的生态管理与审计框架（Eco-Management and Audit Scheme，EMAS）等，其中，EMAS 不仅融合了 ISO14001 环境管理体系的相关标准，更加入了独立的可被验证的环境报告（UNEP，2010）。在我国，一些地方政府也在试点建立环境管理体系，如辽宁省本溪市在 2000 年引入 ISO14001 环境管理体系，并将市政府作为第一责任人，成为国内第一个地方政府建立环境管理体系试点市。依靠该体系，本溪市不断增强环境意识和建设能力，提高城市管理水平，把本溪建设成人民生活幸福、环境优美的绿色家园。上海市环保局于 2000 年开展 ISO14001 贯标工作，把绿色理念运用到机关管理中，旨在提高机关工作人员自身素质和环境意识，从整体上提高环保部门环境管理水平和依法行政能力。2006 年，内蒙古自治区乌审旗人民政府覆盖全旗 1.16 万平方公里辖区的 ISO14001 环境管理体系通过认证,认证的通过,将全面提升全旗的环境管理水平,规范行政管理活动,使地区环境管理与国际通行规则接轨,步入持续改进、不断优化的良性发展轨道。目前,我国开发区层面的 ISO14001 环境管理体系的建设得到了普遍的关注与实施,但是针对地方政府层面的环境管理体系的建设较少,需要在今后的环境管理实践中增强。

ISO14001 环境管理体系是按照戴明循环(Deming cycle)实施的,共分为 4 个阶段,分别是计划、实施、评估、改进。

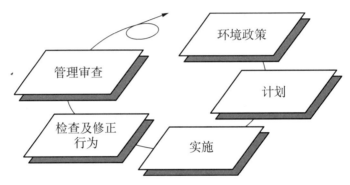

图 2 - 4　ISO14001 环境管理体系模型

ISO14031 环境绩效评估标准是持续对组织环境绩效进行量测与评估的一种系统程序,其评估对象则是针对组织的管理系统、作业系统以及周围的环境状况。该环境绩效评估旨在建立持续监督的系统,并将评估结果与各利益相关者进行沟通,以达到持续改善环境的目的。ISO14031 所规定的环境指标可以分为环境状态指标、环境绩效指标,还可以分为管理绩效指标及作业绩效指标。

三、美国环境署的环境绩效管理框架体系

美国联邦政府在 1993 年出台了《1993 政府绩效与成果法案》(The Government Performance and Results Act of 1993,GPRA),

要求联邦管理部门对项目的成果负责,并实施对项目的绩效改革,包括目标设定、绩效评价以及报告公开等,以改善项目成果、服务质量和消费者满意度,提高联邦政府的项目有效性和公共责任感,同时也有助于增强管理部门内部管理的能力,进而提高人民对联邦政府办事能力的信心。管理部门可以通过提供更多在法令目标,相关项目及支出的效果、效率方面的客观信息,以加快国会有关政策的制定。

美国环境保护署(Environmental Protection Agency,EPA)作为联邦政府的管理部门之一,其根据该法案制定了一套符合环境管理的绩效管理框架,将 EPA 的管理活动与长期绩效相关联,并在GRPA 要求的计划、预算、分析及问责环节中利用了新方法。图 2-5是 GPRA 在 EPA 中的应用框架。EPA 在实施 GPRA 的重点主要集中在以下 6 个方面,目标(Goals)、优先集(priorities)、战略(Strategies)、测定(Measurement)、人力资源(People)、问责(Accountability),如图 2-6 所示。

GPRA在EPA的应用框架

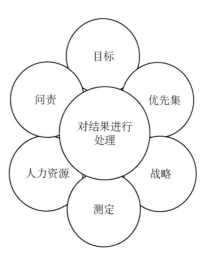

图 2-5　GPRA 在 EPA
　　　　的应用框架

图 2-6　EPA 在实施 GPRA 时
　　　　的重点

（一）目标

EPA 的目标与其在所赋予的行政职能和 GRPA 框架要求的相一致，并能反映部门在制定和实施环境标准中的地位。但是，EPA 的目标不能反映其主要伙伴与利益相关者的一些诉求。目前，EPA 的目标有 10 个。

（二）优先集

由于资源有限，EPA 必须制定优先集以解决最为棘手的环境问题。然而 EPA 制定了多年机构层次的计划与预算优先集，但缺乏稳定的可视系统或过程来识别该优先集。同时，该优先集缺乏利益相关者的投入和成本、收益与选择方面的正式的解释。因此，需要定义或出台一个国家层面、多年的能够充分预测风险和成本的优先集制定过程。

（三）战略

EPA 建立了一个能够清晰地将年度计划和预算与绩效相关联的结果导向战略。虽然在开发结果导向战略时会遇到许多挑战，EPA 仍需要采取许多措施来遵从 GRPA 的战略规划要求。在财务总监的办公室（Office of the Chief Financial Officer，OCFO）要求的将计划、预算、分析和问责环节融合在一起的系统里搭建框架是战略规划早期的关键一步。另外关键一步是创建以结果导向的层次结构主题（绩效指标的层次结构，Hierarchy of Performance Indicators），帮助项目规划者理解环境项目目标与措施。

（四）测定

EPA 建立了一个对绩效进行衡量、评估和报告的体系。

（五）人力资源

EPA 建立了人力资源系统来管理环境绩效。EPA 十分重视人力资源在其战略计划中的重要性。

（六）问责

EPA 建立了一个问责制度，以确保环境目标的实现。图 2 - 7 为 EPA 问责框架。

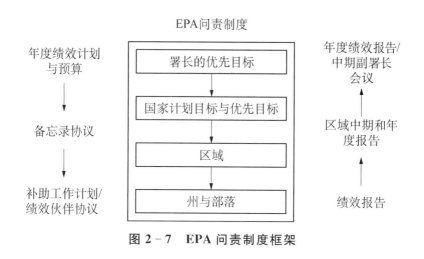

EPA问责制度

| 年度绩效计划与预算 | 署长的优先目标 | 年度绩效报告/中期副署长会议 |

年度绩效计划与预算 → 备忘录协议 → 补助工作计划/绩效伙伴协议

署长的优先目标 → 国家计划目标与优先目标 → 区域 → 州与部落

年度绩效报告/中期副署长会议 ← 区域中期和年度报告 ← 绩效报告

图 2 - 7　EPA 问责制度框架

四、加拿大南阿尔伯塔省流域环境绩效管理流程

阿尔伯塔环境部门的环境绩效管理流程可以分为 5 个步骤，分别是：定义环境绩效目标（即合意的环境状况和环境功能）；选择绩效评价指标，该指标体系分为两大类指标，环境状况指标及环境压力指标；监测指标运行情况；运用目标和阈值评价环境绩效；解决存在的问题，改进管理措施。

阿尔伯塔流域环境功能的目标主要有 3 个方面：安全健康的饮用水供应；为可持续发展经济体提供可靠的合格水资源；健康的水生

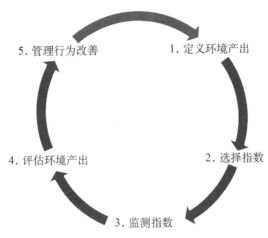

图 2－8　阿尔伯塔环境绩效管理流程

态系统。在选择指标过程中,需要同时考虑环境状况指标与环境压力指标。状况指标反映的是环境中的生物或非生物特征;压力指标反映的是人类活动对环境的影响。绩效指标分为四大类:土地、水量、水质、水及河岸生态系统。绩效指标确认后,需要对各项指标进行监测,如果没有对状况和压力指标的定量监测数据,就没有办法作出明智的环境决策。第四个步骤是评估绩效指标,方法是通过将阈值和目标值进行比较。阈值是指标值,反映的是出现问题的条件;目标值是对指标的赋值,反映的是理想的状况。最后是完善管理措施,当指标值处于合意状态区间时,该项管理措施可以继续采用,若指标值偏离合意状态,需要采取新的管理措施解决这个问题。

五、国内学术界对环境绩效管理的代表性研究及其成果

　　国内系统地研究我国环境管理体系和制度的研究成果并不多,较典型的是曹国志、王金南、曹东等(2010)对环境绩效管理概念的研究,齐晔(2008)对中国环境监管体制的研究。环境管理是指对损害环境质量的人类活动施加影响,协调环境与发展的关系,实施既满足

人类基本需要,又不超出环境容许极限的措施的总称。环境管理运用法律、经济、行政、技术和宣传教育等环境政策手段,限制人类损害环境质量的行为,通过全面规划和有效监督,使经济发展与环境协调,达到可持续发展的目标。环境绩效管理是绩效管理理念在政府环境管理当中的应用,是一种新的管理模式,强调将绩效管理的理念渗透到政府环境管理职能当中,综合运用法律、经济以及行政等手段促进政府环境绩效的持续改进(曹国志、王金南、曹东等,2010)。

环境绩效管理包括计划、实施、评估、改进组成的开放的循环过程,整个的政府环境绩效管理是由若干类似的循环构成,每经过一次理想循环,绩效和管理水平将得到相应的提升,从而实现动态协调社会发展与环境保护的关系。根据环境绩效管理层级和时间跨度的不同,管理循环幅度也有所不同,不同的管理循环相互衔接、融合共同支撑整个环境绩效管理体系的运转(曹国志、王金南、曹东等,2010)。

在中国环境监管体制研究方面,齐晔(2008)系统梳理了我国现阶段环境治理组织框架和制度,认为在我国目前的环境治理体系中,公众参与和监督没有被纳入进来,不仅在制定环保政策时,而且在环境政策执行、评估等过程中,公众也没有有效参与。现有的政绩考核指标体系,会促使地方政府和企业合谋欺骗中央政府。因此,建议增加政府和企业以外的社会力量从事环境监督和制约,以实现全社会环境利益的相互制约和均衡。简化环境指标,运用那些测量简单、结果明确、代表性强的指标进行绩效考核。同时建议建立环境监测体系的统一管理,监测数据及时公开。

第四节　环境绩效评估研究及其成果述评

笔者对上述环境绩效评估研究及其成果评价如下:

第一,经过比较可以发现,上述主要国际组织和经济体的环境绩效指标基本都包括了环境污染层面、资源利用层面、生物多样性层面、气候变化层面这样一个较立体的、广义的环境绩效概念。资源作为广义环境的一个组成部分,对其有效利用同样作为环境绩效被给予了相当程度的重视。在欧盟环境署和耶鲁大学—哥伦比亚大学的环境绩效指数中,还包括了可持续的能源政策。但仔细分析可见,各绩效指标、资源指标的选取和理解则有较大不同。除了水资源和土地资源外,其他自然资源类别的选择涵盖了森林、渔业、矿产资源等。不同指标的选择与环境绩效评估的对象范围有较大关系,如亚洲开发银行大湄公河次区域环境评估的自然资源包括水、土壤、森林和渔业,这与大湄公河次区域的主要资源种类相契合。南阿尔伯塔流域环境绩效管理则只包括了土壤、水质、水量指标,这些指标已经足以反映流域环境的基本状况。另一方面,对于国家层面的资源环境绩效评估,因评价对象地域较广,各类资源齐备,其指标体系涵盖的资源种类自然较为丰富,并且对不同国家进行的环境绩效评估,基于数据可得及政策相关性的考虑,指标的取舍也是不同的。

第二,总体来看,世界各国及各经济组织的资源环境绩效评估体系已较为成熟,开发的绩效指标体系相当多,但各指标体系虽然形态、指标各异,但构成指标体系的概念框架却并不多,主要有3类:投入—产出—结果—影响框架(IOOI框架)、主题框架和因果框架。选择何种指标构建框架是展开绩效评估的关键问题。

欧洲环保署对环境项目进行环境绩效评估的文献中基本上是采用IOOI框架。主题框架是基于不同主题来选取相应指标、构建指标体系的一种指标选取框架,主题框架下不同层次的主题之间是一种并列关系。耶鲁大学环境法律与政策中心和哥伦比亚大学国际地球科学信息网络中心的环境绩效指数则是典型的主题框架思路。其中,环境健康和生态系统活力是两大主题,疾病的环境负担、水资源对人类的影响、大气污染对人类的影响是环境健康主题之下的3个副主题,大气污染对生态系统的影响、水对生态系统的影响、生物多样性和栖息地、森林、渔业、农业、气候变化是生态系统活力主题之下的 7 个副主题,再分别选取合适的指标来表征 10 个副主题。主题框架可突出强调国家面临的主要问题和政策关注的重点主题,具有针对性。

因果框架是基于指标间的因果关系而建立的指标选取框架。指标间的这种因果关系源自经济环境和社会之间的因果关系。最为典型的是以 OECD 所采用的压力—状态—响应模型(PSR),此后一些学者和组织又研究提出了一些与 PSR 框架相类似的因果框架类型:1996 年,联合国可持续发展委员会(UNCSD)用"驱动力"代替"压力"后形成的驱动力—状态—响应(DSR)模型,用于构建可持续发展指标体系;1999 年,欧洲环境署(EEA)在提出了包含全部 5 类指标的驱动力—压力—状态—影响—响应(DPSIR)模型,用于构建环境绩效指标体系;2000 年,澳大利亚和新西兰环境及自然保育会提出了状况—压力—响应(CPR)模型,用于构建环境状况指标体系。

第三,环境绩效管理是一项艰难的任务,也是一个系统工程,必须建立在完善的环境绩效评估体系的基础上,利用环境绩效评估结果来做出环境管理制度安排和实施的一系列措施、机制和技术,同时反过来又对环境绩效评估体系产生影响,提高环境绩效评估技术水平,从而形成完整的环境绩效管理体系。

政府环境绩效管理的实施必须依靠法律法规来推行,但是我国的环境绩效管理并没有纳入到法律框架内。2011 年 6 月 10 日,监察部印发了《关于开展政府绩效管理试点工作的意见》。2011 年 8 月环境保护部根据监察部《关于开展政府绩效管理试点工作的意见》精神,制定了《污染减排政策落实情况绩效管理试点工作实施方案》。该方案明确规定了绩效管理的目标、绩效评估的指标体系与评估方法,以及对绩效评估结果的应用。但对绩效管理过程的控制没有加以说明。值得指出的是,绩效管理的实施保障能够很好地促进绩效目标的完成,比如问责制和奖励制度。因此有必要学习发达国家在推行政府绩效管理中的经验。如美国制订了《政府绩效与结果法案》，日本制订了《关于行政机关进行政策评价的法律》，澳大利亚制定了《公共服务法》，加拿大政府颁布了《绩效评价政策》等一系列绩效评价指南和标准。

国内学术界对环境绩效管理问题的研究重点是针对环境体制存在原因及环境机制的理论分析和模型阐述，涉及我国环境治理改进的制度设想可以说才刚刚破题，建立具有可操作性的环境绩效管理组织框架和制度框架是一项紧迫任务。

第三章

环境绩效研究的理论框架

环境绩效是一个有着多维内涵的系统概念,环境绩效管理是全面投射到生态系统、经济社会发展、环境治理多方面的管理体系。基于环境绩效内涵的广泛性、涉及领域的多样性等特征,本书采用关键绩效指标评估法进行指数构建与绩效评价。评估结果能够量化评价各城市环境绩效进展,提出各城市环境绩效改善的主要着力点,为多个城市有针对性地进行环境绩效管理提供决策依据。

第一节 环境绩效管理相关内涵界定

在经济发展方式转变进入攻坚阶段、生态环境安全要求日益迫切的新形势下,环境绩效管理成为强化各级政府的生态环境建设意识和行为,提高环境保护的实绩与实效,推动环保工作再上新台阶的重要抓手和工具。

一、环境绩效相关内涵及特征

环境绩效是指组织机构基于环境方针、目标和指标,控制其环境因素所取得的可测量的环境管理系统成效。环境绩效可以是一种表现行为,也可以是一种行为结果;可以是管理终端行为,也可以是管理过程行为。环境绩效管理是一个有着多维内涵的系统。一方面,环境绩效管理的出发点和目标是生态系统的健康,为人类提供良好的生命支持系统;另一方面,环境绩效管理又是在一定经济社会环境发展背景下的产物,其良性运转又能够促进经济社会与资源环境的和谐统一。在当前随着经济社会发展,环境负荷不断增大,环境风险不容忽视。通过环境绩效管理,可以实现潜在的经济社会发展进步,如经济社会的资源排放效率的提升,微观经济主体环境治理的能动性的改善。此外,环境绩效管理的结果必须通过管理过程的完善才能得到优化,必须考察环境绩效管理的过程,包括环境行政主管部门进行环境治理的资源、能力和手段等。因此环境绩效管理必然是全面投射到生态系统、经济社会发展、环境治理多方面的管理体系。

本书研究的环境绩效指数则是一套可以客观量化环境绩效管理在经济社会、资源环境、生态系统、环境治理等方面反馈效果的评价计算体系,不仅包括了体现生态环境质量的一些重要指标,增加了环境绩效管理在经济社会环境发展层面的潜在体现指标,同时也关注了政府主管部门进行环境管理的若干重要节点,选取关键可量化的指标进行指数合成。这样就使得参与评价的地方环保行政主管部门有了比较具体而明确的切入点和定量标准,可以帮助其理清哪些方面取得了进展,哪些方面进展缓慢甚至倒退,进而找到努力方向和解决问题的办法。

二、环境绩效评价的组成部分

(一) 生态系统健康

城市良好的生态系统健康状况应包括 3 方面的内容:较好的生

态环境质量、较低的生态环境压力以及可控的环境风险。生态环境质量指标反映地区特定时间段的环境状况信息和环境变化情况。如水环境、大气环境、生态景观等环境信息,有助于环境绩效评价的规划与实施。生态环境压力指标反映区域经济和社会活动对环境的作用,如资源消耗以及生产生活过程所产生的污染物排放等对环境造成的破坏。环境风险可控指标反映城市经济社会活动引起的,通过环境介质传播的,能对城市产生破坏、损失等不利后果的事件的发生概率。

(二) 绿色经济活力

笔者梳理文献发现,一些国际组织对绿色经济及其量化指数进行了深入研究,不同国际组织对绿色经济的定义略有不同,但也取得了部分共识。如 OECD(2011)认为,绿色经济是在促进经济发展的同时,确保自然资源得到可持续的应用,并能够持续提供经济发展和社会福利增长所带来的资源和环境服务。世界银行(2012)定义绿色经济为有效利用自然资源,最大程度减少环境污染等对环境负面影响并且能从自然灾害中迅速恢复的经济发展。UNEP(2011)认为,绿色经济是提高人类福利和社会公平,并显著降低环境风险和生态危机的经济发展。

从上述定义中不难发现,绿色经济的内涵有三大要义,一是实现经济持续发展,二是要实现资源消耗及污染物排放最小化,三是实现人类福利和社会公平的不断提升。同时,应当看到,绿色经济是经济发展的高级形态和模式,我国在经历了长期的粗放型发展历程后开始向绿色经济转型,这一过程不是一蹴而就的,需要不断培育城市绿色经济的活力。

"活力"一词在《现代汉语词典》中的释义是指"旺盛的生命力",亦指行动上、思想上或表达上的生动性。而"生命力"一词在《现代汉语词典》中的释义是"维持生命活动的能力、生存发展的能力"。本文中绿色经济活力是指城市实现绿色经济的能力,即城市在经济持续发展中,实现资源环境代价最小化及居民福利最大化的能力。

(三) 环境治理响应

经济发展与环境问题似乎永远是跷跷板的两端,近几十年来,人类正以前所未有的强度对环境造成影响,为了改善生态环境和生存环境,人类不得不反过来投入大量资源进行环境治理,似乎所有国家或地区都难以逃离这样一个"污染—治理"的循环之中。为此,如何协调好经济与环境之间的关系,实现经济与环境的双改善,已成为世界各国关注的焦点之一。传统思维下各国通常采取这样一个"良策",即努力发展经济,待经济上升到一定水平后,再加大环境治理的投资,但尽管在耗费大量资金、劳动力、技术等之后,环境在一定程度上能得到改善,但这却是建立在对环境造成严重损害,甚至某些方面是不可逆的损害之后取得的成效。如果能够了解环境治理投入对环境质量改善的效果,在投入与环境改善之间找到一个最佳结合,以及如何动员有限的资源要素来实现环境质量最大程度地改善,便有利于可制定适宜的环境治理策略,以实现环境治理效应的最大化[1],这将对长江经济带提升环境治理水平与绩效有着重要作用,这也是本研究的出发点。

从国内外学术界对环境治理响应相关研究进展来看,环境治理响应及环境治理绩效仍是我国乃至世界尚未得到有效解决的问题。经过多年的发展,环境治理水平评估指标体系取得了丰硕的成果,并呈现出百家争鸣、百花齐放的可喜现象[2]。但在我国,相关研究尚需要进一步深化。例如中国科学院可持续发展研究组发布的《中国可持续发展战略报告》,对各地区环境质量指数进行了测算,但该指数

---

[1] 董竹,张云.中国环境治理投资对环境质量冲击的计量分析——基于 VEC 模型与脉冲响应函数[J].中国人口·资源与环境,2011,21(8):61—65.

[2] 黄思光.区域环境治理评价的理论与方法研究[D].西北农林科技大学,2005.

更多是从环境治理效果的角度来反映,对环境治理响应的关注不够。随着长江经济带沿江城市环境污染加剧、重化工业风险频发、生态环境退化、水环境质量下降等问题日益严重,政府环境治理响应也需要不断加强,但如何评估政府、社会公众等对环境治理的响应能力,目前尚无系统的研究和得到普遍认可的成果。为此,有必要构建环境治理响应评估体系,以对各地区,尤其是长江经济带沿岸城市在长江经济带"共抓大保护,不搞大开发"的战略行动下的环境治理响应进行有效评估。

　　构建一套科学的评估体系,就必须弄清评价目标及内涵,着重厘清环境治理水平以及环境治理响应的内涵。所谓环境治理水平,是指各级政府对污染者依法进行监管,督促其减少污染排放从而减轻环境损害的能力和水平,可以用环境治理响应指数来度量①。目前对环境治理响应并无明确的内涵界定,但形成了环境治理能力内涵的相关界定②③。综合看来,环境治理能力是一个系统,包括地方政府对自然规律认识的程度和水平,对环境治理的决策能力、规划能力、预防控制和环境治理能力、促进环保科技创新提高的能力,制定环保规划、环境标准、环境立法、环境税收、环境影响评价的能力,促进环保产业和环境服务发展的能力,应对环境灾难的能力,促进环境文化和生态文明建设的能力,以及借鉴西方发达国家环境治理成功经验的能力,动员公众参与的能力,有效规范环境治理中各主体权责义务的能力等。环境治理能力与环境治理响应具有较强的相通性,借鉴环境治理水平、环境治理能力等概念,笔者认为,环境治理响应是政府、企业等多方环境治理主体动员相应的资金、人员、技术等要素的

① 马建平.我国区域环境治理水平差异及影响因素分析[J].环境与可持续发展,2012,37(3):90—94.
② 肖建华,游高端.地方政府环境治理能力刍议[J].天津行政学院学报,2011(5):64—69.
③ 任丙强.地方政府环境治理能力及其路径选择[J].内蒙古社会科学:汉文版,2016,37(1):25—30.

能力,包括政府、企业等主体环境治理的投入,环境治理社会公众的主动和广泛参与,以及保障环境治理主体合作共治的信息公开水平;可见,环境治理响应是具有多维特征的综合概念。

第二节　研究对象

本书对评价长江经济带沿江城市环境绩效的研究,以"长江沿岸中心城市经济协调会"成员城市为主,并将"长江三角洲城市经济协调会"前期入围 16 个城市均纳入评价。

一、整体地域范围

根据《国务院关于依托黄金水道推动长江经济带发展的指导意见(国发〔2014〕39 号)》,长江经济带覆盖上海、江苏、浙江、安徽、江西、湖北、湖南、重庆、四川、云南、贵州等 11 省市,面积约 205 万平方公里,人口和生产总值均超过全国的 40%。

二、长江沿岸城市

1985 年 12 月底,长江沿岸中心城市经济协调会正式成立。截至目前,上海、南京、武汉、重庆为常设主席方,加上攀枝花、宜宾、泸州、宜昌、荆州、岳阳、咸宁、鄂州、黄石、黄冈、石首、九江、安庆、铜陵、芜湖、合肥、巢湖、池州、马鞍山、泰州、扬州、镇江、南通、宁波、舟山共 29 个成员城市。其中巢湖市于 2011 年撤销地级市,设立县级市,隶属合肥市。石首本身为县级市,隶属荆州市。长江沿岸中心城市经济协调会的城市已包含合肥和荆州,若再单独评价巢湖和石首会出现部分数据重复。同时,县级市与地级市无法在同一平台上进行比较研究,因此本报告不单独研究巢湖市和石首市。此外,鉴于长江经济带在行政区域上涵盖 9 省 2 市,而长江沿岸中心城市经济协调会的城市中不包含云南省和贵州省的城市,报告增加云南省昭通市和贵州省遵义市这两个城市作为长江沿岸城市。

三、长三角 15＋1 城市

长三角地区区位条件优越,经济实力雄厚,科教文化发达,城镇体系完善。长三角城市群已经跻身世界级城市群,是长江经济带未来发展的核心和龙头。鉴于长三角城市群对于长江经济带发展的地位和作用,并与笔者的前期研究相衔接,报告提出了"长江三角洲城市经济协调会"首期入围的城市,也是长三角区域的核心区,即俗称的 15＋1 城市,包括上海、南京、苏州、无锡、常州、镇江、扬州、泰州、南通、杭州、宁波、嘉兴、湖州、绍兴、台州、舟山。

表 3 - 1　城市按人均 GDP 归类

	城市数量	人均 GDP＞9 万元	6—9 万元	3—6 万元	＜3 万元
上海	1	上海			
江苏	8	苏州、无锡、南京、常州、镇江	扬州、南通、泰州		
浙江	7	杭州、宁波、嘉兴、绍兴	舟山、湖州	台州	
安徽	6	铜陵	合肥、芜湖	马鞍山、池州	安庆
江西	1			九江	
湖北	7	武汉	宜昌、鄂州	黄石、咸宁	荆州、黄冈
湖南	1		岳阳		

（续表）

	城市数量	人均GDP>9万元	6—9万元	3—6万元	<3万元
重庆	1			重庆	
四川	3		攀枝花	宜宾	泸州
贵州	1			遵义	
云南	1				昭通
合计	37	12	10	10	5

资料来源：相关各省统计年鉴。

第三节 研究方法

本书采用关键绩效指标评估法进行指数构建，以量化评价各研究对象环境绩效的进展。

一、总体思路

现有环境绩效评价的方法多种多样，其中定量评价的方法主要包括关键绩效指标评估法、数据包络分析法、平衡计分卡法等。本书基于环境绩效内涵的广泛性、涉及领域的多样性等特征，采用关键绩效指标评估法进行指数构建与绩效评价。研究结果能够量化评价各城市环境绩效进展，提出各城市环境绩效改善的主要着力点，为多个城市有针对性地进行环境绩效管理提供决策依据。

第一，通过建立包含3个一级指标、9个二级指标、50个三级指标的评价指标体系，评价长江经济带城市环境绩效指数。

第二，分别计算2012—2014年不同年份长江沿岸城市、长三角15＋1城市环境绩效指数得分情况并排序，分析各城市环境绩效指数的分布特征。

第三，分解三个一级指数，研判各城市在生态系统健康、绿色经济活力、环境治理响应的表现及趋势。

第四，梳理借鉴国际主要大江大河流域环境绩效管理的经验，为长江经济带环境绩效管理的完善提供建议。

二、指标体系架构

根据上述对环境绩效的认识，在对国内外环境绩效指数研究和参考的基础上，构建环境绩效指数。环境绩效指数由 3 个一级指数，9 个二级指数构成。

（一）生态系统健康指数

生态环境质量指数是指区域生态环境质量在评价期内的优劣程度。生态环境质量是由生态环境的各种介质质量综合而成，因此生态环境质量指数应包含空气质量、水环境质量、噪声环境、生态环境状况等内容；环境压力指数是指在经济发展过程中，由于城市化、资源消耗、经济活动以及生产—消费过程中固体废弃物、垃圾、污水排放，对区域环境所造成的压力大小。当前区域环境压力主要来自城市扩张、资源消耗和污染物排放三个方面；环境风险可控系统应包含风险源和风险受体两部分内容，风险源释放环境风险因子，经环境介质传播后作用于人类社会经济系统、人体、生态系统等风险受体，进而产生损害。因此，环境风险可控评价指标包含风险源危险性指标和受体脆弱性指标两大类。

（二）绿色经济活力指数

基于绿色经济的内涵，这一指数下设 3 个分指数，分别是经济发展领先指数、资源环境效率指数、公共服务共享指数。这里的指数部分指标参考了 OECD 绿色增长指数、UNEP 绿色经济政策指数、世界银行绿色增长政策效益指数、GGGI 绿色增长规划可持续性指数等国际组织开发的指标体系。

经济增长领先指数摒弃单一考察经济规模和增长率的思路,多维度地评估经济增长的全貌,包括经济效率、结构及技术进步推动力;资源环境效率是广义的概念,既包括能源、水资源等资源的生产和使用效率,也包括污染物排放的经济效率。笔者从工业生产、农业生产及生活 3 个维度考察资源环境效率,这也是污染物排放的主要来源,符合基本环境统计类别。在指标的设置上考虑数据可得性,生产领域选取工农业生产中能源及污染物相关指标,体现工农业生产中资源利用与主要污染物排放的经济效率。生活领域考虑到城市规模与经济发展阶段,以人均生活用能指标反映资源环境利用情况;人均享有的公共服务水平是社会福利和公平的主要表现之一,从公共交通、教育、医疗及环保设施 4 个维度考察各城市的公共服务的占有水平。指标设置中尽可能剔除由于城市级别导致的城市之间的不可比性,选择人均公共服务占有指标进行测算。

(三) 环境治理响应指数

环境治理响应是一个多变量、多目标和多层次的复杂系统,根据长江经济带生态环境问题和环境治理现状,以及指标体系构建原则,本研究在环境治理响应指数指标体系设计的总体思路是:以降低环境污染、节约资源,促进技术创新,实现环境质量显著改善和可持续发展为出发点,充分考虑环境治理中政府、社会组织、企业和社会公众等 3 方面的主体,以及治理投入、参与情况、信息公开等 3 个领域,建立系统合理的环境治理响应评估指标体系。基于环境治理响应的内涵,长江经济带沿江城市环境治理响应指数应包含环境治理投入指数、环境信息公开指数、环保公众参与指数 3 个方面。

图 3-1　环境绩效指数评价框架

三、指标选择及计算方法

要坚持科学性、系统性、可比性和可操作性的原则,选择 50 个指标进行指标体系构建。

(一) 指标选择的原则

1. 科学性

指标体系的选择、权重的确定与计算必须有科学依据,在信息收集等方面应科学、规范,并对长江经济带沿岸城市生态环境治理的方方面面做出准确、全面、科学的分析,以确保评价结果准确客观,评价结果可信性。

2. 系统性

指标体系应以系统理论为基础,复合系统性原则,即指标体系应能够反映评价对象的属性,构成完整的体系;同时,评价体系应具有层次结构,形成有机整体,能够全方位反映长江经济带沿岸城市环境治理响应的变化,各指标间关系应清晰明确。

3. 可比性

长江经济带沿江城市在生态环境治理响应上存在各种差异,对于环境治理响应评价指标体系的建立,也应该具有可比性,能够实现横向比较;同时,指标选取的可比性是定量评价必须遵循的原则,在指标选择上,也必须是各地区共有的指标含义,即指标的名称、含义、统计口径和范围均通过标准化处理,以保证各地区在不同时期在一定范围内具有可比性。

4. 可操作性

评价指标的选择,既要充分考虑指标系统、完整,又要确保评价指标体系数据来源可靠,以便于评价工作的操作。

（二）计算方法

采用客观的方法对数据进行处理，主要计算过程包括数据标准化、指标赋权及指标赋值等方面。

1. 数据标准化

采用离差标准化法对数据进行标准化处理，公式如下：

$$正向指标\ X'_{ij} = \frac{X_{ij} - \min\{X_j\}}{\max\{X_j\} - \min\{X_j\}} \qquad 负向指标\ X'_{ij} = \frac{\max\{X_j\} - X_{ij}}{\max\{X_j\} - \min\{X_j\}}$$

2. 计算指标权重

利用熵值法计算个指标的权重，公式如下：

$$计算第\ i\ 个城市第\ j\ 项指标值的比重：Y_{ij} = \frac{X'_{ij}}{\sum_{i=1}^{m} X'_{ij}}$$

$$计算指标信息熵：e_j = -k \sum_{i=1}^{m} (Y_{ij} \times \ln Y_{ij}),$$

其中 $k = \dfrac{1}{\ln m}$，m 为参评城市数量。

$$计算信息熵冗余度：d_j = 1 - e_j$$

$$计算指标权重：W_j = \frac{d_j}{\sum_{j=1}^{n} d_j}$$

3. 计算指标得分

计算各指标得分的公式如下：

$$S_j = W_j \times X'_{ij},$$

其中 X'_{ij} 是 i 城市 j 指标的标准化值，W_j 为 j 指标的权重。

四、数据来源

数据均来自各城市及省级政府相关职能部门通过公开渠道发布的数据。

（一）统计年鉴及统计公报

——各城市统计年鉴(2013—2015)。

——各城市国民经济和社会发展统计公报(2012—2014)。

——中国城市统计年鉴(2013—2015)。

——中国城市建设统计年鉴(2013—2015)。

——江苏省统计年鉴(2013—2015)、浙江省统计年鉴(2013—2015)、安徽省统计年鉴(2013—2015)、江西省统计年鉴(2013—2015)、湖北省统计年鉴(2013—2015)、湖南省统计年鉴(2013—2015)、四川省统计年鉴(2013—2015)、云南省统计年鉴(2013—2015)、贵州省统计年鉴(2013—2015)。

（二）环境公报

——各城市环境状况公报(2012—2014)。

——各城市环境统计公报(2012—2014)。

（三）信息公开年报

——各城市环境保护局信息公开年度工作报告(2012—2014)。

第四节 本年度指标调整说明

2016 年,笔者在长三角 15＋1 城市环境绩效评价指标体系的基础之上,根据长江经济带城市生态环境保护特点,构建了适应长江经济带城市环境保护发展现状的环境绩效评价指标体系。长江经济带城市环境绩效评价指标调整主要有以下 3 个方面:

一、指标的适用性

　　长江经济带城市东西分布范围广,经济社会环境发展存在巨大差异。既有东部长三角经济发达,工业化、城市化水平较高的城市群,也有西部欠发达,城市化水平相对较低的城市。为了使指标客观、全面地反映不同类型城市环境绩效特点,本年度的环境绩效评价指标做了如下改进:在生态系统健康指数中,增加了森林覆盖率指标,删去了人均公园绿地面积指标;在绿色经济活力指数中,考虑到长江沿岸开通轨道交通的城市非常有限,故删去人均公共轨道交通里程的指标,将轨道交通的乘用次数和车辆融入已有的公共交通乘用次数和万人拥有公共交通车辆指标中去,以求更全面地反映沿江城市公共交通的发展状况;在环境治理响应指数中,考虑到长江中上游城市环境产权交易市场发展较为滞后,删去了环境市场培育指标,更多地考察环境信息公开及公众参与情况。

二、体现“水”特征

　　评价长江经济带沿岸城市环境绩效,必然离不开长江沿岸城市生态环境的共同特征——水。本年度研究对水环境质量、水资源的使用规模和效率等涉水环节加以全面关注。如在生态系统健康指数中,删去了噪声质量指标,使水环境质量指标更加突出。在绿色经济活力指数中,增加了工业用水重复利用率指标,以反映工业用水集约的程度。增加单位农作物播种面积农药使用量指标,因为这是农业面源污染的一个来源。在环境治理响应指数中,增加单位废水处理资金投入、城市建成区排水管道密度这两个涉水指标,以考察沿江城市在废水处理资金和涉水设施上的投入情况。

三、确保数据可获得性

本次评价对象为长三角核心区 16 个城市和长江沿岸 29 个城市，共计 37 个城市，数据收集量大，部分西部地区城市环境信息统计和公开程度要落后于东部城市，需要对指标进行调整，以保证评价指标数据的收集。如在生态系统健康指数中，删去了单位面积工业废水排放量、单位面积工业废气排放量；在环境治理响应指数中，删去了有关监察信息、征收信息和审批信息公开的评价，转而考察各城市环保信息主动公开和在线监测数据的有效性。

第四章

长江经济带生态环境问题及其原因

　　长江经济带横跨我国东中西三大区域,包括9省两个直辖市,面积约205万平方公里,占全国总面积的21.38％,同时,长江经济带也是中国资源的富集带,水资源、耕地资源、森林资源占全国的比重分别为39.47％、34.42％、40.77％。同时,长江经济带经济和人口密集,2014年,人口和GDP分别占全国的42.7％、41.2％。可见,长江经济带不仅是中国经济发展的重心,也是我国重要的生态安全屏障。中共十八届五中全会明确要用绿色发展理念来打造长江经济带,习近平总书记指出,推动长江经济带建设必须坚持生态优先、绿色发展的战略定位。可见,长江经济带生态环境保护与建设在很大程度上影响着长江经济带建设目标的实现。

第一节　长江经济带生态环境问题研判

　　由于人口经济活动密集,长江经济带水资源开发利用程度不断提高,水环境与水生态也面临严峻的威胁,表现为环境污染加剧、安全隐患较大、生态退化严重、自然灾害频发、河口生态环境问题加剧。

一、水环境问题依然严峻

(一) 水质总体改善,仍存恶化趋势

长江流域与其他流域相比,其水质相对较好(见图 4-1),2014年,Ⅰ—Ⅲ类水质比例也处于相对较高水平(见图 4-2)。在长江流

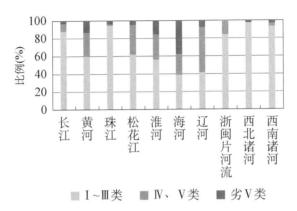

图 4-1　2014 年七大流域和浙闽片河流、西北诸河、西南诸河水质状况

资料来源:2014 年中国环境状况公报。

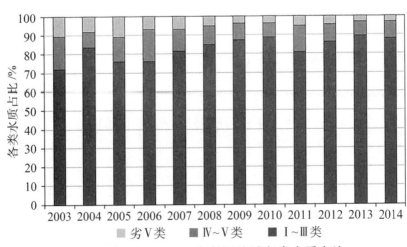

图 4-2　2003—2014 年长江流域各类水质占比

资料来源:中国环境统计年鉴 2015。

域国控断面中,Ⅰ—Ⅲ类水质比例共占 88.1%,较上年下降了 1.3 个百分点。同时,Ⅳ类及以上未达到国家安全水质的断面比例为11.9%,较上年有所上升,其中劣Ⅴ类为 3.1%。可见,长江经济带水环境尽管处于相对较好的水平,但是在生产生活活动造成的环境压力下,长江经济带水环境依然不容忽视。

（二）干流水质恶化,支流污染严重

2014 年,Ⅰ—Ⅲ类水断面达到 88.1%,但是也有较多水质断面并未达标,其中Ⅳ—Ⅴ类为 11.9%,劣Ⅴ类也达到 3.1%。总体上,长江流域干流水质相对较优,断面水质基本保持在Ⅲ类水质,但是长江各支流和湖库污染却较为严重。从长江流域水质的时间变化分析可以看出,长江干流水质出现倒退。2007 年,长江干流水质主要为Ⅱ类及以上,而到 2010 年、2014 年,长江流域干流水质主要以Ⅲ类水为主。从水质空间分布来看,长江流域支流水质问题严重。2007 年以来,污染河段主要是螳螂川云南段、岷江成都段、乌江、沱江下游、滁河、外秦淮河、黄浦江等。从水质相对变化来看,水质改善的河段有太湖流域、乌江上游、河南省唐白河等,乌江下游、湖北澧水、花垣河则出现水质恶化,但以上河段长期均为长江流域污染较严重的河段,主要为Ⅳ类、Ⅴ类甚至劣Ⅴ类水质。

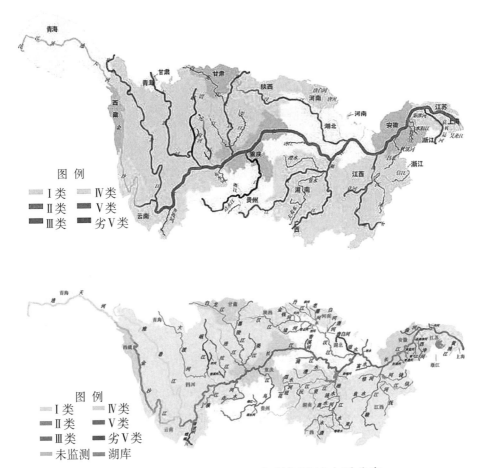

图 4 - 3　2007、2010、2014 年长江流域水质分布

资料来源：2014 年中国环境状况公报。

（三）河湖水质富营养化问题严重

从 2014 年全国重点湖泊富营养化程度比较来看，滇池、洪泽湖、淀山湖、太湖、阳澄湖、高邮湖、龙感湖等重度、中度富营养化的湖泊均分布在长江经济带，约占全国富营养化湖泊的近一半，导致湖泊富营养化的主要原因为总磷、COD 等指标的超标。

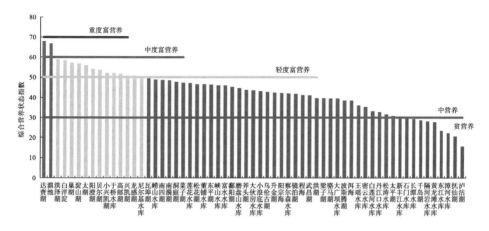

图 4 - 4　全国重点湖泊富营养化程度

资料来源：2014 年中国环境状况公报。

二、环境污染负荷压力巨大

（一）长江经济带工业废水排放量巨大

长江经济带是我国重化工业（重化工业泛指生产资料的生产，包括能源、机械制造、电子、化学、冶金及建筑材料等工业，包括电力工业、煤炭工业、石油工业、汽车工业、电子工业、化学工业、冶金工业、建筑材料工业等。）的密集带，2013 年，长江经济带重化工业废水排放量占工业废水排放总量的 81.60%，而重化工业废水处理量仅为 74.46%（见表 4 - 1），这反映出重化工业废水处理率低于工业废水处理率的平均水平，大量未经处理的废水直接排放。而长江经济带作为我国重化工业的集聚带，2014 年，全国重点流域共排放废水 474.7 亿吨，较上年上升了 2.4%；其中，长江流域便达到 234.0 亿吨，几乎占全国重点流域排放量的一半。此外，化学需氧量、氨氮、工业石油类、工业挥发酚、工业氰化物、工业重金属排放量分别为 613.7 万吨、77.3 万吨、5 616.6 吨、78 吨、40.6 吨和 172.2 吨，均占重点流域污染物排放量的 40% 左右。

表 4 - 1　2013 年中国重化工业废水排放量占全行业比重

	工业废水处理量	工业废水排放量
行业总计(亿吨)	628.66	492.48
重化工业(亿吨)	468.08	401.86
重化工业占比(%)	74.46	81.60

表 4 - 2　重点流域废水及废水中污染物总体排放情况

流域	废水/亿吨	化学需氧量/万吨	氨氮/万吨	工业石油类/吨	工业挥发酚/吨	工业氰化物/吨	工业重金属/吨
松花江	22.7	190.2	11.9	364.8	12.6	1.2	0.3
辽河	19.2	117.5	8.8	460.3	3	1.1	15.4
海河	82.9	266.1	23	1 671.5	365.3	23.6	21.3
黄河中上游	43.6	164.2	16.4	2 877	678.5	49.2	35.9
淮河	67.1	247.9	27	1 536.9	129.6	15.9	16.6
长江中下游	127.2	366	46.2	3 845.4	60.7	31.1	127
太湖	35.5	31	4.9	361.4	5.8	5.4	7.7
巢湖	5.2	12.1	1.3	45	0	0	0.1
滇池	3.6	1.1	0.4	6.6	0.1	0.1	1
三峡库区	62.7	195.6	23.2	1 252.6	11.3	4	18.6
丹江门库区	5	20	2.6	150.6	0.1	0	17.9
合计	474.7	1 611.7	165.7	12 572.1	1 267	131.6	261.8
长江流域合计	234	613.7	77.3	5 616.6	78	40.6	172.2
长江流域占比	49.29%	38.08%	46.65%	44.68%	6.16%	30.85%	65.78%

注：本年报中重点流域是根据《重点流域水污染防治"十二五"规划》中流域分区汇总得出。

资料来源：2014 年环境统计年报。

2013 年,长江经济带废水排放总量达到历史新高,首次超过 300

亿吨,占全国的 43.3％[1],其废水排放量已远超水体自净能力。而化学需氧量排放量也达到 858.3 亿吨,约占全国的 36.5％;氨氮排放量大约 106.1 万吨,约占全国的 43.2％。

表 4 - 3　长江经济带废水排放量及占全国比重

	废水排放量(万吨)	化学需氧量排放量(吨)	氨氮排放量(吨)
长江经济带	3 010 946	8 583 166	1 060 892
全国	6 954 433	23 527 201	2 456 553
长江经济带占比	43.3	36.5	43.2

资料来源:中国环境统计年鉴 2014,中国环境统计年鉴 2015。

(二) 废水排放量占比总体下滑,COD/氨氮排放量占比上升

2005 年以来,长江经济带"9 省 2 直辖市"工业废水排放量从 2005 年的 112.7 亿吨增长到 2013 年的 301.1 亿吨,增长了 167％;占全国比重则出现小幅下滑,从 46.37％下降到 2013 年的 43.33％,下降了 3.03 个百分点。而生活污水排放总量从 121.6 亿吨增长到 209.9 亿吨,增长了 72.6％,而占全国比重基本保持稳定在 43％左右。与废水排放量占比稳中有降不同,化学需氧量/氨氮排放量占全国比重则总体上升[2]。2005—2013 年,长江经济带化学需氧量排放量和氨氮排放量占全国比重分别从 41.28％和 38.61％增长到 45.37％和 43.69％,所占比重大幅上升,这反映出长江经济带废水排放对环境造成的压力增大。

---

[1] 中华人民共和国环境保护部.2014 年中国环境状况公报[R].中华人民共和国环境保护部,2015,05.

[2] 由于 2010 年以前,化学需氧量排放量和氨氮排放量统计口径仅为工业废水和生活废水,而 2010 年以后包括工业、农业、生活、集中式污水处理治理设施排放,为保持可比性,2010 年以后仅统计工业和生活污水排放量中的 COD、氨氮排放量。

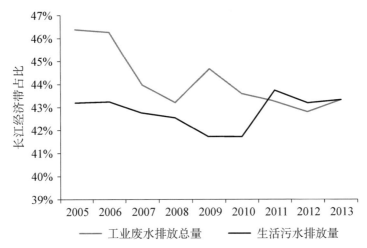

图 4 - 5　2005—2013 年长江经济带工业废水、生活污水排放总量占全国比重

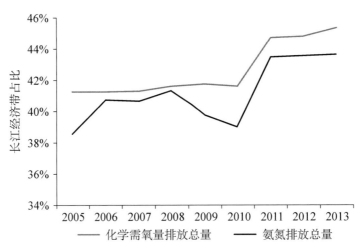

图 4 - 6　2005—2013 年长江经济带化学需氧量/氨氮排放总量占全国比重

（三）环境突发事件与日俱增

据 2010 年环保部环境检查，长江流域涉危企业达到 1 万多家[①]，

[①] 本报记者王海平，周慧. 长江经济带重化产量占全国 46％急需转型[N]. 21 世纪经济报道，2016 - 01 - 16.

为全国最多。2013 年,长江沿线港口密布,危化品吞吐量高达 1.7 亿吨[1];近年来,随着长江沿岸重庆长寿、四川泸州、江苏南京等地大量兴建化工园区,导致长江危化品运输量接近 10% 的速度增长,长江经济带俨然已成为危化品运输带[2]。由于危化品生产、装卸、运输,以及污染物的处理等各环节均可能产生对环境的污染,这增加了长江经济带环境安全的挑战。

长江作为沿岸 1.4 亿人的饮用水源,长江若发生危化品安全事故,将对沿岸居民生活用水造成极大的威胁[3]。长江经济带环境突发事件频发,其中,2013 年已达到 459 件,占全国的 64.5%,上海、江苏、浙江、四川等长江经济带省市位居全国前列;其中,上海市和江苏省分别高达 251 件和 125 件,远超过全国其他省市水平(见图 4-7)。而且,长江经济带环境突发事件占全国比重呈总体上升的趋势(见图 4-8)。

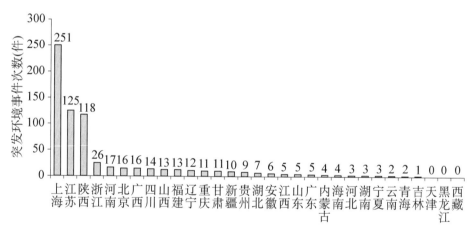

图 4-7 2013 年全国突发环境事件情况

① 上海安全生产科学研究所. 航运隐患重　重危化品船舶成长江"移动炸弹"[EB/OL]. 上海安全生产科学研究所,2016-01-05.

② 李学辉,邱世美,方爱琼. 强化长江流域危化品运输管控[N]. 中国环境报,2016-04-28.

③ 原金. 长江危化品运输安全升级 2016 年起禁行部分船舶[N]. 每日经济新闻,2014-06-24.

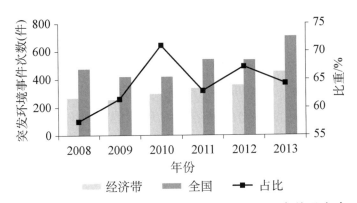

图 4 - 8　2008—2013 年长江经济带突发环境事件及占全国比重

资料来源：杨桂山(2015)。

三、生态退化趋势明显

（一）上游植被退化严重，是全国水土流失重灾区

长江上游森林、草场也遭到严重破坏，生态系统与生态环境受影响严重。同时，受全球气候变暖的影响，长江源区的冰川冻土也遭受严重威胁，其面积逐渐缩减；受自然和人为的因素，长江源头的草甸、草原、湿地也呈现出退化趋势，草原化、荒漠化的威胁已逐步逼近长江上游地区。

由于地质条件和气候变化以及人为破坏，长江上游地区森林植被大量破坏，尤其是四川盆地植被破坏尤为严重。森林植被的大量破坏使得森林生态服务功能下降，土壤侵蚀、水土流失等随即出现（邓宏斌，2000)[1]。2014 年，长江流域土壤侵蚀总量达 2.745 亿吨，约占全国的 51.44%，1950—1995 年，长江流域土壤侵蚀总量约占

----

[1] 邓宏兵.长江中上游地区生态环境建设初步研究[J].地理科学进展，2000，19(2)：173—180.

全国侵蚀总量的 48.64%。可见,长江上游地区是中国水土流失的重灾区。四川盆地及周围山地丘陵区土地总面积 51 万平方公里,其中水土流失面积便高达 16.2 万平方公里,占据全区面积的 31.8%,基本相当于东部地区一个省的面积;西南岩溶区(包含川、黔、滇、桂等的云贵高原区)总面积 70 万平方公里,其中,水土流失比例高达 29.1%。以长江上游的金沙江上游预防保护区和岷江上游预防保护区为例,2014 年,金沙江上游预防保护区和岷江上游预防保护区总面积分别 5 126.30 和 3 660.75 平方公里,而区内水土流失面积分别达 3 357.71 和 1 621.54 平方公里,分别占总面积的 65.50% 和 61.43%。

表 4-4　2014 年全国主要江河流域土壤侵蚀量

流域名称	1950—1995 年平均侵蚀总量(亿吨)	2013 年侵蚀总量(亿吨)	2014 年侵蚀总量(亿吨)
长江	23.87	5.551	2.745
黄河	16.00	3.826	0.822
海河	2.01	0.006	0.005
淮河	1.58	0.018	0.055
珠江	2.20	0.668	0.481
松花江	0.19	0.323	0.178
辽河	1.53	0.343	0.137
钱塘江	0.11	0.14	0.301
闽江	0.12	0.016	0.033
塔里木河	1.30	1.042	0.544
黑河	0.16	0.054	0.035

资料来源:中国水土保持公报 2014。

表 4-5 2014 年金沙江上游预防保护区和岷江上游预防
保护区监测范围水土流失情况

	水土流失强度	轻度	中度	强烈	极强烈	剧烈	合计
金沙江上游预防保护区	面积	1 915.89	1 085.61	305.23	34.98	16.20	3 357.71
	占水土流失面积%	57.06	32.33	9.09	1.04	0.48	100
岷江上游预防保护区	面积	625.35	714.32	203.02	64.37	14.48	1 621.54
	占水土流失面积%	38.57	44.05	12.52	3.97	0.89	100

资料来源：中国水土保持公报 2014。

长江中上游地区地形地势较为崎岖,且水土分布不均衡,加之毁林开垦、陡坡耕种、过度放牧等不合理生产生活活动,植被遭到严重破坏,土壤侵蚀、石漠化等生态环境问题凸显;其中,云贵高原石质山区成为全国石漠化最严重的地区。据国家林业局 2012 年石漠化调查结果显示,长江流域,尤其是长江上游云贵地区是我国石漠化最严重的地区,全区石漠化土地高达 695.6 万公顷,约占全国比重的58.0%[1]。同时,长江中上游水土流失又直接影响中下游的生态环境,使得中下游河湖水库严重淤积,极大地增加了洪涝灾害发生的风险(燕文明等,2006)。

(二) 库区生态环境恶化

随着能源需求的不断增长,以及水旱灾害频发对防洪抗旱需求的增加,长江流域兴建了大量各种规模的水利水电工程,长江经济带全范围水闸数量也高达 5.86 万个(2012 年),约占全国的60.21%。水

---

[1] 姚瑞华,赵越,杨文杰,等.长江经济带生态环境保护规划研究初探[J].环境保护科学,2015,41(6)：15—19.

利水电工程作为人工建筑,改变了自然生态环境,并带来了一系列生态环境问题:水利水电工程蓄水后,库区将变为高峡平湖,污染物的稀释扩散能力急剧减弱,这大大加剧了库区沿岸的水污染;大坝对氮、磷等营养物质的拦蓄导致水库支流、港湾易富营养化(燕文明,2006),例如三峡大坝蓄水以来,库区水质总体上有所下降,藻类水华事件频率有所增加,水体富营养化影响范围扩大(见图4-9)。

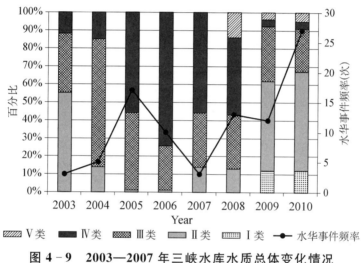

图 4-9　2003—2007 年三峡水库水质总体变化情况

资料来源:Xu(2013)。

(三) 生物多样性下降

由于河道阻断、河滩缩减、泥沙减少等原因,长江流域鱼类栖息生态环境受破坏严重,进而导致珍稀鱼类,尤其是洄游性鱼类生存面临严重威胁,甚至趋于消失的险境[①]。中国科学院和 WWF(世界自然基金会)联合发布的《中国环境流研究与实践》报告指出,长江上游干支流大规模建设的梯级水电站,洄游性鱼类洄游通道受阻,也严重

[①] 杨桂山.长江水问题基本态势及其形成原因与防控策略[J].长江流域资源与环境,2012,21(7):821—830.

影响了河流自然性的生态系统①。目前,长江特有物种消失了一半以上,水利水电密集开发使得长江由一条奔腾的江河,变成一连串的水库,不仅长江奔腾的景观消失不再,长江流域鱼类栖息地也遭受严重破坏;同时,水利水电项目的大量建设也改变了长江水温、水量、流速等水文特性,对鱼类生长规律造成破坏,使得鱼类生存受到严重威胁,一大批依赖激流险滩而生存的鱼类因为激流变平湖而失去生存机会②。

(四) 径流系统遭受改变

三峡工程、南水北调等水利水电工程使得长江径流下降,一方面水利水电工程减少了洪水泛滥的次数,但这也使得原来依赖于洪水而产生的河流与湿地之间的联系被削弱,造成湿地逐渐萎缩甚至消失,原来依赖湿地的鱼类、鸟类因食物链断裂而逐渐消失,长江经济带生物多样性下降;据调查,长江口水生生物种类从 1985 年以来急剧减少,到 2000 年仅有 369 种,较 1985 年的 619 种减少了 40%(吴次芳,2005);另一方面水利水电工程通过拦蓄水,使得长江入海径流量减少,这导致海水倒灌、盐水入侵、地下水受污染、土壤盐渍化等生态威胁。

同时,水利水电工程还对长江输沙量造成巨大改变,据《2014长江泥沙公报》显示,近年来长江干流年输沙量也出现锐减趋势③(见图 4 - 10)。河流泥沙携带减少,使得长三角地区泥沙沉积减少,河口海岸侵蚀严重④,例如,三峡工程蓄水引起长江口门外水下由1995—2000 年的淤积为主转变为 2003 年的冲刷为主,而且呈加剧

---

① 章轲. 长江上游水电无序开发造成生态失衡[N]. 第一财经日报,2011-06-14.
② 资料来源于《2013 长江上游联合科考报告》。
③ 2014 年长江干流主要水文控制站年输沙量与多年平均值比较,直门达、石鼓站分别偏大 55%、41%,攀枝花、向家坝、朱沱、寸滩、宜昌、沙市、汉口、大通站分别偏小 86%、99%、88%、87%、98%、93%、78%、69%;与上年值比较,直门达、石鼓、攀枝花、向家坝站分别增大 68%、74%、30%、10%,大通站基本持平,朱沱、寸滩、宜昌、沙市、汉口站分别减小 49%、57%、69%、31%、13%。
④ 姜翠玲,严以新. 水利工程对长江河口生态环境的影响[J]. 长江流域资源与环境,2003,12(6):547—551.

趋势①,长江口门外海域悬沙含量由 20 世纪 60 年代的 0.543 g/L 降到 90 年代的 0.448 g/L(Yang et al.,2003)②。

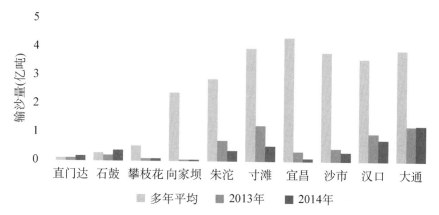

图 4-10　长江干流主要水文控制站实测年输沙量对比

资料来源:长江泥沙公报 2014。

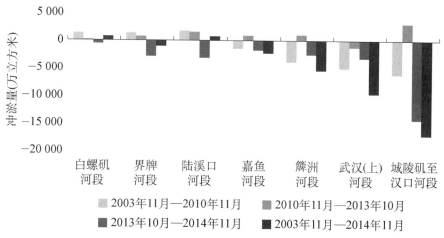

图 4-11　城陵矶至汉口河段平滩河槽不同时段冲淤量分布

资料来源:长江泥沙公报 2014。

---

① 李鹏,杨世伦,戴仕宝,等.近 10 年来长江口水下三角洲的冲淤变化——兼论三峡工程蓄水的影响[J].地理学报,2007,26(7):707—716.

② Yang S L,Belkin I M,Belkina A I.,et al. Delta response to decline in sediment supply from the Yangtze River:evidence of the recent four decades and expectations for the next half-century. Estuarine,Coastal and Shelf Science,2003,57:789-699.

四、自然灾害威胁加大

长江经济带降雨较为集中,同时也极易发生暴雨,2013 年,长江经济带洪涝、山体滑坡、泥石流和台风造成受灾面积 3 378.7 公顷,约占全国的 30%;而 2012 年受灾面积和占全国比重更分别高达 4 886.2 公顷和 43.55%。长江为东西流向,而中国雨带也是东西向延伸;同时,流域降雨时间较长,一般会从 5 月持续到 9 月,且上游落差大、汇流快,增加了长江流域蓄洪压力,而长江下游地区地势低平,河道冲淤严重,河道防洪标准难以抵御特大型洪水,使得洪水频发。例如 2014 年,西南和华南沿海地区强降雨重叠区域多,洪涝灾害区域相对集中,四川、贵州、湖南等成为全国洪涝灾害的重灾区,而长江经济带洪涝受灾人数为 4 593.31 万人,占全国受灾人数的 62.22%,直接经济损失约 720 亿元,占全国的 45.76%[①]。

表 4-6　2012、2013 年长江经济带自然灾害受灾面积

地区	2013 年		2012 年	
	洪涝、山体滑坡、泥石流和台风/公顷	风雹灾害/公顷	洪涝、山体滑坡、泥石流和台风/公顷	风雹灾害/公顷
上海	28	0	14.7	0
江苏	43.6	164.4	296.6	34.2
浙江	641.6	3.1	523.5	0.6
安徽	317.1	38.8	513.2	21.9
江西	316.4	24.5	448.4	84.1

---

① 国家防汛抗旱总指挥部,水利部.中国水旱灾害公报 2014[M].中国水利水电出版社,2014.

（续表）

地区	2013 年		2012 年	
	洪涝、山体滑坡、泥石流和台风/公顷	风雹灾害/公顷	洪涝、山体滑坡、泥石流和台风/公顷	风雹灾害/公顷
湖北	455.7	70	667.2	38.2
湖南	623.2	180.8	757.7	335.9
重庆	98.6	19.3	329	14.5
四川	605.1	62.4	644.4	47.1
贵州	123.3	169.2	301	88.2
云南	126.1	185.2	390.5	72.5
长江经济带合计	3 378.7	917.7	4 886.2	737.2
全国	11 426.9	3 387.3	11 220.4	2 780.8
长江经济带占比	29.57%	27.09%	43.55%	26.51%

表 4 - 7　2015 年长江经济带洪涝灾害受灾人口及直接经济损失统计

	直接经济损失/亿元	受灾人数/万人
上海	0	0
江苏	1.99	30.82
浙江	55.35	325.79
安徽	18.15	443.79
江西	56.18	412.56
湖北	17.52	171.63
湖南	152.26	1 024.69
重庆	96.02	417.95
四川	126.57	630
贵州	126.61	698.12

（续表）

	直接经济损失/亿元	受灾人数/万人
云南	69.43	437.96
长江经济带合计	720.08	4 593.31
全国	1 573.55	7 381.82
长江经济带占比	45.76%	62.22%

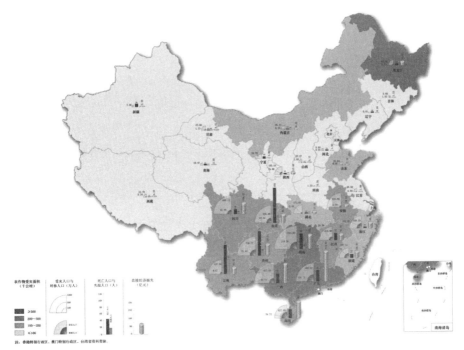

图 4-12　洪涝、山体滑坡、泥石流和台风受灾面积

资料来源：中国水旱灾害公报 2014。

据统计资料显示，史上我国洪水灾害发生频率为 10 年 1 次，20 世纪以来呈不断增加的趋势，除 70 年代有所减少以外，其余年份与历史时期相比均处于高位，90 年代以来，洪水灾害频率进一步增长到每 3 年甚至 2 年 1 次，长江中下游地区，以及四川盆地的岷沱江、嘉陵江流域为洪灾高风险区。尽管三峡工程对上游特大洪水起到了很强的调峰作用，但三峡工程也使得下游河道受到持续冲刷，增加了

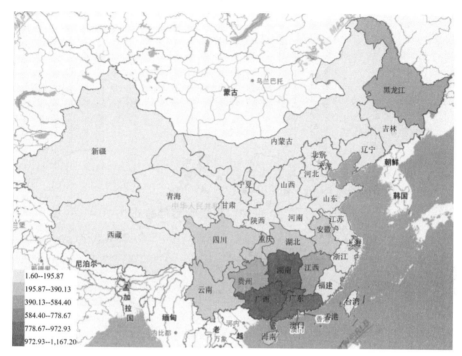

图 4 - 13　2014 年全国洪涝灾害分布

资料来源：国家统计局数据库。

堤岸冲蚀的危险①。除了干支流洪水频发造成巨大损失以外，长江上游支流洪水和山洪也不断发生，尽管单个洪水造成损失较小，但多发的特征使得洪水带来的损失也十分严重，其所造成的人员伤亡占据洪水伤亡总人数的大部分，2000 年以来，人员伤亡占比约占 70％以上，其中 2010 年占比高达 87.6％。

　　由于长江中上游山地面积广大，也是全国滑坡、泥石流的高发地区。据 2005 年长江水利委员会调查，长江上游滑坡数量达 15 万处以上，泥石流沟（坡）超过 1.5 万条（处）。长江经济带洪涝、山体滑坡、泥石流和台风等各种自然灾害影响面积约为 29％—43％，远高于长江经济带土地面积所占比例。而依据图 4 - 15 所示，四川、湖南、

————————

① 杨桂山,徐昔保,李平星.长江经济带绿色生态廊道建设研究[J].地理科学进展,2015,
　　11：1356—1367.

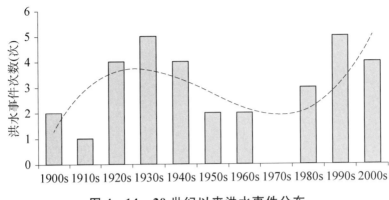

图 4-14   20 世纪以来洪水事件分布

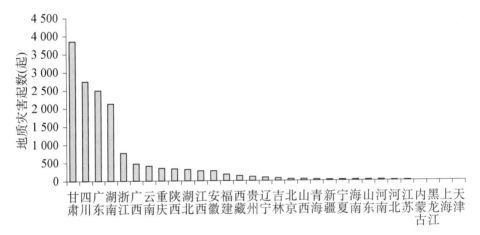

图 4-15   2013 年中国各省市突发地质灾害数量

浙江等是全国地质灾害的高发地区,均位居全国前 5 位,长江经济带 9 省 2 直辖市地质灾害发生起数合计 7 410 起,约占全国地质灾害总数量的 48.20%。

受全球极端气候影响和长江流域用水分配不均等多重影响,长江经济带季节性干旱也开始频繁出现。近 10 多年来,长江中下游超低水位时常发生,造成长江水生生物多样性的严重破坏,并对长江沿岸居民和企业的生产生活带来严重影响。例如,2008 年 1 月 8 日,汉口水文站出现有水文记录以来最低水位,而这种接近甚至超过历史最低水位的现象屡见不鲜,甚至发生的频率有逐年增加的趋势。

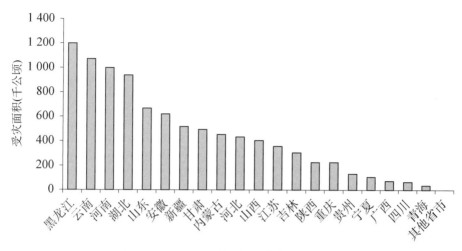

图 4-16　2012 年全国旱灾受灾面积

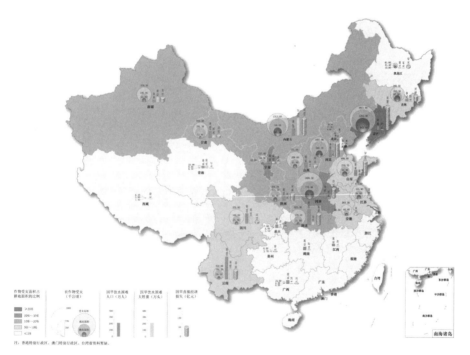

图 4-17　2014 年全国干旱灾害分布图

资料来源：中国水旱灾害公报 2014。

而 2006 年,四川和重庆更是出现连续一个多月超过 40℃的超高气温,进而导致百年一遇的特大干旱,土壤干裂、粮食减产甚至绝收,生活用水出现严重困难;2010 年,西南地区五省市自治区大范围持续干旱(杨桂山等,2015)[①]。以 2013 年为例,云南、湖北、安徽等干旱面积位列全国前列,长江经济带干旱受灾总面积达到 3 411.1 公顷,约占全国旱灾受灾面积的 36%。

五、河口生态安全严重

随着长江经济带经济与人口活动产生的环境压力增大,给长江口及其邻近海域生态与环境造成巨大压力(刘淑德、线薇薇,2009)[②]。与长江经济带其他区域相比,地面沉降、河口污染、咸水入侵、土壤污染是长江口最典型的环境问题。

(一) 土地质量下降,地面沉降严重

由于地下水开采强度不断增长,长三角区域地下水位下降、地面沉降问题也十分严重,如上海市年平均沉降 10.2 毫米[③],孙鹏、曾刚等(2014)研究也大体反映该趋势,其中浦东、宝山、南汇等沿海区县地面沉降最为严重(图 4 - 18)。地面沉降使得长三角地区地势更加低洼,并增加了内涝和洪涝的风险(秦丽云,2006)。同时,沿海城市人口经济较为密集,对生产生活用水的强烈需求,使得地下水超量开采严重;由于淡水对含水层的补给难以达到采水量,使得开采水位下降漏斗扩展到海岸,导致海水的全面入侵;咸水入侵将使得城市地下

---

① 杨桂山,徐昔保,李平星.长江经济带绿色生态廊道建设研究[J].地理科学进展,2015,11:1356—1367.

② 刘淑德,线薇薇.长江口及其近邻水域鱼类浮游生物群落的时空格局[J].生物多样性杂志,2009,2:152-159.

③ 杨欧,刘苍宇.上海市湿地资源开发利用的可持续发展研究[J].海洋开发与管理,2002,(6):42—45.

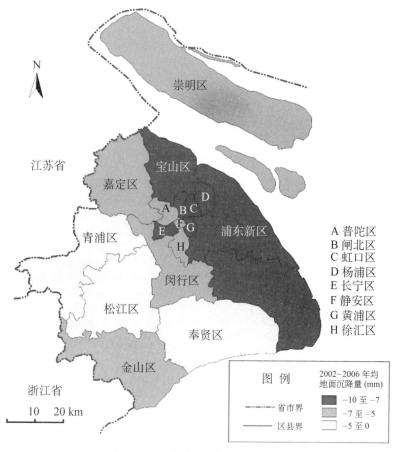

图 4-18　上海市地面沉降评价

资料来源：孙鹏(2014)。

水遭受严重破坏,水质难以满足生产生活需要,咸水水位上移导致土地盐碱化等的出现,进而危及农业生产活动(吴次芳等,2005)[①],咸水入侵尤其以江苏连云港和盐城、上海崇明岛较为严重。

(二) 长三角生态环境堪忧,生态系统呈退化趋势

总体上,在城市化、工业化推动下,长三角地区生产生活产生的污染

---

① 吴次芳,鲍海君,徐宝根.我国沿海城市的生态危机与调控机制——以长江三角洲城市群为例[J].中国人口·资源与环境,2005,15(3): 32-37.

物排放量巨大,使得环境质量问题尤为严重。据杨芳等(2015)测算,上海、苏州、无锡、常州、盐城、南通、南京等生态环境质量较差(见图4-19)。

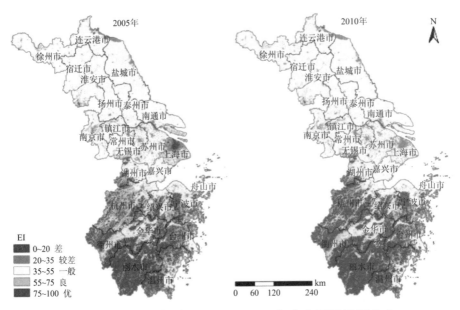

图4-19 长三角地区2005—2010年生态环境状况分布

资料来源:杨芳(2015)。

长三角地区化学农药大量施用,同时作为全国重化工业密集区,有害物质排放严重,使得长三角成为全国土壤污染最严重的地区,近年来,土壤有机质快速下降,达到0.08 g/kg·a,目前土壤有机质含量小于0.6 g/kg的农田已达10%以上;由于土壤有机质含量不足,长三角地区土壤肥力下降严重。此外,由于城市扩张造成大量优质耕地占用,甚至荒废遗弃,也对土壤质量造成负面影响(秦丽云,2006)。高强度城市化带来城市建设用地快速扩张,耕地、湿地等生态用地面积缩减,进而使得长三角地区生态服务价值也总体上呈现出较为明显的下降趋势。2000—2010年间,长三角地区耕地快速减少,期间减少了约1.5万平方公里,下降幅度达到28.3%;植被覆盖度也有所下降,下降了约6.5%;同时,耕地、林地也出现快速下降的趋势,使得长三角地区生态服务价值减少了730亿元,较2000年下降了约 10%[①]。此外,长三角地区水环境不断恶化,对生产生活生态带来严重危害,如长江特产"刀鱼",太湖"银鱼"几近灭绝。河口互花米草等入侵物种急剧生长,严重影响了当地鸟类、鱼类的栖息地。

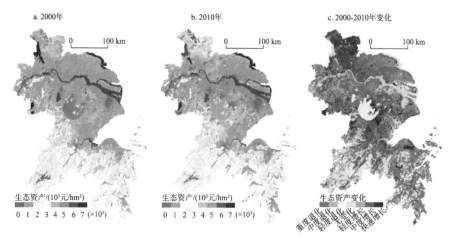

图 4 – 20　2000—2010 年长三角生态服务价值变化

资料来源:杨桂山(2015)。

(三) 近海污染严重,赤潮频繁发生

长江口污染程度也不断加剧,20 世纪 90 年代,长江口硝酸盐、亚硝酸盐含量较 60 年代增加了 1 倍以上,水污染、营养化程度加剧,水环境综合质量已处于严重污染水平,并呈现出逐年恶化的趋势(钟霞芸,1999)[②]。从各海域环境质量来看,东海海水水质为四大海中水质最差,36.8% 的海域未达到一类海水水质标准,其中劣于四类水质海域面积占全海域的 56%,远高于其他海洋的面积[③](见表 4 – 8)。2015 年,长江口及近海区域成为全国海洋污染最严重的地区(见图4 – 21),导

① Xu Xibao, Tan Yan, Chen Shuang, et al. Changing patterns and determinants of natural capital in the Yangtze River Delta of China 2000 – 2010 [J]. Science of the Total Environment, 2014, 467(1): 326 – 337.

② 钟云霞,杨鸿山,赵立清,等.长江口水域氮、磷的变化及其影响[J].中国水产科学,1999,6(5): 6—9.

③ 资料来源:《中国环境统计年鉴 2014》.

表 4 - 8　2013 年全海域未达到第一类海水水质标准的海域面积

(单位：平方公里)

海区	合计	第二类水质海域面积	第三类水质海域面积	第四类水质海域面积	劣于第四类水质海域面积
全国	143 620	47 160	36 490	15 630	44 340
渤海	33 400	9 060	12 920	2 930	8 490
黄海	34 810	16 010	10 590	4 710	3 500
东海	52 850	13 640	8 600	5 790	24 820
南海	22 560	8 450	4 380	2 200	7 530
东海占比	36.8％	28.9％	23.6％	37.0％	56.0％

资料来源：中国海洋环境质量公报 2015。

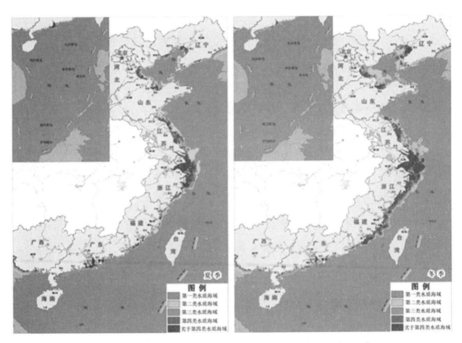

图 4 - 21　2015 年我国管辖海域水质等级分布示意图

资料来源：中国海洋环境质量公报 2015。

致污染的主要原因为无机氮、活性磷酸盐和石油类排放量大。

由于过量的氮和磷的输入，长江口营养指数也迅速升高，导致河

口富营养化日趋严重①。自 1972 年以来,长江口累计共发生赤潮
117 起,且发生频率不断密集;20 世纪 70 年代、80 年代和 90 年代,分
别发生赤潮 1 次、13 次和 58 次,而 2000—2006 年便发生赤潮 45 次,
同时,长江口及近海赤潮发生规模范围不断扩大②,这严重影响了海
洋渔业和人类健康(胡四一,2009)③。我国海域赤潮发生频繁,东海
海域更是赤潮的高发地区,其中,2015 年,东海发现赤潮 15 起,约占
全国赤潮数量的 43%。从近 5 年来赤潮发现次数来看,长江口赤潮
发生频率依然居高不下。

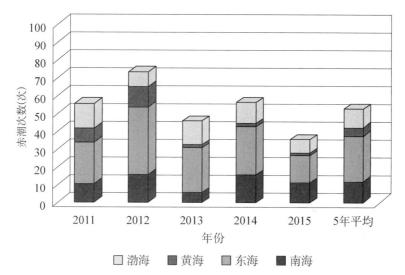

图 4 - 22   2011 年～2015 年我国海域发现的赤潮累计面积

资料来源:中国海洋环境质量公报 2015。

第二节   长江经济带生态环境原因分析

水电工程无序开发、植被破坏严重、生产活动强烈、城镇化扩张、

---

① 辛明.长江口海域关键环境因子的长期变化及其生态效应[D].中国海洋大学,2014.
② 资料来源:中国环保在线.中国长江口水污染致赤潮爆发频率加快[EB/OL].http://
www.hbzhan.com/Company_news/Detail/164389.html
③ 胡四一.人类活动对长江河口的影响与对策[J].人民长江,2009,9:1—3.

环境管理不足、环境协同治理欠缺是造成长江经济带生态环境问题的主要成因。

一、水电工程无序开发

（一）长江经济带成为我国水电开发的主战场

据统计，全世界已修建了 3.6 万余座大中型水坝，这些大坝几乎控制了全球 20％的径流量[①]。2012 年，全国已建成各类水库共97 543座，总库容达 8 255 亿立方米；其中，建成大型水库 683 座，总库容达 6 493 亿立方米，占已建成水库总库容的 78.66％。长江经济带各省市也兴建了大量水库，目前建成各类水库数量和总容量均占据全国半壁江山，2012 年，已建成水库数量和总库容分别占全国的63.48％和 48.89％。

表 4-9　2012 年长江经济带已建成各类水库数量及总库容占全国比重

地区	已建成水库		大型水库		中型水库		小型水库	
	座数/座	总库容/亿立方米	座数/座	总库容/亿立方米	座数/座	总库容/亿立方米	座数/座	总库容/亿立方米
全国合计	97 543	8 255	683	6 493	3 758	1 064	93 102	698
长江经济带	61 925	4 036	298	3 178	1 795	482	59 832	377
长江经济带占比	63.48％	48.89％	43.63％	48.95％	47.76％	45.30％	64.26％	54.01％

资料来源：中国水利统计年鉴 2013。

我国水能资源富集，1949 年以来，全国水电装机容量和水利

[①] 李亦秋，鲁春霞，邓欧等.流域库坝工程开发的生物多样性敏感度分区[J].生态学报，2014，34(11)：3081—3089.

发电量均呈现出指数增长的趋势。全国水电装机容量从 1949 年的 36 万千瓦增长到 2013 年的 28 044 万千瓦,增长了 778 倍;而水力发电量也从 12 亿千瓦小时增长到 8 921 亿千瓦小时,增长了 742 倍。

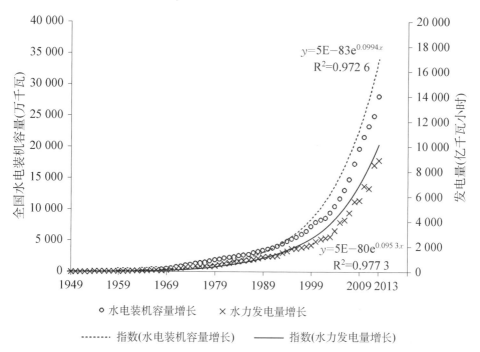

图 4-23　1949—2013 年我国水电装机容量和水力发电量增长情况

长江流域水能资源蕴藏量为 2.68 亿千瓦,其中可开发量 2.35 亿千瓦,分别占全国的 39.6% 和 62.2%,均居全国各大流域的首位。依托其极为丰富的水能资源,长江经济带 9 省 2 直辖市也成为全国水力发电装机容量的主要集聚地。全国水力发电装机容量排名前四的省市均位于长江经济带,尤其是四川、云南、湖北三省水力发电装机容量远高于全国其他地区。长江经济带水力发电装机总容量约占全国的 72.62%,同时,近年来也处于高速增长的趋势,尤其是长江上游的四川、云南装机容量增幅也位居前列。长江上游是我国水能

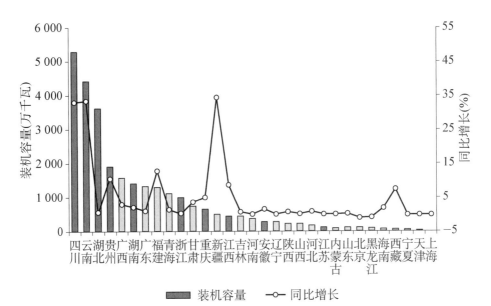

图 4 – 24　2012 年我国各省市水力发电装机容量及增长情况

资料来源：中国电力统计年鉴 2013。

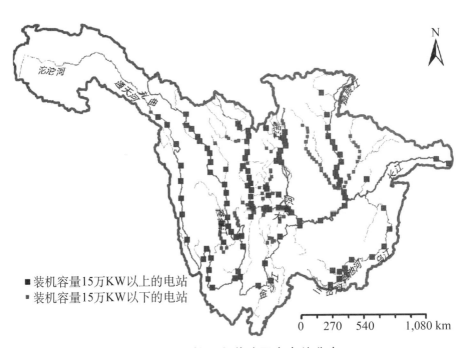

图 4 – 25　长江上游地区水电站分布

资料来源：姚磊，2016。

资源最为集聚的地区,约占整个长江流域的 90% 以上[①],我国规划建设和在建的 12 个大型水电基地中有 7 个分布在长江流域,而长江上游地区有 5 个,金沙江中下游、雅砻江、大渡河、乌江成为我国水电"大会战"的重要场地。目前,岷江上游的水力资源已开发殆尽,大渡河成为水电开发的超级大工地,嘉陵江逐步实现全线渠化,乌江水电开发程度也相对较高。

(二)长江上游水电开发"跑马圈水"带来严重生态风险

为满足能源需求,我国对长江上游地区水电进行了无序、不合理的开发,目前长江上游水库库容已超过河流径流量的 60%,其中金沙江上游更是达到 80%,已远远超过 40% 的警戒线[②]。然而,长期以来,我国流域规划一直忽视了生态环境影响,导致水利水电开发,尤其是上游梯级水库建设也对长江流域生态系统造成各种敏感、深远,甚至是不可逆的危害。这种只注重了对水利水能资源的利用,但对生态环境保护却被忽视的情况甚为严重。

首先,长江上游大规模水电开发对长江水文特征、水沙比例造成阶段改变,按照当前"竭泽而渔"式的开发利用趋势,长江中上游将面临完全渠化的危险,这对长江生态系统、动物栖息生境造成深远影响(陈进等,2006)。其次,长江流域尤其是上游地区小水电开发活动十分普遍,这种缺乏规划的开发活动造成减脱水、水量季节性减少等生态问题,这极大地威胁了河流生态安全;同时,水量减少还大大削弱河流自净能力,一汪活水变为一潭死水[③]。水电是否是清洁能源,学术界、社会各界态度却存在争议,因为水电开发尽管不会造成废弃物

[①] 戴仕宝,杨世伦.近 50 年来长江水资源特征变化分析[J].自然资源学报,2006,21(04):501—506.

[②] 翁立达.专家:长江上游水电开发出现"跑马圈水"局面[N].人民日报海外版,2009 - 09 - 13.

[③] 记者朱磊.长江流域水电开发须专门立法[N].法制日报,2013 - 06 - 24:003.

的大量排放,但是对生态系统的破坏程度难以估量,加之水电开发伴随着移民活动的产生,这对库区环境将造成进一步影响①。再次,长江中上游流域是生物多样性高度集聚区和生态最敏感区域,三江并流被誉为"世界地质地貌博物馆",独特的地质地貌环境和自然条件,使得长江上游成为世界上生物多样性最丰富的地区之一,又被誉为"世界生物基因库",这里集中了 6 000 多种植物种类和全国一半的动物物种。而长江中上游大量修筑库坝,对水生态条件造成了巨大改变,导致某些喜欢急流环境的特有鱼类,其鱼卵沉入水底难以繁殖;大坝造成鱼类洄游通道受阻,导致珍稀特有鱼类濒临灭绝等。从水生特有种敏感度分级来看,金沙江、雅砻江流域成为全国水上特有物种敏感度最高的地区(见图 4 - 26)。库坝工程还直接淹没陆地生态

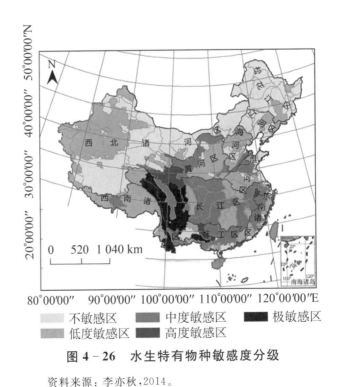

图 4 - 26 水生特有物种敏感度分级

资料来源:李亦秋,2014。

---

① 长江水电开发警惕过度行为[N].第一财经日报,2007 - 04 - 19:A02.

系统,居民迁移对库区地表的扰动也使得库区生态系统更加脆弱,水库还通过改变区域水热状况间接地对陆地生态系统产生影响。而据李亦秋(2014)根据生物多样性敏感度分区属性统计表明,岷沱江、金沙江石鼓上、金沙江石鼓下、宜宾至宜昌、嘉陵江流域等区域为高度敏感区(见图 4 - 27)。

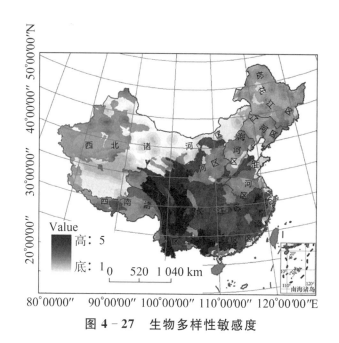

图 4 - 27　生物多样性敏感度

资料来源:李亦秋,2014。

(三)长江流域水电开发缺乏流域总体规划

由于水电开发各利益主体归属不同部门,长江流域水利水电开发多着眼于本部门利益,而缺乏从全流域的高度进行系统性的研究。长江水电开发的立场多面,主要包括两方面:主张派认为应大力开发水电,改善中国能源结构,并通过水利工程建设改善库区贫困面貌、提高人民生活水平[1]。提出积极开发水电,建设大型水电基地,重

---

[1] 胡学萃.水电开发要注重利益合理分配[N].中国能源报,2010 - 07 - 05:020.

点开发长江中上游、澜沧江等流域的水力资源。而反对派则指出,水电开发应充分考虑生态环境保护。长期以来,长江流域综合规划主要着眼于防洪、发电等经济社会效益,而对生态环境效益的关心较少,由于缺乏综合性规划,使得电力开发公司加快速度"跑马圈水",对长江流域水力资源肆无忌惮地开发,即便是综合规划出台,水电开发也成为既定事实。

长江水电开发中,还存在干支流、上下游开发多头并举,保护与利用缺乏协调,水力资源过度开发利用等问题。通常情况下,一个地区上马建设水电项目,往往只考虑其经济利益;即便是考虑了环境影响,也更多地着眼于本地环境,而缺乏全流域、系统性、全局性的考虑。以小南海工程为例,该项目建设对长江上游珍稀鱼类的繁衍生息有严重的负面影响;同时,四川、重庆对待该项目的态度也截然相反;重庆希望该项目缓解电力紧张和缺水现象、改变航道条件,而四川认为该项目会造成库区水流速减缓,致使长江河道淤积,影响泸州港的发展①。

同时,长江流域水电开发往往由多主体投资建设,开发建设缺乏协调机制,使得长江水力资源浪费和无序开发严重,也不利于长江流域水利工程统一调度管理。长江流域水力资源开发受水利部、环保部等十多个部委,以及沿岸省市政府职能部门管理;尽管长江水利委员会负责长江流域的管理,但其行政级别仅仅是副部级,隶属于水利部,对各部委争利行为也无力制约②。而部分省市还将地方小水电管理权层层下放,把整条河流小水电开发权转让给民营企业,使得小水电像小煤矿一样"遍地开花"(姚磊,2016)③。

---

① 海纳小分队.四川为什么强烈反对重庆建小南海水电站[EB/OL].海纳财经,http://mt.sohu.com/20150321/n410095937.shtml

② 刘金龙、杨明霞.以"五个一定"治企 建设一流电厂[J].思想工作,2005,(2):44—45.

③ 张忠孝.重拳出击彻底整治"四无"水电站[J].中国农村水电及电气化,2005,(2):13—14.

（四）超巨型高坝造成地质风险与影响生态安全

长江上游流域建成了一系列高坝大型水库[①]，100 米以上的超巨型高坝大型水库电站就达 16 座之多。其中，长江上游超巨型高坝水库中，库容量最大的三峡水库高达 393 亿立方米，最高大坝锦屏一级大坝高达 305 米。而长江上游地区位于横断山区，活动性断裂构造十分发育，上游支流多在此曲折拐弯，该河段水电站密集分布，如锦屏一、二级巨型电站，分别位于木里户型断裂、稻城—剑川断裂带上；紫坪铺位于龙门山中央断裂带，岷江和嘉陵江干支流上上百座电站均建于断裂带上，且在 5·12 地震中受到重创[②]；大渡河上坝高 186 米

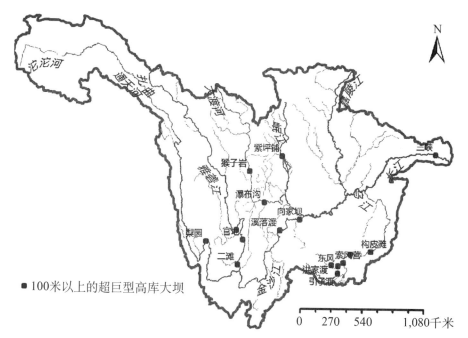

● 100米以上的超巨型高库大坝

图 4 – 28　长江上游流域超巨型高坝大库

资料来源：姚磊，2016。

---

① 国际上大型水坝的定义为：水坝高于或等于 15 米，厚度为 5—15 米，总蓄水量大于 300 万立方米的水坝。

② 杨勇.审视西南水电开发的地质风险和泥沙问题[N].科学时报，2009 – 2 – 20.

的瀑布沟位于鲜水河断裂和龙门山断裂带的结合部,是休眠数十年的地质危险区。可见,长江上游超巨型大坝对地质活动将产生严重影响。

表 4 - 10　长江上游流域超巨型高坝大库坝高库容统计

坝名	河段	坝高/米	库容/万立方米	坝名	河段	坝高/米	库容/万立方米
三峡	长江干流	181	3 930 000	东风	乌江干流	162	102 500
梨园	金沙江中游	155	72 700	索风营	六广河/乌江	122	20 120
溪洛渡	金沙江下游	278	1 267 000	乌江渡	乌江干流	165	214 000
向家坝	金沙江下游	162	516 300	构皮滩	乌江干流	233	645 100
锦屏一级	雅砻江下游	305	776 000	猴子岩	大渡河	223	70 600
官地	雅砻江下游	168	76 000	瀑布沟	大渡河	186	533 700
二滩	雅砻江下游	240	580 000	洪家渡	六冲河/乌江	180	492 500
紫坪铺	岷江干流	156	111 200	引子渡	三岔河/乌江	130	53 100

资料来源:姚磊,2016;作者整理。

(五) 长江流域水库资源缺乏统一调度

长江流域水库管理缺乏统一调度,水库调度更加注重防洪效益,但对下游和库区的生态需求却不够重视。首先,水库建设忽视下游生态要求。目前的水库建设主要重视发电、蓄洪功能,以及经济社会效益,但对下游生态用水需求的考虑较为欠缺。如水库下泄的水温度较低,且气体过饱,威胁下游鱼类的生存。同时,长江上游电站大多是引水式发电,这种引水发电的情况将造成引水口以下数千米的河段干涸甚至断流,如岷江引水式电站造成 80 公里的干流出现脱水[1],致使岷江上游近 40 种原生鱼类的数量和种群急剧下降[2]。其

---

[1] 范继辉.岷江上游水电梯级开发存在的问题及建议[J].中国水利,2005(10):47—49.

[2] 范继辉,程根伟.长江上游水电开发存在的问题及对策[J].中国水论坛,2008.

次,忽视对库区环境的影响。水库蓄水造成库区水流速减缓,营养物质浓度加大并造成局部地区的"水华"现象。如三峡库区支流回水区受回水顶托的影响,环流区域往往容易导致富营养化的出现,如湖北西部的香溪河"水华"现象频繁发生。再次,由于长江流域水电开发涉及水利、农业、能源等多个部门和各行政区,各利益主体往往关心自身利益最大化,或者仅关注发电、蓄洪、用水等部分效益,且水库之间的协调考虑较少。如 2004 年沱江污染事件中,为了给沱江冲污,上游紧急调水 5 000 万立方米,但下游水电站与上游调水工程缺乏统一调度,导致冲污的效果难以实现,大大影响了污染物的降解[1]。而这种上下游水资源缺乏统一调度的现象屡见不鲜。

二、生产活动强烈

(一) 长江经济带是我国经济活动与人口的集聚带

长江沿岸城市密集,包括三大国家级城市群,以及三大区域性城市群,共有 247 个城市,以及上海、重庆两大直辖市和 5 个副省级城市。同时,长江经济带人口密集,2014 年人口总量为 5.84 亿人,城市化率达 55.60%。其中,皖赣鄂湘川渝 6 省市地区是人口的主要集聚区,约占全国人口的 1/4。从经济总产出来看,长江经济带约占全国的半壁江山,高达 44.73%,高于 2000 年的 40.48%,2014 年,GDP达到 28.46 万亿元。从各区域分布来看,江浙沪"两省一市"依然是经济长江经济带经济的核心地带,约占全国的 1/5,与中段六省市经济规模总量持平,而西部云贵两省仅占全国的 3.47%。改革开放以来,长江经济带在全国进出口贸易总额中所占比重也快速提升,从1980 年的 17.49%增长到 40.86%。江浙沪地区依托其良好的地理

---

[1] 蔡其华.考虑河流生态系统保护因素完善水库调度方式[J].中国水利,2006,(2):14—17.

条件,成为全国对外开放的前沿阵地,贸易总额约占全国的1/3;而中西部地区进出口贸易总额,合计仅占全国的8.65%。

表4-11 长江经济带常住人口总量与占全国比重

年份	长江经济带		东段		中段		西段	
	总量/万人	比重/%	总量/万人	比重/%	总量/万人	比重/%	总量/万人	比重/%
1980年	44 561	45.15	10 910	11.06	27 717	28.08	5 934	6.01
2000年	55 554	43.83	13 616	10.74	33 941	26.78	7 997	6.31
2014年	58 426	42.71	15 894	11.62	34 310	25.08	8 222	6.01

表4-12 长江经济带GDP总量与占全国比重

年份	长江经济带		东段		中段		西段	
	总量/亿元	比重/%	总量/万人	比重/%	总量/万人	比重/%	总量/万人	比重/%
1980年	1 920	42.23	812	17.86	963	21.19	145	3.18
2000年	40 160	40.48	19 497	19.65	17 622	17.76	3 041	3.07
2014年	284 643	33.73	128 803	20.24	133 775	21.02	22 066	3.47

表4-13 长江经济带进出口贸易的总量与占全国比重

年份	长江经济带		东段		中段		西段	
	总量/亿元	比重/%	总量/万人	比重/%	总量/万人	比重/%	总量/万人	比重/%
1980年	67	17.49	57	14.93	9	2.14	2	0.42
2000年	1 457	30.72	1 282	27.03	151	3.17	25	0.52
2014年	17 576	40.86	13 853	32.21	3 318	7.71	404	0.94

资料来源:1980、2000年数据来自各省市统计年鉴及60年汇编;2014年数据来自各省市2014年国民经济和社会发展统计公报。

注:3个表分别为长江经济带常住人口、GDP、进出口贸易的总量与占全国比重;其中,东段包括沪浙苏三省;中段包括皖赣鄂湘川渝六省市,西段包括云贵两省。

（二）强烈的生产生活活动给生态环境带来巨大干扰

长江经济带是我国人口经济的密集带,2014 年长江经济带土地面积、人口分别占全国的 21.35％、42.71％,人口密度高达 285 人/平方公里。长江经济带 GDP 占全国 44.73％,地均 GDP 是全国平均水平的 2.1 倍,为 1 388 万元/平方公里。同时,长江经济带历来是全国重要的制造业基地,化工、钢铁、电器、汽车等各项工业产品在全国的 1/3 以上;同时,还是我国重化工业集聚地,沿江共建有五大钢铁基地、多个大型石化基地(杨桂山,2015)。

表 4 – 14　长江经济带生产生活活动强度与全国对比

	人口总量（万人）	面积（万平方公里）	GDP总量（亿元）	人口密度（人/平方公里）	地均国内生产总值（万元/平方公里）	城镇化率（％）
全国	136 782	960	635 910	142.5	662.4	54.77
长江经济带	58 425	205	284 643	285.0	1 388.5	55.60
长江经济带/全国	42.71％	21.35％	44.76％	2.0	2.1	1.02

资料来源:中国统计年鉴 2015。

长江经济带也是我国资源的主要消耗地,2013 年,长江经济带土地开发强度约为 5.96％,是全国的 1.73 倍。2013 年,长江经济带能源消费总量达 16.15 亿吨标准煤,单位 GDP 能耗为 0.567 吨标准煤/万元,考虑到京津冀、内蒙、辽宁等地区高耗能的资源型产业高度集聚的特殊情况,长江经济带能耗水平仍然处于较高水平。同时,依赖长江布局的生产生活活动,使得水资源利用水平较为粗放,2013 年,长江经济带用水总量占全国的 47.3％,而工业用水总量更是超过 60％,远高于单位 GDP 在全国的比重。

表 4 - 15　长江经济带各省市资源消耗状况

	长江经济带	占全国比重（%）
建设用地/万公顷	1 221	36.9
能源消费/万吨标准煤	161 463	36.4
用水总量/亿立方米	2 651	47.3
工业用水量/亿立方米	856	60.8

资料来源：杨桂山，2015。

注：数据来源于《中国统计年鉴》《中国能源统计年鉴》，其中，建设用地为 2008 年数据，能源消费为 2012 年数据，用水量为 2013 年数据。

（三）强烈的生产生活活动致使资源环境承载力超载明显

资源环境承载能力指作为承载体的水土资源、环境、生态等自然基础对作为承载对象的人类生产、生活活动的支持能力（樊杰等，2015）。樊杰（2015）对长江经济带资源环境承载力进行了综合评价，并概括为超载、临界超载和未超载 3 种类型。由于强烈的生产生活活动，长江经济带成为全国资源环境超载较为严重的问题区域。其中，长江经济带超载和临界超载的土地面积占总面积的 22.75%，区县数量比重达 18.83%，但超载和临界超载区域的人口比重达 26.16%，长江经济带超过 1/4 的人口生活在资源环境超载或临界超

表 4 - 16　长江经济带资源环境承载能力评价结果

年份	区县数量		面积		人口	
	总数/个数	比重/%	总数/万平方千米	比重/%	总数/万人	比重/%
超载	57	6.28	14.15	6.91	6.71	11.71
临界超载	114	12.55	32.43	15.84	8.85	15.45
不超载	737	81.17	158.15	77.25	41.74	72.84
合计	908	100.00	204.72	100.00	57.31	100.00

注：人口来源于第六次人口普查数据。

载的区域。以全国作为参照,超载和临界超载面积约占全国的 1/10,但人口比重却占 1/4。空间上,超载区域主要为沿江核心城市、山区生态脆弱区域;而临界超载区县主要集中在长江上游的川西地区、滇黔交界处,以及城市群边缘地带。这反映出长江经济带面临严重的资源环境承载问题,主要表现为环境、土地资源和生态问题等领域。

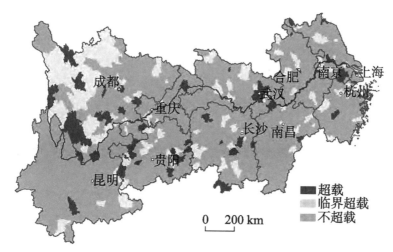

图 4 - 29　长江经济带资源环境承载能力评估结果

资料来源:樊杰,2015。

三、城镇化快速扩张

(一) 长江经济带是全国城镇高度集聚地区

长江经济带是我国人口集聚地和城市密集区。截至 2014 年年末,有 5.84 亿人生活在长江经济带,占全国的 42.71%。同时,长江经济带城镇人口数量和比重也不断攀升,1978 年,长江经济带城镇人口约为 6 488 万人,约占当时全国城镇人口的 37.62%;随后,城镇人口快速增长,在全国的比重也不断攀升,到 2014 年,达到

31 715万人,约占全国的42%,较改革开放初期增长了388.85%。城镇化率也从14.81%(低于全国平均水平)不断增长到54.28%(与全国平均水平基本持平)①。同时,长江经济带也是我国城市最密集的区域之一,已经形成了多层次的城市规模结构。共有6个400万人口以上的特大城市分布在长江经济带,占全国特大城市数量的42.86%,200—300万人口的城市数量占全国的40%,100—200万人口的城市占全国的40.74%。同时,长江经济带城镇密度也从1985年的18.72个/平方公里增长到2014年的44.25个/平方公里,是全国水平20.96个/平方公里的2.1倍。可见,由于城镇高度集聚,使得长江经济带生态足迹处于较高水平,长江经济带生态环境压力巨大。

表4-17 长江经济带历年主要城镇化发展指标在全国的地位

年份	GDP占比(%)	人口占比(%)	城镇人口占比(%)	全国城镇化水平(%)	经济带城镇化水平(%)	全国城镇密度(个/万平方千米)	经济带城镇密度(个/万平方千米)
1978	41.54	45.52	37.62	17.92	14.81	2.27	/
1980	42.23	45.40	38.74	19.39	16.54	/	/
1985	40.99	44.86	37.81	23.71	19.98	9.69	18.72
1990	41.04	44.87	39.59	26.41	23.30	12.59	23.59
1995	39.07	44.37	41.33	29.04	27.05	18.26	43.20
2000	40.48	43.83	41.38	36.22	34.19	21.16	46.42
2005	43.38	42.84	41.05	42.99	41.20	20.34	44.74
2010	44.10	42.95	41.93	51.27	50.29	20.50	43.31
2014	44.72	42.71	42.33	54.77	54.28	20.96	44.25

资料来源:方创琳,2015。

---

① 方创琳,王振波.新型城镇化的战略、思路与方法——长江经济带的束簇状城镇体系构想[J].人民论坛·学术前沿,2015,18:35—45.

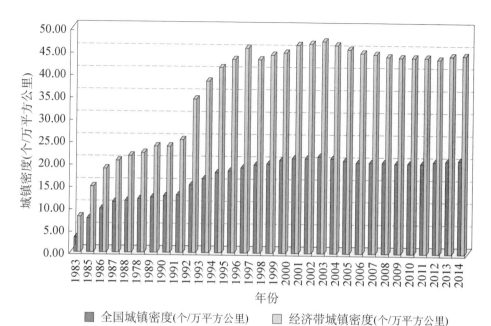

图 4 - 30 长江经济带城镇密度与全国城镇密度对比

资料来源：方创琳，2015。

（二）长江经济带快速城镇化造成巨大生态环境压力

1978 年，由于我国尚处于工业化和城镇化初期阶段，长江经济带城镇化率也尚不足 15%，随后长江经济带城镇化快速发展，到 2014 年已增长到 54.77%，从图 4 - 31 可见，2006—2014 年，江苏、重庆、贵州等 7 个省市城镇化总体增速也快于全国，仅上海、浙江等 4 省市低于全国水平。各省市城镇化率平均增长了 10.66 个百分点，高于全国 1.3 个百分点。

由于城镇和人口集聚，使得全国一半的能源、一半的废水和 1/3 的废气都消耗或产生于长江经济带（2014 年）。从长江经济带废弃物排放量与城镇化率的关系来看，废水排放量、固废排放量与城镇化率都呈现出正向相关性（见图 4 - 32）。其中，2013 年，能源消费量达 16.90 亿吨标准煤，约占全国的 45%。这也造成了巨大的环境污染，2014 年，共排放了超过 300 亿吨的废水，约占全国的 43%，SO_2、NOx、

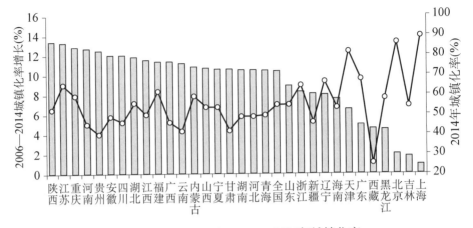

图 4-31 2006—2014 年全国各省市城镇化率增长情况

资料来源：中国统计年鉴 2015。

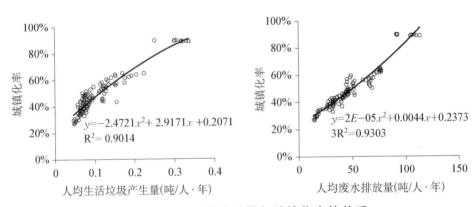

图 4-32 废弃物排放量与城镇化率的关系

资料来源：国家统计局国家数据库。

粉尘等排放量也分别占全国的 30% 左右,固废排放量占全国的 44.49%。长江经济带城镇化快速扩张,但导致大量生态空间被侵占,最直接的表现便是对耕地等生态用地的侵占[①]。2014 年,全国征用土地面积对比中,江苏、湖北、安徽、浙江、重庆等均位居全国前列,以上省市

---

① 方创琳,王振波. 新型城镇化的战略、思路与方法——长江经济带的束簇状城镇体系构想[J]. 人民论坛·学术前沿,2015,18：35—45.

分别征用土地面积达 147、115、107、105、89 平方公里。长江经济带各省市合计征用土地面积 795 平方公里,占全国征用土地面积的 53.86%。

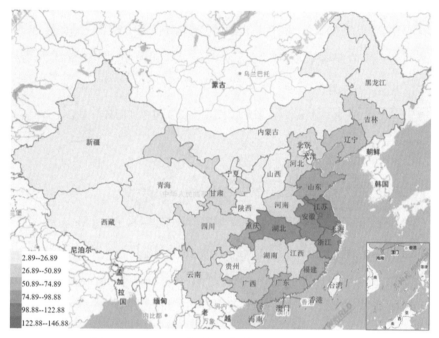

图 4-33　2014 年全国各省市征用土地面积

资料来源:国家统计局国家数据库。

四、生态环境管理机制不健全

(一)生态空间格局管控欠缺

对于长江经济带生态环境保护应立足各类功能定位和生态环境实际,强化空间格局管控和生态红线约束引导。尽管有学者提出将长江流域分为不同的生态功能区段,针对不同区段所面临不同的生态环境问题,因地制宜地采取措施保护和恢复生态功能①。但该设想

———————

① 虞孝感.长江流域生态环境的意义及生态功能区段的划分[J].长江流域资源与环境, 2002,11(4):323—326.

在长江经济带建设中并未得到很好的实施。随后,主体功能区战略提出,但当前长江经济带并未进行综合规划,对长江经济带按照主体功能进行空间管控和分区管治。为此,有必要促进长江流域产业与环境的空间布局协调。同时,长江经济带也存在空间格局落实不到位的问题,有必要强化区域生态空间管制,尤其是要加强江河源头、生态保护区等重要生态服务功能区的管控与保护,强化国土开发生态指引,形成开发空间集中集约、生态空间自然开敞的国土空间开发格局。

(二) 生态补偿机制不够健全

由于长江经济带横跨范围广,以及不同地区的经济发展水平和利益需要的差异,造成上下游的"囚徒困境"(囚徒困境是博弈论中的代表性例子,反映个人最佳选择并非团体最佳选择)[①]。为此,应构建长江经济带全流域跨省域的补偿机制,进而实现流域可持续发展[②]。姚瑞华(2015)等也指出,长江经济带生态补偿机制尚存在诸多不健全之处,应探索建立多元补偿机制,实现东部发达地区对长江沿线能源、生态产品供给者的有效补偿。同时,应积极推进环境基础设施共建共享,并加快设立长江水环境保护基金[③]。

五、生态环境协同治理机制不健全

(一) 尚未建立有效的长江经济带生态环境合作治理机制

目前,已形成了长江沿岸中心城市经济协调会等协调机构,但其

---

① 熊学海.长江经济带流域生态补偿机制构建研究[J].经营管理者,2015,(24):227.
② 汪燕.生态环保成为长江经济带发展主题[J].浙江经济,2016,(3):41.
③ 钟勤建.统筹生态环境监管与治理加快建设长江绿色生态走廊[J].前进论坛,2016,(2):38—39.

工作重点仍然聚焦在经济合作领域,尽管近年来对生态环境合作越来越重视,也出台了《长江流域环境联防联治合作协议》《长江三角洲地区环境保护工作合作协议》等,但仍未建立起健全、便于实施的治理机制,且现行的合作协议以政府间契约为主,不具有强制力和约束力,缺乏法律效力。

(二)地方政府在环境跨域治理中责任不明确

由于生态环境的公共物品属性,环境合作往往陷入"公地悲剧""搭便车"等困境。长江经济带在跨域环境污染事件治理中非常突出的一个问题是地方政府责任不明确,从而导致各政府之间相互推诿,敷衍塞责。

(三)跨域生态环境安全合作缺乏资金保障

长江经济带在生态环境保护投资体制方面,存在生态建设资金缺乏统一管理、资金投入不足和中央与地方投资的分工不够合理等问题。近年来,国家对水土保持及植被建设给予高度重视和大力支持,但长江流域仍然存在投资体制条块分割的问题,各项措施不能形成合力,综合治理效益难以充分发挥,在环境治理过程中,缺乏充足的财政支撑。加上生态环境资源产权不明,产权流转不畅,投资者的利益难以得到保障和实现,环保领域社会资本介入较少。

(四)合作协调机制缺乏强制力和约束力

从现阶段长江经济带地方政府间生态环境安全合作协调机制来看,许多共识是靠领导人做出的承诺来保证,而不是以具有强制力和约束力的政府间契约为主,缺乏法律效力和稳定性;合作行动的制度化、组织性程度低,基本停留在会议层面上,这种集体磋商形式缺乏制度规制和刚性约束作用。同时,目前生态环境安全合作以短期为主,如《长江三角洲地区环境保护合作协议(2009—2010)》有效期只有一年,而联防联控机制则主要产生于某项重大事件之时,如 2010 年上海世博会长三角区域环境空气质量保障联防联控措施,但由于合作的持续性不够,在很大程度上弱化了其效果。另外,合作协议大多以不定期的形式为主,如重庆、四川签订的川渝地区环境保护合作协定规定省际会商至少每半年一次,但时间、地点、内容由双方协商确定,具体规定缺乏强有力的组织机构和常规化的制度来保障,从而可能造成协议形同虚设的现象。此外,目前的规定大多基于重大事项方面的合作与交流,对于日常的合作模式则很少涉及。

(五) 社会公众在环境跨域合作中参与不足

在长江经济带环境跨域合作过程中,由于生态环境状况与公众自身利益密切相关,在社会利益出现多元化趋势的情况下,利益相关主体共同治理环境成为客观发展趋势。但是,目前利益相关的企业、非营利组织和社会公众的参与仍处于初级阶段,深度和广度还不够。

第五章

长江经济带环境绩效管理现状

当前,国际经济形势复杂多变,中国经济也在发生深刻变化,正式进入"新常态"经济发展阶段。在这一特定政治经济背景下,我国政府为促进世界经济复苏以及中国经济发展提出"一带一路"、京津冀协同发展以及长江经济带三大重要发展战略。其中,长江经济带在三大战略中是唯一将我国东、中、西三大区域联系起来的经济发展战略。从长江经济带的现状以及目前发展的总体态势来看,长江经济带不仅是我国经济发展的中坚力量,还是我国经济发展的潜在增长点。近年来,国务院在宏观层面加强了对长江经济带总体发展的指导①。同时,国家越来越重视经济发展过程中生态环境的保护,对长江经济带的发展更是强调首先要确保长江流域的生态环境保护,因此这就对长江经济带的环境绩效管理提出了更高的要求。长江经济带环境绩效管理的最终目标是要将长江经济带建成绿色生态廊道,而体制机制则是实现绿色生态廊道目标的手段。建设绿色生态走廊的主要内容包括合理保护与利用长江水资源、加强保护和修复沿江生态环境、促进长江岸线有序开发等。绿色生态走廊的建设不仅直接增加了地方政府对环境治理的投入,还势必会在一定程度上

---

① 2014 年 9 月国务院印发《关于依托黄金水道推动长江经济带发展的指导意见》。

提高经济运行的成本、限制地方经济的发展,对不同地方政府及其不同部门、不同经济主体承担的责任与义务造成影响,因此绿色生态走廊的建设需要综合权衡各方的利益诉求,其发展完善是一个相对复杂的动态调整过程。体制机制的建设是指在绿色生态走廊建设的背景下政府对市场配置资源的过程所作出的修正,通过该种方式,使得市场的目标不再是无约束的经济利益最大化,而将在一定的环境条件约束下对原本的经济行为进行修正。

长江经济带环境绩效管理的难点以及重点均在于体制机制的改革与创新。目前,长江经济带的环境绩效管理现状概括如下:

第一,随着相关法律法规①的出台,长江经济带环境绩效管理的法律基础不断完善。

第二,水资源管理工作稳步推进。随着长江流域水资源开发利用工程逐步完工,改变了原本的水资源供需格局。其中,长江上游如三峡工程类水利工程建设的完成,对调节长江干支流水量起到良好的效果;长江中下游地区如南水北调工程一方面解决了缺水地区的用水问题,另一方面也对长江沿岸地区的用水问题提出了挑战。但是从全流域的视角来看,长江流域的防洪抗旱、水资源分配等管理模式正在稳步推进,不同区域、不同行业之间的水资源调度机制也在逐步探索之中。

第三,取水许可、排污许可等行政许可制度越来越规范。

第四,生态屏障建设以及生态功能区建设稳步推进。

第五,对长江经济带环境绩效的管理正在从单一的以政府为主导的行政式手段向以市场机制为基础的环境政策手段转变,如全国正在推进水权交易、排污权交易以及生态补偿机制等的试点工作。

尽管长江经济带地方政府均在针对改善环境状况作出努力,也

---

① 如《水法》《环境保护法》《水污染防治法》《自然保护区条例》《水土保持法》以及《退耕还林条例》等。

在实践中逐步完善对环境绩效管理的体制机制,但是长江经济带环境绩效管理仍然存在许多问题,局部地区的协同合作并没有在长江经济带范围内得到推广,区域与区域之间的协同发展还有较大提升空间。因此,有必要对长江经济带建设中环境绩效管理的现状进行系统梳理,并针对当前经济发展过程中产生的具体环境问题进行分析,从而推进长江经济带环境绩效管理水平。

第一节　长江经济带环境绩效管理架构

1949 年之前,长江的作用主要是航运以及农业灌溉,因而确保长江的航行畅通以及防止长江洪涝灾害是治理长江的主要目标。早在民国时期,长江流域首先成立了扬子江水道讨论会,到 1935 年,在改组多个长江流域管理机构的基础上形成了扬子江水利委员会,该机构的成立代表着近代中国人民对长江水力资源的开发与管理进行的初步尝试。1949 年中华人民共和国成立之后,为了保证长江流域人民生活的稳定,防止长江洪涝灾害的发生成为摆在中国人民面前的紧要任务。因而国家于 1950 年成立长江水利委员会,该机构的职能在于合理建设长江的水利工程,预防洪涝灾害。然而 1954 年,长江中下游地区遭遇了洪涝灾害,使得国家对长江流域的规划和三峡工程的研究产生了紧迫感。随后,国家于 1956 年成立了长江流域规划办公室,开始着眼未来长江流域开发的综合规划研究,完成了长江流域大型水库的规划设计,并初步完成了三峡水利枢纽的设计工作。1976 年,成立长江流域水资源保护局,目的在于加强长江流域的水资源保护以及管理工作。1988 年,长江流域规划办公室更名为长江水利委员会,该委员会的作用在于能够对长江流域的开发与保护进行宏观把握,突破了行政区划的界限,体现了国家对于长江流域综合管理的重视。多年来,长江水利委员会针对长江流域水土流失预防与治理,水利工程建设,水资源利用与保护,河流、湖泊以及岸线的保护与开发,特别是在防止洪涝灾害方面作出了突出的贡献。

除了水利部之外,对长江流域保护与开发进行管理的国家部委还包括交通运输部、环保部、农业部、住建部、国家林业局、国家发改委等。交通运输部于1957年成立长江航道局,目的在于为长江干线货运提供保障性服务,提升长江干线航行能力;于1984年组建了长江航务管理局,负责对长江干线的航运进行综合管理;于1999年成立长江海事局(其前身为长江港航监督局),负责对长江的水上安全(包括航行安全、环境安全以及通信安全等)进行监管。2002年,中编办明确长江航运管理局为交通运输部派出机构,负责长江干线航运管理工作(长江航道局以及长江海事局成为长江航运管理局的派出机构)。农业部于2014年成立派出机构长江流域渔政监督管理办公室,对长江流域的管理工作主要体现在对渔政的管理以及水生生物资源的养护等方面。环保部并未成立专门针对长江流域的环境保护派出机构,但是成立的区域环境保护督查中心如华东、华南以及西南环境保护督查中心覆盖了长江经济带所包含的地区。区域环境保护督查中心主要承担监督地方政府对国家推行的环境管理工作的落实情况,防止地方政府对环境管理工作的不作为。区域环境保护督查中心对长江流域的环境监测与污染防治起到了积极作用。此外,还有一些国家部委对长江流域的保护与开发具有行政管理权,但是并未专门设立派出机构,包括国家发改委、住建部以及国家林业局等。更为具体的,就长江流域开发与保护相关管理职能而言,国家发改委主要负责制定流域国民经济和社会发展战略、规划以及政策,在宏观层面上把握长江经济带发展的方向;住房和城乡建设部主要负责对城市建设以及城市环境治理等方面的工作;国家林业局主要负责森林及其相关的生态环境建设工作。

图5-1显示了长江经济带环境绩效管理架构。此外,除了一些国家部委对长江经济带直接与间接的管理之外,长江流域逐渐形成

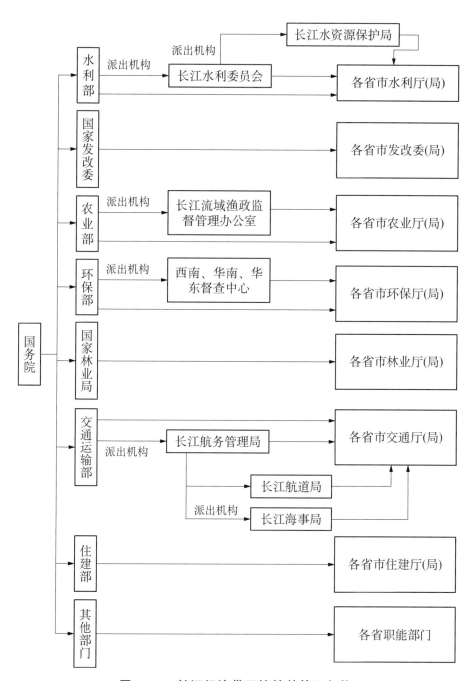

图 5 – 1　长江经济带环境绩效管理架构

了一些省部级联席会议的管理形式,从而为解决跨地区、跨流域的环境经济问题提供了途径。例如,1985 年 12 月底由长江沿岸城市联手成立了长江沿岸中心城市经济协调会,长江协调会的成立不仅为长江沿岸中心城市的经济发展创造条件,也同样注重长江沿岸中心城市的环境保护工作。更为具体的,长江协调会在 1989 年就已经开始关注环境保护问题;2014 年,组织签署了《长江流域环境联防联治合作协议》,该协议的签订对建立长江经济带不同地区的生态补偿机制,加强长江流域不同地区的环境协同治理具有重要意义。1988 年,长江上游水土保持委员会成立,从而有针对性地开展长江上游水土保持的工作。近年来,长江经济带的发展受到越来越多的重视,国务院于 2015 年成立国家推动长江经济带发展领导小组就长江经济带的发展战略以及发展规划进行了深入研究并给出了具体意见,而各省市也纷纷成立相关地方领导小组,从而使得长江经济带的发展不仅停留在战略层面,还能够落到实处。此外,还有一些联席会议并未成立,但是越来越多的人正在为此付诸努力。如长江流域环保联席会议制度,该制度的成立将会完善长江上中下游信息交流,通报、会商、联动处置重大环境突发事件;长江经济带省际联席会议制度以及与之类似的长江经济带市长联席会议制度的成立,旨在平衡长江经济带不同地区的经济发展,加强长江经济带不同地区的经济合作,推进长江经济带一体化进程。

第二节　长江经济带环境绩效管理的体制机制

在长江经济带环境绩效管理方面,政府的主导作用较为明显,更加强调自上而下的力量,对于市场机制、公众参与等方面的建设仍然处于初级阶段,存在较大的提升空间。近年来,国家对于长江经济带环境绩效管理的体制机制建设进行了大量的实践,积攒了宝贵的经验。

一、长江经济带环境绩效管理的相关法制建设

（一）国家层面

1978年我国颁布《环境保护法》,在全国范围内为保护和改善环境,提高居民生活环境质量,建设环境友好型社会,起到了积极作用;1984年颁布《水污染防治法》,旨在防治水污染,保护水环境;1988年颁布《水法》,旨在对水资源进行有效开发与保护;1991年颁布《水土保持法》,旨在预防水土流失,保护水土环境,提升流域生态环境质量;1998年颁布《防洪法》,旨在加强水资源调控能力,防治洪水;1994年颁布《自然保护区条例》,旨在保护自然环境与自然资源,减少人类活动对自然环境的影响;2001年颁布《防沙治沙法》,旨在预防和治理土地沙化,保护生态安全;2002年颁布《退耕还林条例》,旨在保护农村生态环境,防止过度开发。此外,2012年与2013年,国务院先后发布《关于实行最严格水资源管理制度的意见》《关于最严格水资源管理制度考核办法》,对于优化水资源配置、改善水资源环境具有积极意义。这些法律法规是就全国范围而言的,但是对于长江经济带流域的管理同样适用,从而使得长江经济带环境绩效管理做到有法可依。

（二）长江流域层面

1998年,国务院颁布《防止船舶垃圾和沿岸固体废物污染长江水域管理规定》,旨在保护长江水域环境;2002年,国务院颁布《长江河道采砂管理条例》;2003年,水利部发布《长江河道采砂管理条例实施办法》;2008年,水利部发布《三峡水库调度和库区水资源与河道管理办法》,对三峡水库的水资源及其他资源的管理工作提出了适当的

措施;2016 年,国家发展改革委与环境保护部联合发布了《关于加强长江黄金水道环境污染防控治理的指导意见》,专门针对水环境污染的联合防控治理提出了可行的建议。此外,一些地方政府根据自身特点,出台了有针对性的地方法规,如《四川省长江防护林体系管理条例》(1995)、《安徽省〈长江河道采砂管理条例〉实施办法》(2003)、《江苏省长江水污染防治条例》(2010)。通过出台这些专门针对长江流域环境管理的法律法规,明确了政府职能,提高了环境绩效管理水平。

二、长江经济带环境绩效管理的体制机制

(一) 水资源环境绩效管理

长江经济带环境绩效管理的重点内容之一在于水资源环境绩效的管理。本文梳理了长江流域主要的水资源管理工作。

1. 流域水资源管理工作

长江水利委员会对长江水系的用水总量进行了规划,制订了不同支流的水量分配方案,还编制了《南水北调中线一期工程水量调度方案》。从国家层面而言,为了均衡全国水资源配置,缓解北方水资源稀缺问题,我国组织人力、物力、财力从长江东、中、西三线开展南水北调工程建设。而在区域层面,各省也纷纷根据自身对水资源的需求从长江调水,如滇中引水工程以及引江入巢济淮工程。通过上述工程的实施,长江水资源在全国范围内进行了重新配置。

为了推进长江水资源跨区域调动,长江水利委员会还积极探索调水区与引水区的合作机制。如澜沧江水量调度联席会议制度,同时长江大通以下的引江调度已经进入议程,从而为长江下游对长江的统一调度打下基础。

对于长江流域的水资源调度与管理工作,已经形成了比较成熟或者说有共识的水资源利用规划,特别是近年来提出的《长江水资源利用规划(2012—2020)》《三峡水库调度和库区水资源与河道管理办法》等,随着长江流域的水利工程规模初步形成,长江流域的水资源利用的管理模式也日趋成熟。

2. 水功能保护区

《水法》对水利主管部门的责任与权力进行了规定,长江水利委员会下属的长江水资源保护局于 1998 年就展开了水功能区划的研究。通过对长江水资源和生态环境现状的分析,将长江流域水功能区划分为两级:一级区划主要负责不同用水地区的用水事宜,二级区划主要负责同一地区不同行业之间的用水事宜。根据水功能区的不同定位,长江水利委员会将制定不同的水质管理目标,从而在管理体制上确定不同水功能区的环境污染上限,进而达到水资源保护的目的。

3. 取水许可制度

国务院与水利部先后颁布《取水许可和水资源费征收管理条例》(2006)、《取水许可管理办法》(2008),其中明确了长江水利委员会对于长江水系取水许可制度的实施与监督管理权限。长江水资源保护局根据取水许可的相关法律法规,制订了取水的相关管理办法,明确了是否核准取水的相关流程,对涉及取水的相关单位资质进行审查,对取水量较大的相关单位进行取水地取水后以及退水后的生态环境影响评估,规范相关单位的取水行为以及退水流程。

4. 入河排污口登记以及流域水资源监测

《水法》第 34 条对入河排污口登记调查有明确的规定,为了加强对入河排污口的管理,需要对现有入河排污口的详细信息进行登记,而这项工作早在 2003 年起就已经展开。

为了更好地保护长江流域水资源,需要对长江流域水质进行监测,而水利系统对长江水系的水质监测工作一直十分重视。在多年来针对长江流域水质监测开展的工作中,组建了相对完善的长江流域水环境监测网络以及监测体系[①]。近年来,根据《国家水资源监控能力建设项目实施方案(2012—2014)》,长江水利委员会正在逐步提升长江水资源水质的监测能力。从2012年起,开启了《长江流域重要控制断面水资源监测通报》的编制工作。此外,从2014年开始,长江水利委员会根据监测数据进行相关分析评估,从而做到了不仅是对长江水质的监测,还为长江水质的考核提供了参考依据。

(二) 生态屏障建设

"生态屏障"并不是严格意义上的学术用语,因而并没有十分准确的定义。王玉宽等(2005)对生态屏障的概念进行了梳理,在总结前人研究的基础上,认为生态屏障是指结构与功能符合人类生存和发展的处于某一特定区域的生态系统。

生态屏障建设并不是一个单一的环境学科概念,而是一项复杂的系统工程。它包括一系列综合的环境治理目标,如植被恢复、生物多样性保护、水土流失治理等。对于生态屏障的建设,国家通过顶层设计制订规划,如《全国生态环境建设规划》《全国水土保持生态环境建设'十五'规划》等,开展生态屏障建设项目,在根本上仍然属于政府行政规划的范畴。按照国家规划制定的目标,对长江流域生态屏障的建设通过政府投入(资金主要来源于中央和地方)来完成。具体实施的工程包括长江水土保持重点防治工程、天然林保护工程、林业建设工程等。

---

① 1985年,根据《长江干流水质监测网工作条例》的规定,组建了由流域内多部门参与的长江水质监测网。1994年,水利系统在上海重新组建了长江流域水环境监测网。1998年,根据《水污染防治法》的相关规定,流域水资源保护机构(长江水利委员会)对省界断面的水质进行监测。2002年,增加了流域内主要城市水源地的水质信息。

（三）生态功能保护区建设

生态功能保护区是指能够维护生态系统服务功能进而防止自然资源环境恶化的区域生态系统，其具有一定程度的行政色彩，是根据政府环境保护的具体目标以及要求划定的特定区域。生态功能保护区的建设对于改善生态环境质量，维持生态环境现状具有重要意义。

国家十分注重生态功能保护区的建设，同时也在推进全国主体功能区的规划，其中禁止开发以及限制开发的主体功能区与生态功能保护区有较多的重合范围。此外，1994 年国务院发布的《自然保护区条例》，2007 年环保部发布的《国家重点生态功能保护区规划纲要》，以及 2009 年发布的《国家重点生态功能区保护和建设规划编制技术导则》等都对生态功能保护区的区域范围、行为规范进行了规定。

三、长江经济带环境绩效管理的市场手段

我国以往的制度设计十分注重政府的作用。从以往政府对环境绩效管理的工作可以看出政府运用行政权力对环境保护所做出的种种努力，仅依赖于政府的行政管理职能对环境进行监管与保护存在很多问题，如不仅增加了政府的运行成本、企业的寻租空间等，还会由于政府行政运行的低效率导致环境问题迟迟得不到解决等。然而，值得注意的是，我国对环境绩效的管理已经不再局限于单纯依赖于政府的行政管理模式，而是将市场机制的作用引入到环境绩效管理的工作中，如水权交易制度、排污权分配交易制度、生态补偿机制等。

（一）水权交易

一般而言，水权是指水资源的所有权。中国在水权交易制度的

建设方面还处于起步阶段,对于政府在水权交易制度中的作用还有许多不同认识。但是就水权交易的目标而言,在于合理利用水资源,包括两个方面的内容:用水总量少、用水效率高。

此外,中国水权交易制度的构建还有很大的发展空间。各种从长江流域调水的项目都涉及水资源的重新配置,长江水资源被转移到那些水资源短缺的地区,而水资源短缺地区的用水主体并未支付应有的成本。而产生这一问题的原因是目前我国的水量分配方案还在制订中。假如水量分配方案完成,各个地区明确了自身的用水总量,用水主体为了减少用水成本,将会提高用水效率,不同地区用水量与所分配的用水量之间存在差距,而差额部分可以通过水权交易使得水资源在地区之间进一步重新配置。在外界条件不发生变化的情况下,通过水权交易能够使得所有用水主体的总用水成本最小化。

我国水权试点地区的具体操作程序,一般包括以下 7 个部分:(1)管理部门根据需水项目具体情况进行选择与排序;(2)交易双方向管理部门提出交易申请;(3)由省级政府初审通过后,交由长江水利委终审;(4)交易双方签订水权转让协议,制订具体实施方案;(5)根据合同规定用水部门缴纳资金;(6)最终审核通过后,可开始开展调水的具体措施;(7)流域管理部门对调水项目进行验收以及监测,长江水利委员会将会确认可转让水权并颁证。

我国第一个进行水权交易试点的案例在长江流域,2000 年年底,浙江省东阳和义乌两市签订了水权转让的协议。但是该水权交易的试点具有中国特色,其交易的双方(主体)并不是企业或者是个人,而是具有行政职能的市政府,因而并不是严格意义上的水权交易。

(二) 排污权分配交易

排污权是对于在生产过程中产生有害污染物的企业而言的,是指政府允许企业享有的排放污染物的权利。排污权交易是指在一定的环境质量条件下,按照规则将初始的排污权分配给企业,企业根据自身实际运营情况,购买排污权、销售排污权或存储排污权,从而使得排污企业的生产成本最小化。由于排放污染物与排污权挂钩,因而排放污染物本身是有成本的。排污权交易机制本质是将环境的稀缺性(即环境是有价值的)纳入市场机制框架的政策,促使企业由单纯的依赖政府监管降低污染物排放向优化生产流程主动降低污染物排放转变。

我国于2007年开展排污权交易的试点工作,其交易体系以及规范性有待进一步完善。长江经济带排污权交易包括多种内涵,如水排污权、大气排污权等。长江经济带排污权交易的主要目标是要控制排污总量,优化不同地区、不同企业的排污量。环境保护部负责对排污许可证的管理,如排污许可证的适用范围、发证主体、审核流程以及监督管理等。排污总量要根据环保部或地区管理机构(如水,主要是依赖于水利部;大气,主要依赖于环保部)对长江经济带环境纳污能力核算办法以及排污权交易相关的法律法规、政策等进行制定,在具体的分配过程中,要考虑不同地区的纳污能力,待确定了排污权的分配后,再建立合适的体制环境(主要是建立交易平台,服务于各试点地区的排污权交易),允许排污权在排污企业之间进行买卖(财政部以及国家发改委对排污权有偿使用定价、交易价格等进行管理,同时,一些机构,如长江水利委员会通过对具体水功能区纳污能力进行审核从而对排污权交易进行统一监管)。一般来说,排污权交易可分为两级市场:排污企业与环保部门之间的交易构成一级市场;排污企业之间的交易构成二级市场。

(三)生态补偿机制

生态补偿是指受益主体对保护、维护和恢复生态环境的行为主体的补偿。生态补偿的目标是保护生态环境,实现经济可持续发展。

其原理是将生态环境纳入到市场经济的框架,即承认生态环境的价值并且可以用货币量化,人们在进行经济活动过程中需要对破坏生态环境的行为支付成本。在社会主义市场经济条件下,建立并实施生态补偿机制需要一系列制度环境的配合,包括完善的法律体系、环境评估体系、监督管理体系以及市场运行体系等。通过实施生态补偿机制,将会有利于经济与环境协调可持续发展,实现不同地区、不同利益主体的协同发展。

中国政府已经对全国不同区域的发展进行了规划,如生态功能保护区、生态屏障建设等,在水土保持、污染治理、防风固沙、防止洪涝灾害以及保护生物多样性等方面取得了成效。当前的生态环境保护工作存在不足,生态环境保护所需的资金基本上来源于中央政府以及地方政府,然而受益主体并不仅仅限于生态环境保护地的经济主体,但是受益主体并没有对保护、维护和恢复生态环境的行为主体进行补偿。因而长江经济带应该实施生态补偿机制,从而对加强保护、维护和恢复生态环境的行为主体进行补偿,保障生态环境的健康稳定发展。

长江经济带生态补偿机制的实施涉及诸多的资源环境领域以及不同的行政区域,因而生态补偿机制在长江经济带内顺利实施有赖于诸多的管理部门协作配合。目前,在生态补偿机制的实施过程中,多是以试点的形式开展。从生态补偿资金的角度而言,我国生态补偿机制中的资金来源主要是财政转移支付,由中央与地方共同出资。

(四) 排污收费

排污收费制度是指政府规定污染物排放的标准,当企业超标排放时,需要按照污染物的不同类型以及数量征收不同的费用。如果排污收费制度能够被严格执行,将会降低污染物的排放,促进绿色技术的发展。但是排污收费制度的最大特点是政府占据主导作用,并且企业与政府之间存在信息不对称,企业降低污染物排放的积极性较低,同时政府的行政管理成本较高。1982年,我国开始实行排污收费制度[1];随后,国家通过出台一系列相关条例、办法,推进了我国排污收费制度的建设[2]。

从排污收费制度的具体实施流程来看,环境监管部门对排污企业进行监管,确定企业的排污量,然后根据企业的排污量,按照国家出台的相关管理办法对企业征收排污费。征收的排污费按照规定上缴,并且将上缴的资金列为专项资金用于环境保护(包括环境污染预防以及治理)。

第三节　长江经济带环境绩效管理存在的问题

长江经济带环境绩效管理正在从单一的由政府主导向政府管理与市场机制相互配合转变,区域环境绩效管理也不再局限于中央主导的自上而下的管理模式,而是向由中央政府管理与区域政府之间协同治理相结合转变。近年来,国家十分注重长江经济带的发展,不仅要打造中国经济新的增长点,还要将长江经济带建成绿色生态走廊,因而长江经济带环境绩效管理工作面临挑战。笔者认为,目前长江经济带环境绩效管理存在以下6方面的问题:

一、缺乏综合性的环境绩效管理体制机制,存在多部门之间交叉管理现象

长江水利委员会以及其他部委在长江流域的分支机构均对长江

---

[1] 国务院颁布《征收排污费暂行办法》。

[2] 2003年国务院颁布《排污费征收使用管理条例》,国家计委、环保部颁布《排污收费征收标准管理办法》;2014年国家发改委、财政部以及环保部联合发布《关于调整排污费征收标准等有关问题的通知》。

流域的水资源进行管理,存在多头管理问题。因此当涉及具体的流域管理事务时,不同机构之间在管理上存在交叉,造成重复执法问题。如长江委与环保部的地方下属机构,其在水环境监测、数据统计、协调省际水污染纠纷等方面存在交叉,从而导致长江经济带的环境绩效管理效率偏低。

二、缺乏区域与区域之间、部门与部门之间的生态环境协调治理机制

中国采取的管理体制是自上而下的层级式管理,不同部门负责不同的要素管理。长江经济带横跨我国东中西三大区域,基本上包含了中国管理体制的所有特征。因而长江经济带环境绩效管理表现出行政区域分割严重、协调机制缺乏。而生态环境的维护与保护恰巧是一个系统性问题,尤其是流域性生态环境问题表现得更为明显,这就与长江经济带的环境绩效管理体制形成矛盾。目前,长江经济带在上中下游以及不同区域之间均开展了一些环境管理合作的尝试或者正在推进区域之间的环境管理合作,但是目前的区域合作模式缺乏利益协调机制,导致绝大部分的区域合作机制停留于形式,难以付诸具体的行动。

三、长江经济带环境绩效管理缺乏综合性的法律法规进行保障

涉及长江流域环境绩效管理的法律法规有很多,如《水法》《水污染防治法》《环境保护法》《防洪法》《水土保持法》以及地方政府出台的关于长江流域环境管理的相关管理法规等。这些法律法规一般是根据本部门的管理职责与目标而制定,体现的是对本部门职责权限的规范,缺乏系统性的法律法规来规范环境绩效管理。此外,长江经济带缺乏法律法规的执行机构,难以针对排污企业进行有效处罚。

四、长江经济带环境绩效管理的执行力较弱

一方面,长江经济带缺乏法律法规的执行机构。如长江水利委员会是长江流域水资源管理的重要机构,而内部水政队伍建设不完善,执法人员以兼职居多,职业素养较低,使得水政执法力度较低,监测与执法程度不匹配,导致长江流域水污染问题加剧;另一方面,一些污染单位对执法部门不配合或拒绝执法,面对该种情况时,执法部门的执法手段有限,缺乏有效的应对机制。

五、长江经济带依赖于市场机制的环境政策还不成熟,存在较多问题

在排污权方面:首先,排污权的定价标准不统一,同一污染物的排污权价格差距较大;其次,地方政府注重培育排污权交易的一级市场,但是对企业与企业之间的排污权交易的二级市场培育不足;最后,排污企业与政府之间存在信息不对称,排污企业占据信息优势。在排污收费方面:首先,排污费难以按照实际排污量正常征收,主要是由于执法部门监管不到位以及企业具有信息优势;其次,排污费征收后的使用去向不规范,排污费本应用作环境保护专项资金,在实际工作中,排污费的使用去向并不公开,难以确保排污费的规范使用;最后,排污费可以转嫁。尤其是当排污企业生产的产品需求弹性较小,略微涨价并不能对企业的销售数量产生较大影响,而企业通过这种方式却将排污费转嫁给消费者,降低了政策的有效性。在生态补偿机制方面:首先,补偿标准量化困难,尽管在理论上有多种方法可以量化生态服务的价值,但是计算结果差异较大,难以取得一致的标准。其次,生态补偿资金来源以纵向补偿为主,缺乏横向的受益者对治理者的转移支付。我国生态服务的获益者并未向生态服务的治理

者提供补偿,使得生态服务的治理者的机会成本较高。具体表现在长江经济带中上游地区生态环境相对脆弱,生态环境治理对长江下游地区产生的环境收益以及溢出效应明显,而长江中上游地区的生态环境治理资金主要来源于中央政府的财政转移支付以及地方政府的配套资金,并且放弃了可能的经济发展机会,生态环境治理的机会成本较大,但是长江下游获益地区并未给予长江中上游地区适当的经济补偿,进一步加剧了区域经济发展的不平衡。

六、生态补偿的持续性不足

一些试点如退耕还林、退牧还草以及生态公益林等,其对居民的补偿往往只是持续一定的年限,在这期间对居民进行引导性转产,但是如果转产并没有达到原有生产活动所带来的收入标准时,一旦过了政策所规定的年限,将会重新对环境产生破坏。

第六章

长江沿岸城市环境绩效评价

长江沿岸城市的经济社会发展对整个长江经济带具有显著的辐射和带动作用,沿岸城市的环境绩效发展水平也对整个长江经济带环境绩效产生重要影响。长江沿岸城市环境绩效指数具有鲜明的城市群特征,长三角城市群环境绩效指数领先程度较大。从单个城市来看,长江沿岸城市中行政级别序列较高的城市环境绩效指数表现较好,经济发展水平、城市化水平和第三产业占比越高的城市,其城市环境绩效指数表现越好。

在生态系统健康方面,长江中上游城市生态系统健康指数高于下游城市。总体上人均 GDP 和城市化率较高的城市,其生态系统健康指数得分相对较低。长江沿岸城市在生态系统健康方面的差距有扩大趋势,加强环境治理协作非常必要。在绿色经济活力方面,排在前列的城市呈现梯级分布,上海一枝独秀,紧接着是南京、武汉,宁波、舟山、镇江、合肥则处于第三梯队,经济发展水平与绿色经济活力指数具备较强的正相关关系。在三个分指数方面,经济发展领先指数前三名是三个量级,上海以巨大优势领先第二名南京,而南京又以显著优势领先武汉。资源环境效率指数前三名是两个量级,公共服务共享指数前四名城市都处在同一个量级。在环境治理响应方面,中心城市的环境治理响应指数在长江沿岸城市中名列前茅,而且三产比重越高的城市其环境管理能力越强，人均 GDP 和城市化率水平高的城市，其环境管理能力也同样表现较好，但人均 GDP 和城市化率水平一般的城市，经济发展和城市化水平与环境管理能力的关系并不显著。

第一节　长江沿岸城市环境绩效总体评价

长江沿岸城市环境绩效指数前八名中，大多数是长江沿岸城市中行政级别序列较高的城市，如上海、重庆为直辖市，分列二、三、六位的武汉、南京、合肥均是省会城市，同时武汉、南京还是副省级城市。处于第七位的宁波是计划单列市，在 1988—2015 年，是拥有地方立法权的"较大的市"。而排名第四的镇江，在现阶段虽是省辖地级市，在行政级别上不高于其他长江沿岸城市，但其在民国期间是江苏省省会，在行政管理、教育等公共服务领域具有较为深厚的底蕴。排名第八的舟山，在 2011 年获国务院批准设立舟山群岛新区，新区范围与舟山市行政区域一致，舟山群岛开发上升为国家战略，在各类资源的调动上也相对省辖地级市具备更大的优势。

可见，城市行政级别是影响环境绩效的关键因素之一。一方面，在我国高行政级别的城市往往经济也较发达，可以投入更多的资金、技术等要素资源到环境保护中；另一方面，城市级别越高，可以调动的行政资源越丰富。众所周知，当前阶段，提高环境保护绩效实质上是提高各类环境保护行政资源的配置能力和配置绩效，包括环境保护地方立法权、环境保护行政人员数量与能力、环境保护相关公共服务资源支持、环境保护行政主管部门与社会资源的互动能力等。此外，尽管高行政级别城市现有环境质量可能略低于其他城市，特别是上海等长三角城市处于长江下游，水质状况弱于中上游城市。但高行政级别城市在绿色发展与环境保护响应方面的优势弥补了环境质量的弱势,从而在我们的评价体系中处于领先地位。

长江沿岸城市环境绩效与城市经济发展水平密切相关,以人均GDP 表征经济发展水平,城市环境绩效指数与人均 GDP 基本呈现正相关关系(见图 6-1)。图中虚线所示为 29 城市的平均值,横虚线为环境绩效指数均线 0.3407,竖虚线为人均 GDP 均线 6.121 万元。29 个城市中,环境绩效指数和人均 GDP 都在平均值以上的城市有10 个,环境绩效指数和人均 GDP 都在平均值以下的城市有 13 个,表明人均 GDP 与环境绩效的高度正相关关系。同时,我们发现,有 5个城市人均 GDP 高于中位数,但环境绩效指数低于中位数,表明人均 GDP 较高的城市未必环境绩效指数一定高。但人均 GDP 较低的城市,环境绩效指数一定相对较低。当人均 GDP 高于 9 万元左右后,环境绩效指数开始显著领先于其他城市。这一发现可以与环境库兹涅茨曲线相互印证。

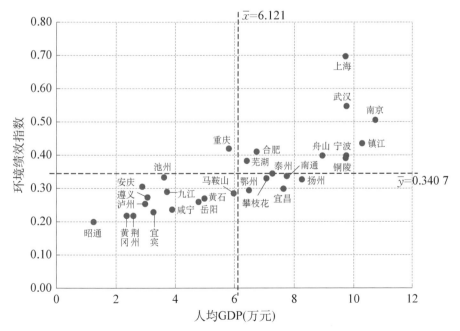

图 6-1 2014 年长江沿岸城市人均 GDP 与环境绩效指数

资料来源:根据相关城市统计年鉴计算。

　　长江沿岸城市环境绩效指数具有鲜明的城市群特征,但长江中上游邻近城市之间缺乏城市群的趋同性(见图6-2)。长江三角洲城市群环境绩效指数领先程度较大,以上海、南京为核心,江苏省的镇江、泰州、南通、扬州,浙江省的舟山、宁波与安徽省合肥、铜陵、芜湖、安庆的环境绩效指数相对比较接近,与《国务院关于依托黄金水道推动长江经济带发展的指导意见》中布局的长三角城市群各发展轴带相契合。长江中游城市群以武汉为中心,武汉市在我们的评价中仅次于上海,领先于南京等长三角城市。但需要看到,武汉作为中心城市对城市群的辐射带动能力还有待加强,武汉周边城市中,除宜昌、鄂州处于中游外,其他如黄石、黄冈、咸宁、荆州等城市甚至落后于上游城市。上游成渝城市群中,成都不处于长江沿岸,不纳入我们的评价范围。重庆的环境绩效指数排名第五位,但与武汉在城市群中的作用类似,未能充分发挥带动与支撑作用,在资源整合和一体发展方面还有较大的空间。此外,我们选择的贵州省的遵义市处于黔中城市群的辐射范围,在环境绩效评价中,领先于部分上游及中游城市。而云南省昭通距离滇中城市群中心及发展轴较为遥远,贫困程度比较深,但并不能说明滇中城市群远远落后于黔中城市群。

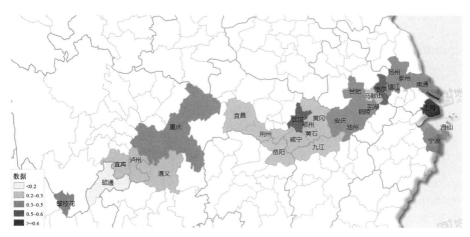

图6-2　2014年长江沿岸城市环境绩效指数分布

资料来源:同图6-1。

　　长江沿岸城市环境绩效指数与城市化水平呈现一定的正相关关系,29个城市中,环境绩效指数和城市化水平同时高于平均数的城市有10个,同时低于平均数的城市为12个,而城市化水平高于平均数环境绩效指数低于平均数的城市则有6个。这也说明城市化进程对于城市环境绩效存在正反两方面的效应:一方面,城市化进程的推进往往伴随工业化,产业污染的排放逐渐达到或超过环境承载力,造成环境质量下降。城市总体规划的扩张、城市人口的增加、城市建筑的大规模建设也为生态环境带来沉重压力。另一方面,城市化的进展会带来基础设施的完善,尤其是环境基础设施,如污水集中处理设施、城市生活垃圾集中处理设施的完备及处理标准提升有助于减轻城市发展对环境的不利影响。城市化的深入推进,尤其是城市经济发展达到一定水平后,使环境优美、城市宜居成为居民最关注的诉求,更多地参与到环境保护的工作中来。此外,城市人口基本素质的

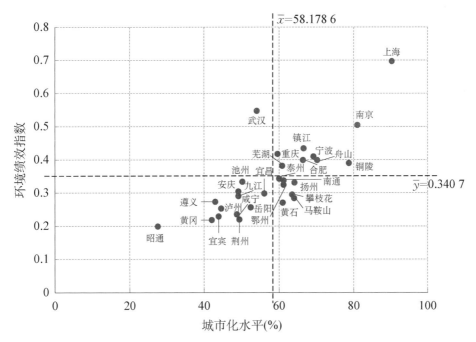

图 6 - 3　2014 年长江沿岸城市城市化水平与环境绩效指数

资料来源:同图 6-1。

提升也有助于提升环保行政管理的水平及公众参与的能力和效果。需要指出的是,城市化水平较高的城市并不必然带来环境绩效的领先,城市化需要达到一定的临界值,但城市化水平较低的城市,环境绩效必然是较低的。因此,城市化与环境绩效的关系类似于经济发展与环境绩效的关系。

城市产业结构也在一定程度上影响城市环境绩效,以第三产业占比代表产业结构,长江沿岸城市第三产业比重与环境绩效指数呈现一定的正相关关系(见图6-4)。长江沿岸城市第三产业比重较低的城市较多,三产比重与环境绩效指数都低于平均数的城市有14个,均为上中游城市。三产比重与环境绩效指数均高于平均数的城市有9个,均为下游城市。三产比重超过40%以后,城市环境绩效处于显著领先地位。城市产业结构对环境绩效的影响较为深远,工业化阶段,随着重化工业、高加工度工业的快速发展,工业环境负荷迅

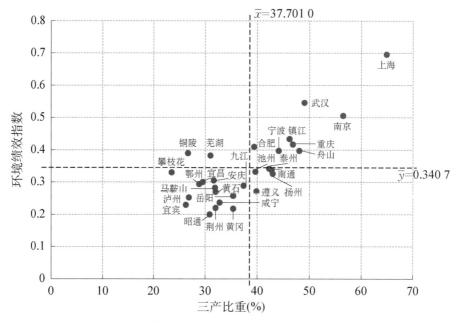

图6-4 2014年长江沿岸城市三产比重与环境绩效指数

资料来源:同图6-1。

速增加,导致环境质量下降。随着工业化后期向后工业化阶段演进,服务经济将占主导地位,城市产业发展对环境的压力将逐渐减弱。同时服务业的发展不断催生出新的能源环境类专业服务业,如合同能源管理、合同环境服务等,推动环境治理向市场化、专业化深入,环境治理绩效不断提升。同时,我们发现,城市产业结构对环境绩效的正向作用往往体现在工业化向服务经济正向演进的过程中,而在工业化发展不充分的城市,依靠农业服务业的发展使得第三产业比重相对较高的城市,环境绩效指数往往并不理想。

　　废水排放量越高的城市是否环境绩效越低? 从 29 个沿江城市的数据来看,工业废水排放量与环境绩效并不存在显著的联系,但当工业废水排放量超过 1 亿吨之后,工业废水与环境绩效指数却呈现一定的正相关关系(见图 6 - 5)。从理论上分析,工业废水排放是重要的环境负荷之一,环境负荷越高的城市理应环境质量越差,环境绩

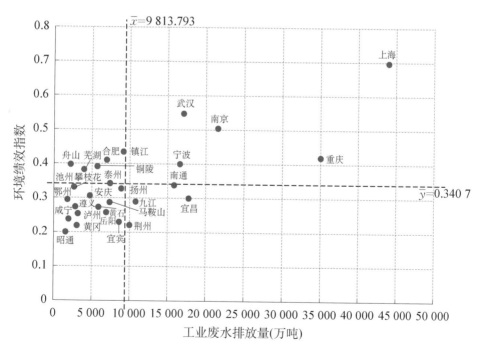

图 6 - 5　2014 年长江沿岸城市工业废水排放量与环境绩效指数

资料来源:根据各城市统计年鉴计算。

效越低。但工业废水排放量一定程度上体现的是工业发展的规模、工业化的演进带来的经济水平的提升,产业结构的高度化促进了环境治理能力的提高和环境绩效的提升,这与上文中产业结构对环境绩效的正向关系是可以相互印证的。

同时,笔者也研究了废水排放总量与环境绩效的关系,沿江 29个城市废水排放总量平均值为 7.6 亿吨,超过 7.6 亿吨的城市仅有上海、南京、武汉和重庆。废水排放总量和环境绩效指数都低于平均数的城市有 20 个,大多数城市的废水排放总量在 2.5 亿吨以下。废水排放总量与工业废水排放总量的差异在于生活污水及农业面源污染,生活污水实质是城市第三产业及城市人口规模的反映。废水排放总量超过 7.5 亿吨的城市尽管其环境负荷较大,但是经济发展水平、产业结构和城市化水平均较高,对环境绩效的正向影响占据了主要方面。

表 6-1　2012—2014 年长江沿岸城市环境绩效指数排名及变动情况(前 10 名)

城市	2014		2013		2012
	排名	变动	排名	变动	排名
上海	1	—	1	—	1
武汉	2	↑	3	—	3
南京	3	↓	2	—	2
镇江	4	—	4	↑	5
重庆	5	—	5	↓	4
合肥	6	↑	8	↓	6
宁波	7	↓	6	↑	8
舟山	8	↑	9	—	9
铜陵	9	↓	7	↑	10
芜湖	10	↑	11	—	11

第二节 生态系统健康指数评价

城市良好的生态系统健康状况应包括三方面的内容：较好的生态环境质量、较低的生态环境压力以及可控的环境风险。从这三个方面出发，我们构建了长江经济带沿江城市生态系统健康指数评价体系，并对沿江 29 个城市进行了评价。

2014 年，长江经济带沿江城市生态系统健康指数得分前 10 位城市分别是安庆、池州、九江、遵义、昭通、黄冈、咸宁、攀枝花、鄂州、泰州。生态系统健康指数得分较高的城市在空间上也较为集中，29 个城市生态系统健康指数在空间上有两个得分较高的组团，分别是遵义、昭通组团和安庆、池州、九江、黄冈组团。

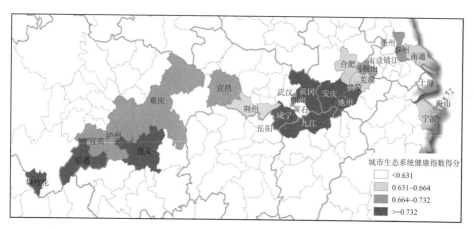

图 6-6 2014 年长江经济带沿江城市生态系统健康指数得分分布

通过比较 2012—2014 年长江经济带沿江城市生态系统健康指数排名情况，可以看出长江中上游城市生态系统健康指数高于下游城市。安庆、池州、九江、遵义、昭通、黄冈、咸宁、鄂州等长江中上游城市生态系统健康状况在长江经济带沿江城市中处于较高水平，3

年中基本上都排在前 10 位。2012—2014 年,29 个城市生态系统健康指数最大值与最小值比值分别为 1.55、1.56、1.55,最大值与最小值比值基本保持稳定,说明 29 个城市在生态系统健康方面的差距虽然没有扩大,但也没有得到有效的改善,这也说明长江经济带开展区域环境治理协作非常必要。

表 6-2　长江经济带沿江城市生态系统健康指数前 10 名城市

2012 年		2013 年		2014 年	
城市	分值	城市	分值	城市	分值
安庆	0.826	九江	0.833	安庆	0.803
九江	0.825	安庆	0.779	池州	0.796
池州	0.781	咸宁	0.774	九江	0.789
黄冈	0.780	遵义	0.768	遵义	0.784
遵义	0.771	池州	0.752	昭通	0.741
鄂州	0.760	黄冈	0.750	黄冈	0.738
咸宁	0.760	泰州	0.750	咸宁	0.735
昭通	0.744	鄂州	0.746	攀枝花	0.734
宜宾	0.740	昭通	0.743	鄂州	0.725
宜昌	0.735	宜昌	0.729	泰州	0.722

从长江经济带沿江城市人均 GDP 和生态系统健康指数的关系来看,总体上人均 GDP 较高的城市,其生态系统健康指数得分较低。从图 6-7 可见,人均 GDP 和生态系统健康指数呈现出一定的负相关关系,相关系数为 0.448。长三角城市群等东部经济发展水平较高的城市,生态系统健康指数得分处于平均水平以下,而西部经济发展水平较低的城市,生态系统健康指数得分总体上高于平均水平,说明过去一段时期内,长江经济带沿江城市的经济发展对生态环境产生了较强的负面影响,经济增长与生态环境保护尚未实现协调发展。

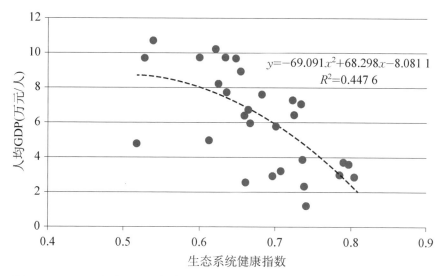

图 6-7 2014 年长江经济带沿江城市人均 GDP 和生态系统健康指数的关系

从长江经济带沿江城市城镇化率和生态系统健康指数得分来看,总体上城镇化率较高的城市,其生态系统健康指数得分相对较低。为更好地反映城镇化率和生态系统健康指数的关系,特制作散点图。从图 6-8 可见,城镇化率和生态系统健康指数呈现出一定的

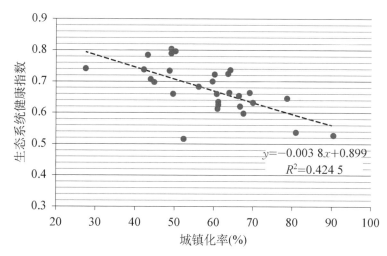

图 6-8 2014 年长江经济带沿江城市城镇化率和生态系统健康指数的关系

负相关关系,相关系数为 0.424。按照生态系统健康指数得分由高到低对城市进行排序,其城镇化率则随着生态系统健康指数的排序呈现波动上升,城镇化率低于 60% 的城市,其生态系统健康指数得分处于平均水平以上,城镇化率高于 60% 的城市,其生态系统健康指数得分总体上处于平均水平以下。说明过去一段时期内,长江经济带沿江城市的城镇化发展过程中,城镇人口的集聚和城市经济活动的增加对生态环境产生了较强的负面影响,城镇化过程与生态环境保护没有实现协调发展。

一、生态环境质量指数

长江经济带沿江各城市间生态环境质量存在差异,2014 年排在前 10 位的城市是池州、安庆、遵义、九江、咸宁、昭通、攀枝花、舟山、铜陵、宜宾,其中池州、安庆、遵义、九江、咸宁、昭通、舟山等 7 个城市在 3 年中均位于生态环境质量前 10 位,反映了生态环境良好的城市具有一定的稳定性。上海等发展水平较高的城市近年来环境质量有一定改善,位次呈上升趋势。

总体比较来看,中上游城市在森林覆盖、地表水质量、空气质量等方面表现较好,而下游城市在城市绿化建设方面表现较好。其中也有个别城市较为例外,如武汉、宜昌、荆州等城市及周边地区空气质量相对较差,舟山、台州等沿海城市空气质量相对较好,荆州、遵义等城市地表水水质低于周边地区。

2012—2014 年,29 个城市生态环境质量指数最大值与最小值比值分别为 2.17、2.30、2.70,最大值与最小值比值逐渐扩大,反映了29 个城市间生态环境质量差距在拉大,进一步说明加强流域环境治理合作的必要性和紧迫性。

表 6 - 3　长江经济带沿江城市生态环境质量指数前 10 名城市

2012 年		2013 年		2014 年	
城市	分值	城市	分值	城市	分值
安庆	0.818	咸宁	0.798	池州	0.778
遵义	0.806	九江	0.763	安庆	0.772
咸宁	0.759	池州	0.702	遵义	0.750
池州	0.722	遵义	0.699	九江	0.678
九江	0.714	安庆	0.697	咸宁	0.673
黄冈	0.713	舟山	0.683	昭通	0.669
舟山	0.664	昭通	0.663	攀枝花	0.628
黄石	0.657	黄冈	0.639	舟山	0.605
宜昌	0.650	攀枝花	0.632	铜陵	0.601
昭通	0.636	宜昌	0.629	宜宾	0.597

二、生态环境压力指数

通过数据处理,指数得分越高的城市其生态环境压力越小。2014 年,排在前 10 位的城市是合肥、黄冈、芜湖、九江、南通、安庆、宜昌、镇江、黄石、泰州。其中安庆、合肥、黄冈、黄石、九江、芜湖、宜昌、镇江等城市生态环境压力较小,3 年均处于前 10 位。大部分城市生态环境压力处于平均水平线之上,反映了各个城市面临的生态环境压力程度有所不同,虽然在长江沿岸城市中表现相对较好,但与城市的生态环境容量相比,未来面临的生态环境压力仍不可小视。

长江经济带中游城市面临的生态环境压力低于上游和下游城市。其中下游城市生态环境压力主要来自城市化、工业生产等,上游城市生态环境压力主要来自资源开采、资源消耗等领域。随着东部地区产业向中西部地区转移,长江中游城市承接产业转移所带来的生态环境压力必然会有不同程度增加,这就需要以资源环境容量约束经济发展,各城市根据环境容量、资源禀赋和发展潜力,制定城市经济社会发展规划,并把资源环境标准作为经济活动准入的重要条件,确保环境容量和资源承载力成为减缓城市环境压力和提升生态环境质量的重要准则之一。污染物减排是城市环境压力改善的重要影响因素,如2014年南通市环境压力得分有较大幅度改善,原因在于3年间工业污染物减排量超过40%。

表 6 - 4 长江经济带沿江城市生态环境压力指数前 10 名城市

2012 年		2013 年		2014 年	
城市	分值	城市	分值	城市	分值
合肥	0.86	合肥	0.833	合肥	0.817
芜湖	0.836	芜湖	0.811	黄冈	0.805
九江	0.808	九江	0.797	芜湖	0.780
黄冈	0.803	黄冈	0.795	九江	0.772
泰州	0.738	黄石	0.728	南通	0.734
安庆	0.718	安庆	0.724	安庆	0.715
黄石	0.715	镇江	0.714	宜昌	0.707
镇江	0.713	宜昌	0.706	镇江	0.694
宜昌	0.705	铜陵	0.684	黄石	0.680
南京	0.699	咸宁	0.68	泰州	0.678

2012—2014 年,29 个城市生态环境压力指数最大值与最小值比值分别为 2.01、2.24、1.90,最大值与最小值比值在波动变化,总体上有降低的趋势,说明 29 个城市面临的生态环境压力差距在一定程度上有所缩小,反映了生态环境压力逐渐成为长江经济带城市面临的共同问题,这在一定程度上会促进各个城市间加强环境保护合作,从而共同应对生态环境压力。

三、环境风险可控指数

2014 年,长江经济带城市环境风险可控指数排在前 10 位的是鄂州、九江、遵义、泸州、安庆、攀枝花、重庆、泰州、池州、昭通。2012—2014 年,鄂州、九江、泸州、昭通、重庆等城市环境风险可控指数一直处于前列。长江经济带城市之间环境风险可控指数差距并不明显,2014 年,有 17 个城市处于平均水平以上。2012—2014 年,29 个城市环境风险可控指数最大值与最小值比值分别为 1.83、1.82、1.71,最大值与最小值比值逐渐降低,说明 29 个城市在环境风险可控领域的差距在缩小,反映各个城市对环境风险日益重视,通过采取各种措施保障城市环境安全。

从空间分布上来看,长江经济带中上游地区城市环境风险可控指数较高,长江下游地区城市环境风险可控指数相对较低,原因主要有二:一是中上游地区城市环境危废的比重相对较低,这与地区产业结构有密切联系,环境风险源的数量相对较少,潜在的环境风险发生率低;二是中上游地区城市人口密度相对东部地区要低,可能产生的环境危害相对较低,地方生态环境容量对环境风险的承受能力也相对较高。不过需要注意的是,随着上游城市经济发展水平的提升,重点污染源数量和工业危废占比都有不同程度的上升,这也造成上游一些城市环境风险可控指数的排序有小幅下降。

表 6-5　长江经济带沿江城市环境风险可控指数前 10 名城市

2012 年		2013 年		2014 年	
城市	分值	城市	分值	城市	分值
鄂州	0.931	鄂州	0.919	鄂州	0.899
九江	0.886	九江	0.883	九江	0.861
安庆	0.862	泰州	0.858	遵义	0.854

2012 年		2013 年		2014 年	
城市	分值	城市	分值	城市	分值
泸州	0.857	遵义	0.852	泸州	0.852
昭通	0.847	泸州	0.849	安庆	0.849
重庆	0.847	安庆	0.843	攀枝花	0.849
池州	0.840	重庆	0.842	重庆	0.845
宜宾	0.834	昭通	0.838	泰州	0.845
荆州	0.809	宜宾	0.825	池州	0.844
黄冈	0.808	荆州	0.808	昭通	0.837

第三节　绿色经济活力指数评价

长江沿岸 29 个城市绿色经济活力指数排名前七位的城市呈现梯级分布：上海一枝独秀，以近 0.15 的优势排名第一；排名第二、三位的分别是南京、武汉，这两个城市的得分非常接近；其后 4 个位次的城市分别是宁波、舟山、镇江、合肥，这 4 个城市的得分也非常接近，几乎持平。与前文环境绩效指数的分析类似，绿色经济活力指数的领先城市仍然是行政级别序列较高的城市，如直辖市上海，省会城市南京、武汉、合肥，计划单列市、副省级城市宁波以及民国时期曾是江苏省省会的镇江，行政区域开发上升为国家战略的舟山。长江沿岸另一个直辖市城市重庆，虽然行政序列很高，经济总量超过 1 万亿，但重庆市幅员广阔，行政区域面积是长江沿岸城市中最大的，但土地、劳动力效率较低，产业结构仍处在工业化中期向工业化后期过渡的阶段，科技创新能力有待提高，并且产业发展方式仍显粗放，资源环境效率相比长江下游城市存在一定差距，因而排名第十位。从第八名芜湖开始,各城市的绿色经济活力指数得分开始出现递减式的分布格局。其中长江下游的江苏省、安徽省沿江城市相对较为靠前,中上游的湖北省、四川省、贵州省、云南省排名相对靠后。

整体上看,经济发展水平与绿色经济活力指数具备较强的正相关关系。绿色发展活力领先的城市是长江沿岸经济发展水平最高的城市,除合肥外,其他 6 个城市人均 GDP 基本达到 9 万元或以上。29 个城市中,人均 GDP 和绿色经济活力指数同时高于城市平均数的城市为 11 个。人均 GDP 高于平均数但绿色经济活力指数较低的城市仅有 4 个,这些城市尽管人均 GDP 相对较高,达到 7—8 万元的水平,但资源环境效率和公共服务普及的状况并不理想,在指数合成后得分较低,但其得分仍然普遍高于人均 GDP 低于平均数的城市。人均 GDP 和绿色经济活力指数同时低于平均数的城市为 13 个,除马鞍山和黄石外,这十余个城市人均 GDP 不足 5 万元。其中既有下游

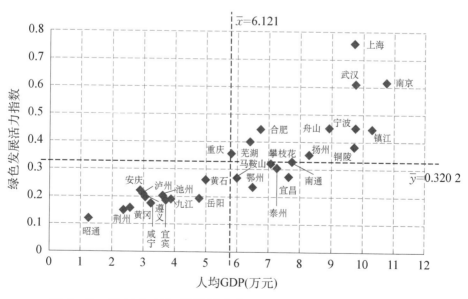

图 6 - 9　2014 年长江沿岸城市人均 GDP 与绿色经济活力指数

资料来源:根据相关城市统计年鉴计算。

安徽省的城市,也有中游湖北、江西、湖南省的城市及上游四川、云南、贵州的城市。这也说明从绿色发展的角度来看,只有长三角城市群实现了整个城市群的一体化,长江中游城市群、上游各城市群只有核心城市取得了较大进展,仍需继续发挥核心城市的辐射和支撑作用,带动周边城市共同取得绿色经济的进步。

绿色经济活力指数下设三个分指数:经济发展领先指数、资源环境效率指数和公共服务共享指数。各分指数中,上海、南京、武汉等高行政级别序列城市也仍然处于领先地位。不同分指数的得分情况略有差异,经济发展领先指数前3名是3个量级,上海以巨大优势领先第二名南京,而南京又以显著优势领先武汉。经济发展领先指数的得分非常分散,第一名和最后一名之间相差0.85分,这也显示出长江沿江城市之间经济发展效率与结构的巨大差距。

资源环境效率指数前3名是两个量级,上海领先第二名武汉0.14分,武汉领先合肥0.09分,此后城市的得分较为胶着。南京市工业发展的环境效率较低,导致其在分指数中落后前序城市较多,仅排在第五位。该分指数是城市之间差异总体较小的指数,表明当前国家层面对环境保护工作的重视和推进取得了一定的成效。同时,我们发现沿江城市中经济最为发达的城市经济发展总量大,但污染物减排扎实推进;而上中游城市由于仍肩负经济发展的沉重任务,经济总量较快增长,污染物减排的步伐较慢,甚至在工业领域,污染物排放还在增长过程中。也就是说领先的城市已经处于环境库兹涅茨曲线的右侧,而上中游的大部分城市仍在环境库兹涅茨曲线的左侧,导致其在环境效率上的差距相比经济社会发展的差距要小。

公共服务共享指数前4名城市都处在同一个量级,武汉、上海、南京3座城市在伯仲之间。尽管上海提供的公共服务总量规模大,而囿于上海特大型城市庞大的人口基数,在以人均占有公共服务为主要原则设计的公共服务共享指数中略微低于武汉,居于第二位。

而铜陵市入围前四主要原因是其人口规模非常小,仅有 70 万左右。

表 6 - 6 2014 年长江沿岸城市绿色经济活力指数各项分指数排名

经济发展领先指数			资源环境效率指数			公共服务共享指数		
排序	城市	分值	排序	城市	分值	排序	城市	分值
1	上海	0.862 6	1	上海	0.732 4	1	武汉	0.674 0
2	南京	0.704 6	2	武汉	0.598 5	2	上海	0.646 4
3	武汉	0.570 9	3	合肥	0.500 1	3	南京	0.631 3
4	镇江	0.540 6	4	舟山	0.499 3	4	铜陵	0.602 5
5	宁波	0.499 7	5	南京	0.489 8	5	合肥	0.489 6
6	舟山	0.441 6	6	芜湖	0.460 3	6	攀枝花	0.453 6
7	扬州	0.372 5	7	攀枝花	0.458 9	7	宁波	0.421 3
8	合肥	0.369 2	8	宁波	0.426 0	8	舟山	0.414 7
9	芜湖	0.349 5	9	安庆	0.415 8	9	芜湖	0.402 7
10	南通	0.331 1	10	镇江	0.405 4	10	重庆	0.384 8

资料来源:根据各城市统计年鉴计算。

一、经济发展领先指数

经济发展领先指数下设三个板块:经济水平、技术进步和产业结构。这三个板块既考察经济发展的规模效应、结构状况,也考察技术进步的产出及其对经济的影响,技术进步是中长期决定经济发展是否领先的关键因素。

长江沿江城市之间经济发展水平差异巨大。人均 GDP 最高的城市是南京市,其与镇江市是沿江城市中人均 GDP 超过 10 万元的城市。其后宁波、武汉、铜陵、上海为沿江人均 GDP 超过 9 万元的城市。长三角城市人均 GDP 都在 7 万元以上,中上游城市中仅有武汉、铜陵、宜昌和攀枝花达到这一水平。单位土地面积产出最高的城市是上海,每公里土地产出 3.72 万元,是第二名南京的近 3 倍。南京和武汉数值大体相当,其后城市都低于 1 万元。整体上看,长三角是长江沿岸城市中经济发展水平最高的地区,不仅是有上海、南京等高度发达的核心城市,城市群整体发展水平也比较接近。处于长江下游的安徽省东部靠近江苏省的城市较为发达,西部靠近湖北省的城市如安庆、池州相对发展水平较低。长江中游武汉市一枝独秀,武汉市以西的宜昌、荆州发展水平相对高于武汉以东的黄冈、咸宁及江西省九江。长江上游四川省沿江城市的经济发展指标高于贵州和云南省。

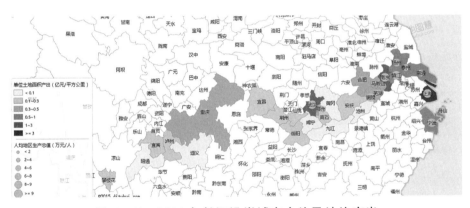

图 6 - 10　2014 年长江沿岸城市人均及地均产出

资料来源:根据各城市统计年鉴计算。

科技创新对经济发展有显著的推动作用。本报告以万人发明专利授权量为主要指标,研究发现,万人发明专利授权量与人均 GDP 之间呈现较显著的正相关关系。长江沿岸城市中,人均 GDP 领先的城市无一不是万人发明专利授权量领先的城市。同时人均 GDP 高于平均水平,而发明专利授权量低于平均水平的城市,却往往是处在较高发展水平的城市群中,发展相对较为迟缓的城市,如长三角的苏北地区。长江上中游的绝大部分城市都处于低发明专利低人均

GDP 的发展区域,有待通过创新要素的集聚和发展,突破现有发展
轨迹。

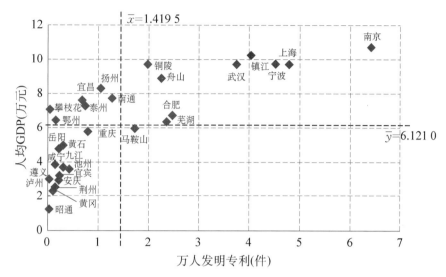

图 6 - 11　2014 年长江沿岸城市万人发明专利与人均 GDP

资料来源:根据各城市统计年鉴计算。

　　长江沿岸城市产业结构之间的差距与经济发展水平之间的差距
一样显著。全流域第三产业比重超过 50% 的城市仅有上海和南京两
个,上海的三产比重超过 60%。长三角城市及武汉、重庆两个高行政
级别城市处于产业结构高度化的不断演进中,而四川省、云南省、贵
州省、湖北省大部分城市产业结构相对低端。第三产业比重最低的
城市几乎集中于四川省,高加工度工业比重最低的城市为上游的云
南、贵州、四川省。云、贵两个上游者的长江沿岸城市,第三产业比重
达到 30%—40%,但高加工度工业比重仅为 3% 左右,表明这两个城
市第三产业的发展的主要动力之一是来自农业及劳动密集型工业、
原材料工业的服务需求,高加工度工业严重发育不足。四川省的三
个长江沿岸城市第三产业比重低于 30%,高加工度工业比重也仅有
3%—6% 左右,产业发展比较初级(见图 6 - 12)。

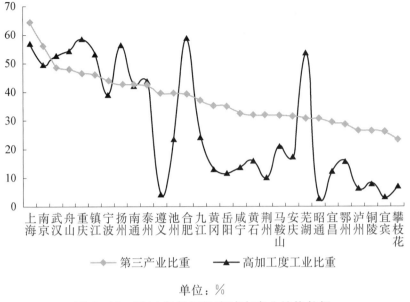

上海 南京 武汉 舟山 重庆 镇江 宁波 扬州 南通 泰州 遵义 池州 合肥 九江 黄冈 岳阳 咸宁 黄石 荆州 马鞍山 安庆 芜湖 昭通 宜昌 鄂州 泸州 铜陵 宜宾 攀枝花

—◆— 第三产业比重　—▲— 高加工度工业比重

单位：%

图 6-12　2014 年长江沿岸城市产业结构数据

资料来源：根据各城市统计年鉴计算。

二、资源环境效率指数

本书从三个维度来考察城市资源环境效率指数,分别是工业、农业和生活,这也是我国环境污染物排放的三大主要污染源。如果这三大源头都能够提高资源和环境的利用效率,进而控制资源消耗总量,才能真正控制我国主要污染物的排放。

(一) 工业绿色化

长江沿岸城市中 29 个城市实现了工业发展与主要污染物排放的脱钩。2012—2014 年,29 个城市工业增加值增长了 16%,工业 SO_2 排放削减了 11%,工业 COD 排放削减了 3.75%(见图 6-13)。从城市总体情况看,工业 SO_2 削减快于工业 COD 的削减速度,但各城市的减排情况有所差异。2012—2014 年,大部分城市都实现了工业 COD 和工业 SO_2 排放的减量,部分城市主要工业污染物有大幅增长,如池州市在工业 COD 和工业 SO_2 排放增长 28.5% 和 24.12%,昭通市工业 COD 排放增长 24.64%,重庆市工业 COD 排放增长 24.24%,攀枝花工业 COD 排放增长近 10%。

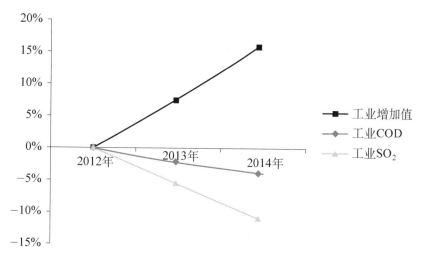

图 6 - 13　2013、2014 年长江沿岸城市工业增加值总额及工业污染物排放总量相比 2012 年的变化率

资料来源:根据相关城市统计年鉴计算。

长江沿岸城市中,合肥、上海、武汉三市工业污染物排放的经济效率最高。也就是说每排放一吨的工业污染物,能够创造的工业增加值最高。长三角地区工业污染物的经济效率并没有显著优势,安徽省的合肥、安庆、芜湖相比长三角城市表现更为优异。长江上游的工业发展方式比较粗放,污染物排放的效率比较低,大气污染物排放的效率相对水污染物更差。上游地区在工业源的污染治理上还需投入更多的精力(见图 6 - 14)。

(二)农业生态化

本书采用单位农作物播种面积所施用的农药、化肥数量表征农业的生态化程度,该两项指标是反向指标,也就是数值越高,得分越

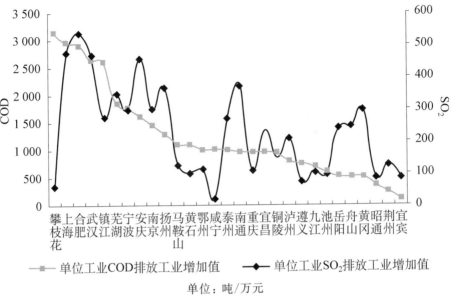

图 6-14　2014 年长江沿岸城市工业 COD、SO_2 排放情况

资料来源：根据各城市统计年鉴计算。

低。上游宜宾、昭通、泸州这三个相邻的城市生态农业指标得分最高，其次是长三角的南京和镇江。其中单位农作物播种面积化肥使用量指标表现最优的城市依次是宜宾、遵义、昭通、泸州，均为长江上游城市，可见上游城市农业生产中化肥的使用非常集约。单位农作物播种面积农药使用量使用最集约的城市分别是咸宁、重庆、泸州、南京、鄂州，这些城市的分布没有规律性，也没有地域性，表明农药使用的情况是因地而异的。整体来看，生态农业板块上游城市整体优于中游和下游，中游城市相对较差，而下游城市的农业生态效率则良莠不齐，没有鲜明的区域特征（见图 6-15）。

（三）生活低碳化

在传统理念中，随着城市经济发展，居民生活水平提高，城市居民生活往往呈现高碳化，如利用更多的电力及其他能源，更多的水资源。是否经济越发达的城市生活越高碳化？笔者研究发现，长江沿

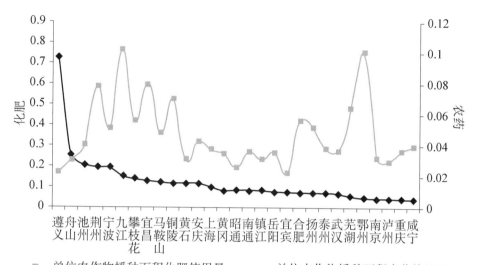

图6-15　2014年长江沿岸城市农业化肥、农药使用量

资料来源：根据各城市统计年鉴计算。

岸各城市人均GDP与居民日均生活用水量、生活用电量没有显著的相关关系。在大致相当的人均GDP水平上，不同城市生活用水量可能相差2—3倍，如上海和武汉，人均GDP均在9万元左右，但武汉人均生活用水量几乎是上海的3倍。同样，有大致相当的人均生活用水量的城市，其人均GDP可能也相差2—3倍，如黄冈和合肥，人均日居民生活用水量约200 L左右，但合肥的人均GDP是黄冈的2.85倍（见图6-16）。因此，笔者认为，对沿江城市居民的人均日生活用水、用电量进行梳理和排序，能够基本考察出各城市低碳生活水平的高低。

在这一板块中，生活用水和生活用电的指标是反向指标，数值越高，绩效越低。在生活用水方面，上海居民人均日生活用水量仅为113升，仅略高于昭通，生活节水工作在全流域也是领先的。

梳理2012—2014年的各城市数据发现，3年中实现了居民人均日生活用水量减量的城市有12个，实现居民人均日生活用电量减量

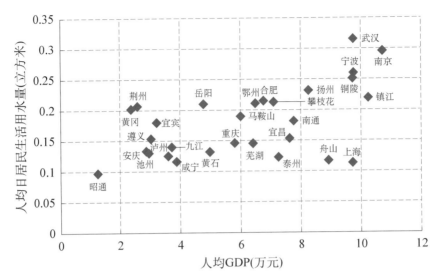

图 6-16　2014 年长江沿岸城市人均 GDP 与人均日居民生活用水量

资料来源：根据相关城市统计年鉴计算。

的城市有 21 个,生活用电和用水量均下降的城市是上海、南京、镇江、南通、合肥、马鞍山、重庆等。

　　低碳交通是生活低碳化的关键组成部分,实现公共交通对私人汽车的替代是纽约等国际大都市低碳交通发展的重要举措。本部分采用的公共交通乘用量既包括公共汽电车,也包括城市轨道交通。低碳交通水平领先的城市也大多是行政级别序列较高的城市:上海每百人日均公共交通乘用次数超过 60 人次,处于绝对领先地位;其次为南京和武汉,50 人次上下;重庆和合肥分列第 5 和第 7 位。攀枝花和铜陵两市该指标相对处于前列,原因在于这两市人口规模非常小(见图 6-17)。

三、公共服务共享指数

　　公共服务共享包括公共交通、公共医疗、公共文化教育及公共环境服务四大类,本部分以公共服务的人均占有体现公共服务的共享

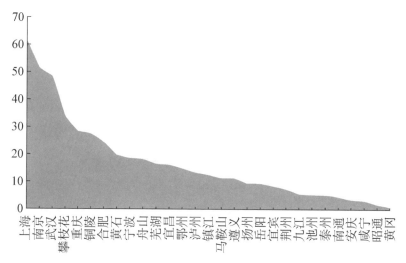

图6-17　2014年长江沿岸城市每百人日均公共交通乘用次数指标得分

资料来源：根据相关城市统计年鉴计算。

程度。此处的公共交通是指政府提供的交通公共设施，包括路网密度、人均占有的公共交通车辆（汽电车加轨道交通）。毫无意外，在长江沿江城市中，行政级别序列高的城市处于显著领先地位。与前面两个分指数有所不同，公共服务共享指数中，上海略低于武汉，排名第二。上海在公共医疗、公共文化教育两个方面落后于武汉，尤其是公共医疗方面失分较多。上海公共交通具有明显优势，主要原因是近年来上海市轨道交通网络的大规模推进。在公共环境服务方面，两市相差无几。

从长江沿岸城市差别来看，公共文化教育、公共交通两个方面城市间差异巨大。高行政级别城市中，公共文化教育资源分布十分密集，远远高于其他城市。而公共交通设施的建设则在高行政级别城市和经济比较发达的城市中进展都比较迅速。公共医疗和公共环境服务这两个方面，各城市之间的差距相对较小。上游公共医疗资源丰富的城市甚至高于下游一般城市。公共环境服务是各城市中差异最小的公共服务领域，但由于本书采用的是污水集中处理率和城市

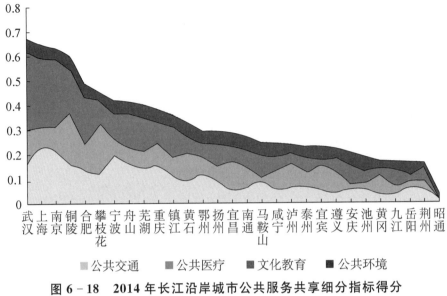

图 6 - 18　2014 年长江沿岸城市公共服务共享细分指标得分

资料来源：根据相关城市统计年鉴计算。

生活垃圾无害化处理率两个指标，该两项指标由于各城市均不披露原始数据，只披露结果，我们无从探究这些数据的可靠性。

第四节　环境治理响应指数评价

本书构建了"环境治理投入""环境信息公开""环境公众参与"3个（分）指数，并以熵值法确定权重，将其合成为环境治理响应指数。计算环境治理响应指数所需数据来自所涉及城市 2013—2015 年统计年鉴、2012—2014 年"国民经济和社会发展统计公报"、2012—2014年环保局信息公开工作年度报告和环保局官方微博，以及 2013—2015 年中国城市统计年鉴和环保部网站。2012—2014 年，29 个长江经济带沿岸城市环境治理响应指数的计算结果如图 6 - 19 至图 6 - 22 所示，本书据此加以分析。

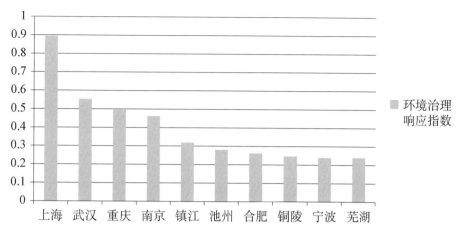

图 6-19　2014 年长江经济带沿岸城市环境治理响应指数前 10 名

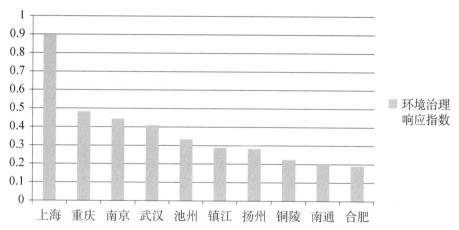

图 6-20　2013 年长江经济带沿岸城市环境治理响应指数前 10 名

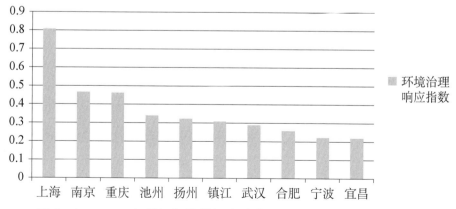

图 6-21　2012 年长江经济带沿岸城市环境治理响应指数前 10 名

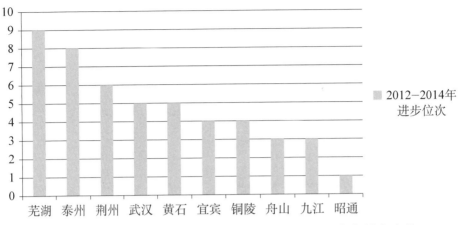

图 6‑22　长江经济带沿岸部分城市环境治理响应指数排名变化

一、总体评价

图 6‑19 显示,2014 年,上海、武汉、重庆、南京 4 个中心城市的环境治理响应指数(表征响应指面对各种挑战的环境管理能力)在 29 个城市中名列前茅,宁波亦进入前 10;排名前 10 的城市中,池州、铜陵、芜湖等在所选样本中规模处于中下游的城市同样有较好表现。这说明只要当地政府足够重视,即便这些城市的整体经济实力在所选样本中相对较小,在环境管理的某些方面(如池州和铜陵在环境公众参与方面,芜湖在环境信息公开方面)仍然可做出较好成绩。此外,就环境治理投入而言,池州的每万人环保从业人员数,铜陵的每万人环保从业人员数和排水管网密度(表征截污纳管的水平)相对较高,也构成其环境治理响应指数排名靠前的原因之一。

从排名的年度变化趋势来看(见图 6‑19 至图 6‑22),上海、重庆、南京等大多数城市 3 年来的排名保持稳定或基本稳定,武汉、铜陵、荆州、芜湖、泰州、宜宾等城市有显著进步。武汉等 6 个城市排名上升的原因主要源于环境信息公开和环保公众参与方面的成绩:武汉、芜湖、宜宾在环境信息公开和环境公众参与两方面都有明显进步,铜陵和荆州在环境信息公开方面有较大进步,泰州在环保公众参与方面有较大进步。

二、各细分指数分析

环境治理响应指数由环境治理投入指数、环境信息公开指数和环境公众参与指数构成,下面分别对长江经济带各沿岸城市在这些细分指数上的表现加以分析。

（一）环境治理投入指数分析

2014 年,长江经济带沿岸城市环境治理投入指数的测算结果及2012—2014 年其中部分城市的排名变化如图 6-23 和图 6-24 所示。上海、南京、武汉等城市排名靠前符合人们一般的预期,而其他排名进入前十的城市在某些单项指标上有其领先之处。如镇江与合肥对单位污水的治理投入较高,舟山、池州、铜陵单位人口的环保从业人员较多,芜湖截污纳管工作做得较好。有些城市总的环境治理投入未必高,但由于废水排放总量、人口总量这些基数比较低,环境治理投入除以这些基数后,得到的单位废水排放或单位人口的投入额就比较大,如攀枝花。

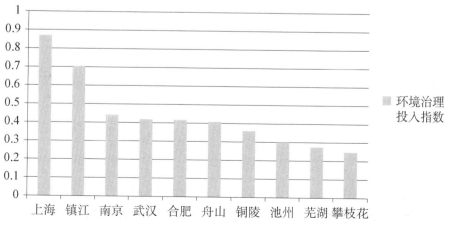

图 6-23　2014 年长江经济带沿岸城市环境治理投入指数前 10 名

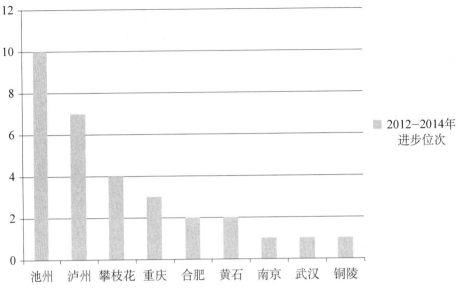

图 6 - 24 长江经济带沿岸部分城市环境治理投入指数排名变化

2012—2014 年间,池州、泸州等城市在环境治理投入方面进步较大。池州的进步主要体现在环保从业人数的增加,泸州的进步主要体现在污水治理投入的增多,而攀枝花在这两方面都有所进步。

(二) 环境信息公开指数分析

2014 年,长江经济带沿岸城市环境信息公开指数测算结果及其中部分城市 2012—2014 年排名及变化如图 6 - 25 和图 6 - 26 所示。

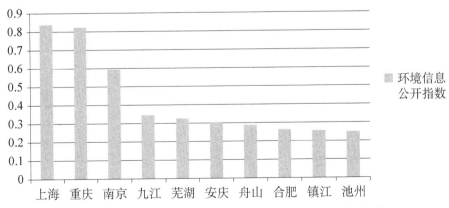

图 6 - 25 2014 年长江经济带沿岸城市环境信息公开指数前 10 名

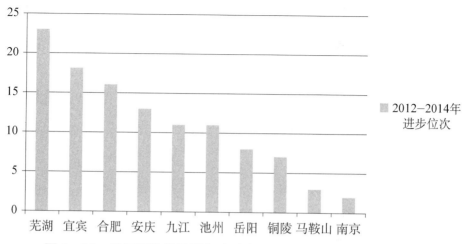

图 6-26 长江经济带沿岸部分城市环境信息公开指数排名变化

芜湖、宜宾、合肥等城市进步较大,这些城市近年来增强了支持信息公开的信息基础设施建设,例如,在线监测的数据传输有效率都大有提高。

(三)环境公众参与指数分析

2014 年,长江经济带沿岸城市环境公众参与指数测算结果及其中部分城市 2012—2014 年排名及变化如图 6-27 和图 6-28 所示。上海、武汉、重庆、南京等中心城市一向重视环境公众参与,例如,这

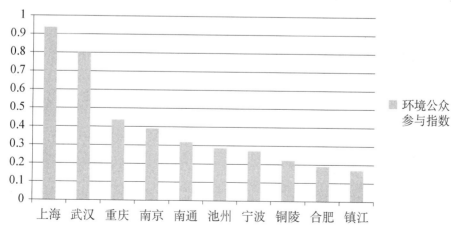

图 6-27 2014 年长江经济带沿岸城市环境公众参与指数前 10 名

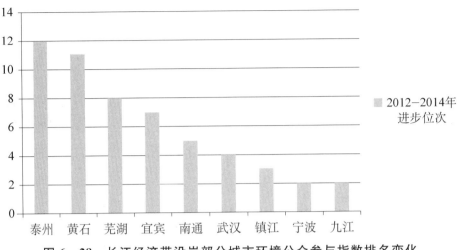

图 6 - 28　长江经济带沿岸部分城市环境公众参与指数排名变化

些城市都较早地开通环保局官方微博和微信公众号,作为密切和公众互动的渠道。2014 年,武汉环保局官方微博发帖数有 6 000 多条,上海和重庆环保局官方微博发帖数有 4 000 多条,并与网友积极互动。由此可见一斑,这些城市都注重此类渠道的建设和运用,包括诸多环保类 App(手机软件)等互动渠道的开发。

2012—2014 年,泰州、黄石、芜湖、宜宾等城市在环境公众参与方面进步较大。泰州和黄石近年来着力完善环保局官方微博之类新型的公众互动渠道,芜湖在环保局官方网站等传统的公众互动渠道上着力较多,而宜宾在这两方面都有一定进步。

三、分组分析

笔者将 29 个城市分别按地域、经济发展水平、产业结构、城市化率分组加以分析,以探究这些因素是否会对城市的环境治理响应指数或环境管理能力产生影响。

(一) 按地域分组

江浙沪 8 城市、皖赣 7 城市、长江中游(两湖)8 城市、长江上游

(云贵川渝)6 城市 2014 年环境治理响应指数的平均值分别为 0.336 7、0.211 4、0.153 4、0.152 2；江浙沪区域明显好于其他 3 个区域，皖赣区域次之，长江中游区域和长江上游区域持平。如去掉上海、南京、武汉、重庆 4 个中心城市进行比较，江浙沪 6 城市、皖赣 7 城市、长江中游 7 城市、长江上游 5 城市 2014 年环境治理响应指数的平均值分别为 0.223 3、0.211 4、0.096 7、0.083 5；江浙沪和皖赣区域持平，说明前者的优势在于有上海、南京这样表现优异的特大型城市，单就规模相对中等或较小的城市进行比较，皖赣区域并不逊于江浙沪区域；但长江下游(九江及其以东)的环境治理响应指数明显好于长江中上游。就上海、南京、武汉、重庆 4 个中心城市而言，除上海表现特别好以外，长江下游、中游、上游的 3 个中心城市环境治理响应指数相差不大。

（二）按经济发展水平分组

笔者将 29 个长江经济带沿岸城市按照人均 GDP 分组(如表 6-7 所示)加以分析，发现"9 万元以上"组、"6—9 万元"组、"3—6 万元"组、"3 万元以下"组 2014 年环境治理响应指数的平均值分别为 0.451 1、0.184 2、0.166 9、0.089 3。初步可以看出，除了人均 GDP "最高"组和"最低"组确实会因为人均 GDP 的高低而在环境管理方面表现得特别好或特别差，其他两组的环境管理能力未因人均 GDP 不同而表现出差异。

表 6-7　29 城市按人均 GDP 分组

2014 年人均 GDP	城　　　市
9 万元以上	南京、镇江、宁波、武汉、铜陵、上海
6—9 万元	舟山、扬州、南通、宜昌、泰州、攀枝花、合肥、鄂州、芜湖
3—6 万元	马鞍山、重庆、黄石、岳阳、咸宁、九江、池州、宜宾、遵义
3 万元以下	泸州、安庆、荆州、黄冈、昭通

（三）按产业结构分组

笔者将 29 个长江经济带沿岸城市按照三产比重分组（见表 6-8）加以分析，发现"45％以上"组、"35—45％"组、"30—35％"组、"30％以下"组 2014 年环境治理响应指数的平均值分别为 0.486 6、0.173 4、0.123 0、0.133 1。据此初步判断，在三产比重达到 35％以上时，呈现出三产比重越高环境管理能力越强的迹象；而在三产比重处于 35％以下时，环境管理能力强弱与三产比重基本无相关性。用 Excel 2007 软件计算得到的结果印证了这一点：在三产比重大于 35％的城市中，环境治理响应指数与三产比重的相关系数 R 为 0.889 5；而在三产比重低于 35％的城市中，两者之间的相关系数 R 绝对值仅为 0.079 1。

表 6-8　29 城市按三产比重分组

2014 年三产比重	城　　市
45％以上	上海、南京、武汉、舟山、重庆、镇江
35～45％	宁波、扬州、南通、泰州、遵义、池州、合肥、九江、黄冈、岳阳
30～35％	咸宁、黄石、荆州、马鞍山、安庆、芜湖、昭通
30％以下	宜昌、鄂州、泸州、铜陵、宜宾、攀枝花

（四）按城市化率分组

笔者将 29 个长江经济带沿岸城市按照城市化率分组（见表 6-9）加以分析，发现"70％以上"组、"60—70％"组、"45—60％"组、"45％以下"组 2014 年环境治理响应指数的平均值分别为 0.459 6、0.188 9、0.229 5、0.066 3。据此初步判断，除了城市化率特别高或特别低的地方，人口向城区集聚确实有利于提高环境管理能力，在城市化率居于中游的地方，城市化率和环境管理能力之间并无显著相关性。例如,因为有广大农村地区的存在,重庆和武汉的城市化率并不高;但它们的环境治理响应指数仍然很高,或曰环境管理能力仍然很强。

表 6 – 9　29 城市按城市化率分组

2014 年城市化率	城　　　市
70％以上	上海、南京、铜陵、宁波
60—70％	合肥、镇江、舟山、攀枝花、马鞍山、鄂州、扬州、南通、黄石、芜湖、泰州
45—60％	重庆、宜昌、武汉、岳阳、池州、荆州、九江、安庆、咸宁
45％以下	泸州、宜宾、遵义、黄冈、昭通

第五节　长江沿岸城市环境绩效优化建议

一、加强流域生态系统保护合作

长江经济带沿岸城市生态环境既各有特点,又相互关联,是一个统一的整体。近年来沿岸城市在生态系统健康方面的差距有一定程度的扩大,说明长江经济带沿江城市经济发展与生态系统保护没有实现协调发展,必须从流域合作出发,因地制宜保护生态系统健康。

(一)构建流域生态系统保护合作机制

长江中上游城市生态系统健康水平总体上要高于下游城市,上游地区生态修复和环境治理对改善下游地区生态系统状况具有积极意义,因此,需要建立健全流域生态补偿机制,提升生态系统保护者的积极性,构建上下游合作机制,优化流域生态系统功能定位,并以此建立相应的绩效考核体系。

（二）防止产业转移带来的污染转移

长江沿岸下游城市生态环境压力主要来自城市化、工业生产等，上游城市生态环境压力主要来自资源开采、资源消耗等领域。随着东部地区产业向中西部地区转移，长江中游城市承接产业转移所带来的生态环境压力必然会有不同程度增加。因此，必须注意防止伴随产业转移的污染转移，在产业承接与环境保护之间寻求平衡，重点在于中上游城市群应严格控制，建立区域统一的环保标准，严禁污染产业转入，让高能耗高污染企业无立足之地。同时建立领导干部环境绩效考核体系，提升地方政府在引进产业时的责任心。

（三）基于主体功能区制定沿岸城市生态系统保护措施

对于下游城市群，按照国家优化开发区域的发展要求，优化人口与产业布局，促进产业升级，提升城市科技创新能力，加强生态环境修复与治理，改善区域大气环境质量和水环境质量，提高城市生态系统健康水平。对中游城市群，按照重点开发区域的发展要求，降低城市化和工业化对生态系统健康的影响，以资源环境容量约束经济发展，努力提高环境质量。对于上游城市群，应按照限制开发区域发展要求，重点以保护和修复生态环境为首要任务，因地制宜发展生态产业、绿色产业，减少对自然生态系统的负面影响。对于上游地区的禁止开发区域，禁止不符合主体功能定位的开发活动，确保生态系统健康稳定。

二、因地制宜提升长江沿岸城市绿色经济活力

（一）长江中游城市协调发展迫在眉睫

从地理上看，属于长江中游城市群的城市有 9 个，其中纳入武汉

城市圈的城市有 5 个,分别是武汉、黄石、鄂州、咸宁、黄冈。从主要指标评价结果可以发现,无论是长江中游城市群,还是武汉城市圈,都存在着非常严重的首位城市首位度过高的现象。武汉城市圈中武汉为中心城市,黄石为副中心城市。在经济增长领先的主要指标中,武汉市均大幅领先黄石市。如武汉市的人均 GDP、劳动生产率是黄石市的 2 倍左右,高加工度工业比重也是 3 倍有余,单位土地产出是黄石的 4.5 倍,万人发明专利拥有量则是近 13 倍。在工业的资源环境效率指标中,武汉市单位污染物排放所创造的工业增加值也远远领先于黄石市,其中单位工业固体废弃物的经济效率领先幅度最大,单位 COD 排放量的效率领先幅度相对较小,但也达到近 2.5 倍。可见在武汉城市圈中,不仅在经济发展的水平方面,武汉市一城独大,同时尽管武汉市工业结构较重,但还是体现出较强的环境集约发展能力。这也从侧面说明武汉市在城市圈中存在虹吸效应,对城市圈资源的吸纳大于带动。我们的指标数据也显示,武汉市经济发展首位度过高的局面给武汉市带来了一定的负面影响,武汉公共医疗、公共环境服务的共享水平仅和黄石市相当。未来武汉市作为都市圈核心城市,应推动产业结构进一步高端化,大力发展产业链高端高效环节,向都市圈内逐步疏解部分产业链中间环节和配套支持产业。武汉都市圈及中游其他城市应形成次区域合作,完善武汉城市圈及中游城市群协调发展机制,健全经济要素优化配置机制。

(二)长江上游城市着重提升要素效率

本书评价的长江上游城市共有 6 个,分别是重庆市,四川省泸州、宜宾、攀枝花,云南省昭通市,贵州省遵义市。尽管上游城市数量较少,分散地分布于各省中,但还是存在一些相似的特征。相比下游,上游城市经济总量较小,工业化进展较慢,这固然是受到区位特征及国家区域经济发展战略的影响,但上游城市普遍显示出经济发展要素效率过低的问题,如上游城市的劳动力效率最高的是攀枝花,其数值基本相当于下游最高城市的 1/2；从技术创新效率来看，万人发明专利拥有量最高的重庆市是上海的 1/6；土地产出效率最高的攀枝花和泸州市，仅为上海的 1/30，南京和武汉的 1/10。如果我们把环境排放也作为一种要素资源，上游地区的环境要素效率也是非常低的。如上游各城市中单位工业 SO_2 排放创造的工业增加值最高的是泸州市，但其数值只有上海和武汉的 1/2；上游工业化学需氧量 COD 排放的效率相对较高的是重庆市，但只有上海和武汉数值的近 1/3。未来上游城市应改善公共基础设施和公共服务水平，承接下游及中游低污染、较高附加值产业转移。优势产业和特色经济发展中注重在当地延伸拓展产业链，提升产业附加值。完善生态补偿机制，将上游地区生态保护和生态修复的外部收益内部化。探索完善自然资本投资机制，使涵养水源、水源地保护、生态林建设等生态系统服务重建工作能够产生与之匹配的经济效益。

（三）合肥都市圈发挥承下启中、承东启西的节点作用

根据《长江三角洲发展规划》，合肥都市圈与南京都市圈、杭州都市圈、苏锡常都市圈、宁波都市圈，共同构成了长三角"一核五圈四带"中的"五圈"空间格局。同时要建设以上海为中心、宁杭合为支点、其他城市为节点的网络化创新体系。可见合肥市在长三角中的地位与南京、杭州相较，是区域中心城市，区域创新支点城市。合肥都市圈通过皖江城市带承接产业转移示范区、合芜蚌自主创新综合试验区等的建设，取得了长足的发展。尤其是合肥市在工业发展领域，如工业结构高度化、工业环境效率指标都在整个长江沿岸城市中处于前列。但无论经济发展的总量、效益或是服务经济发展水平，合肥都市圈的现状发展水平都与其规划地位还相距甚远。未来合肥都市圈应充分发挥在长江流域承下启中、区域经济承东启西的区位资源优势，在承接产业转移中注重聚集人才、科技等要素资源，承接区域总部等价值链高端功能，逐步向服务经济为主的产业结构演进。

并提升合肥辐射带动功能,带动安庆、池州甚至黄冈、黄石、九江等长江中游城市的发展,打造新的区域经济引擎。

三、创新长江沿岸城市环境治理路径

根据测评的结果,环境公众参与和环境信息公开两个分指数在环境治理响应指数中权重较高,因此,创新公众参与和信息公开方式是提高环境治理能力的有效手段。此外,还需要借助合适的机制或抓手整合多个邻近城市和多个部门的力量。

(一)创新公众参与和信息公开的方式

本次长江经济带沿岸城市环境治理响应指数测评显示,环境公众参与和环境信息公开对提升环境治理能力有重要意义,环境公众参与和环境信息公开两个分指数的权重分别达到 0.477 6 和 0.290 0(三个分指数中,环境治理投入的权重只有 0.232 3)。因此,要提高环境治理能力,各城市应开展各种公众参与和信息公开方式的创新,也可以总结长江沿岸城市中环境公众参与和环境信息公开的优秀案例加以推广。

1. 将环境公众参与和"公开问政＋官员问责"等活动结合起来

例如,从 2011 年开始,武汉市每年通过各种渠道征集市民意见,确定"十个突出问题",借助电视问政等渠道,将公众意见转化为对有关部门的压力,要求其整改;若整改不力,将由纪委等加以问责,形成刚性约束[①]。2015 年为解决"十个突出问题"举行了 12 场电视问政,问责 437 人,其中 89 人和 348 人分别受到纪律处分和组织处理;当年的"十个突出问题"有两项与环境保护相关——企业违法排污整治

---

① 刘春燕.武汉承诺今年整改十大突出问题[EB\OL].[2015 - 03 - 14]. http：//news. cnhubei. com/ctdsb/ctdsbsgk/ctdsb04/201503/t3205822. shtml

和农村污染治理①。

2. 在政府部门开展"环保公众开放周"活动,在重点企业中推广"环保公众开放日"活动

如重庆市 2015 年开展首届"环保公众开放周"活动,40 个区县每个举办 5 场公众参观活动,参观地点为环境监测站、污水处理厂、垃圾处理场、环境应急或风险防控体系、重点污染整治工程等;每场活动组织约 50 人参观,其中约一半为普通民众代表,1/5 为媒体代表,余下的为两会代表委员。建议长江沿岸城市环保部门仿效这一做法,同时要求重点企业开展"环保公众开放日"活动;可开列两份重点企业名单,当地最重要的或环境影响最大的企业强制要求其开展,次之的企业鼓励其开展。

3. 形成制度化的公众或市民环保监督员机制

建议由半官方或得到政府信任的环保组织负责招募民间环保监督员,形成常态化、有章可循的工作机制,如宁波市环境保护促进会自 2015 年开始所开展的那样。其他浙江城市如杭州也早已有"民间河长"等类似的工作机制,此类机制还可以同"阳光排口"(企业排污口设置在其围墙之外)等做法结合起来。

4. 推广应用环境信息公开 App(手机软件)

现在的年轻群体习惯于使用 App,中老年人群中使用 App 者也越来越多,建议长江沿岸城市环保部门更多采用 App 发布环境信息,并以此为平台接受公众意见并汇总到有关部门。上海、杭州等发达地区城市在此方面走在前列,上海于 2012 年 12 月推出"上海空气质量"App,杭州于 2015 年 6 月推出"杭州市河道水质"App,该 App还与"五水共治"、河长制等机制结合起来,公布每段河道河长的基本信息和联系方式,方便公众投诉。

---

① 朱德华.快讯:2016 年武汉市"十个突出问题"出炉[EB\OL].[2016-03-04].http://news.cjn.cn/24hour/wh24/201603/t2791336.htm

（二）开展重大环保事项社会稳定风险评估

长江沿岸城市环保部门应积极推广"重大环保事项社会稳定风险评估"机制或做法，将其作为一种及时了解公众意见的渠道，对一些与环境相关的社会矛盾，做到防患于未然。上海、南京、武汉、重庆等中心城市在2010年前后都已出台重大项目或事项社会稳定风险评估办法①，在本次环境治理响应指数测评中排名靠后的咸宁市也于2015年发布了相关实施意见，并建立了配套的矛盾纠纷调处制度。

（三）推广都市圈环境合作模式

武汉、南京、杭州等中心城市借助都市圈环境合作机制在解决跨境污染问题方面取得了一定成效，建议长江沿岸其他中心城市可以采用以下两种方式之一开展都市圈环境合作：一种是利用省会城市地位或者借助省环保厅乃至环保部的力量，将周边城市组织起来，如南京、武汉那样；另一种是抓住邻省有意与本市对接的契机，借助邻省省政府的力量敦促周边城市与己合作，如重庆市可采用此方法与四川省的相关城市合作。当然，跨界环境合作需要一定的经济激励机制，如江苏太湖水系、贵州赤水河流域等实行的流域双向生态补偿机制激励上游加强环保工作，对下游而言减少了输入型污染。

（四）以适当抓手促多部门合作

环境保护工作需要多部门共同努力，才能发挥较大效力，关键是要找到适当抓手调动、整合多部门力量，如浙江各城市的"五水共治"与河长制（当地党委或政府一把手承担治理某一段河道的责任，并动

---

① 李文涛，张明颖.上海重大事项社会稳定风险评估完善建议[J].上海船舶运输科学研究所学报，2015,38(4)：87—92.

用其权限要求辖区内各部门配合）、上海的环境保护和环境建设协调推进委员会、合肥的全市环保调度会等机制都可推广。

（五）推广建立环境资源法庭

2013年以来，环境司法联动对提高环境执法的震慑力发挥了积极作用，建议下一步将推广建立环境资源法庭当作环境司法联动的重点工作之一。如重庆市自2012年1月至2016年5月建立了11个环境资源法庭，审结案件2 622个，近千名被告被追究刑事责任，有效震慑与吓阻了环境违法行为。① 相比之下，长江沿岸其他城市——包括一些中心城市——需要在这方面急起直追。

---

① 世界环境日　我市已设立11个环境资源审判庭［EB\OL］．［2016－06－05］．http：//news.cbg.cn/cqxwlb/2016/0605/3632629.shtml

第七章

长三角"15+1"城市环境绩效评价

　　长三角城市群是我国工业化和城市化最高的地区之一,资源能源消耗大,环境污染压力也居高不下。随着城市经济水平的提升,长三角"15＋1"城市在绿色发展和环境管理方面的投入与创新力度不断加大,城市环境绩效水平也随着经济发展水平的提升而不断得到改善,为生态环境治理带来了机遇和希望。长三角各城市间环境绩效水平存在明显差异,上海、南京、杭州环境绩效水平远大于长三角城市群的平均水平。长三角"15＋1"城市环境绩效具有明显的空间集聚特点,环境绩效水平相近的城市在空间分布上也较为集中。在当前环境保护普遍受到重视的背景下,各个城市均采取有效措施加强环境治理,逐步提升环境绩效水平,16个城市间环境绩效差距表现出缩小的态势。经济发展水平、城市化水平和第三产业占比越高的城市,其城市环境绩效指数也越高。

　　在生态系统健康方面,长三角城市群南部和北部的城市生态系统健康指数得分较高,长三角城市群中部地区的城市生态系统健康指数得分较低,2012—2014年间16个城市在生态系统健康领域的差距有一定程度的扩大。长三角"15＋1"城市对生态系统的负面影响主要来自经济增长,经济增长与生态环境保护尚未实现协调发展,城市建设也对生态环境产生了负面影响。在绿色经济活力方面,长三角"15＋1"城市绿色经济活力指数得分呈现显著的梯级分布格局,上海一枝独秀,南京、杭州两个省会城市实力相当,无锡、苏州、常州三市位于第三梯队,其后城市处在第四梯队。在环境治理响应方面,长三角"15＋1"城市环境治理响应指数呈现出明显的分级特征,在空间上又可分为上海组团、南京组团、杭州组团。环境治理响应是受经济发展水平、制度完善程度等多方面因素综合影响的结果,由于各种影响因素的差异,长三角各城市环境治理响应在各领域的表现存在明显的差异。

第一节　长三角"15＋1"城市环境绩效总体评价

从生态系统健康、绿色发展活力以及环境治理响应3个方面出发,对长三角"15＋1"城市环境绩效进行评价。2014年,长三角"15＋1"城市环境绩效指数排在前5位的城市是上海、杭州、南京、苏州、镇江。

区域中心城市环境绩效水平较高。长三角各城市间环境绩效水平存在明显差异,上海、南京、杭州环境绩效水平远大于长三角城市群的平均水平。苏州、宁波区域性中心城市环境绩效同样处于较高水平,说明不同等级和规模城市间环境绩效还存在较大差距。2014年仅有7个城市环境绩效得分高于16个城市的平均水平,其中上海市环境绩效得分在16个城市中最高,与其他城市相比具有明显的优势,反映了各个城市环境绩效发展水平尚有一定差距。

从空间分布来看,长三角"15＋1"城市环境绩效具有明显的空间集聚特点,环境绩效水平相近的城市在空间分布上也较为集中,总体上表现为上海＞苏南城市＞苏中城市＞环杭州城市,反映了长三角城市群环境绩效与城市的地理位置具有一定的关系。一方面,相邻的城市经济社会发展水平差距较小,城市发展过程中面临的生态环境压力、生态环境风险、绿色发展效率等因素相近,城市环境治理投入、环境治理能力均处于相当水平,并在上一级政府指导下开展环境治理合作,环境治理具有一定的协同性;另一方面,相邻的城市面临的生态环境问题也很相似,空气质量、水环境质量的关联性较强,这也使得相邻城市环境绩效也处于相当水平。

通过比较2012—2014年长三角"15＋1"城市环境绩效指数排名情况可以看出,长三角"15＋1"城市环境绩效排序较为稳定,上海、杭州、南京、苏州等城市历年均排在前5位,其中上海、南京、杭州环境绩效水平历年均处于前3名。2012—2014年,长三角"15＋1"城市环境绩效指数最大值与最小值比值分别为2.57、2.56、2.37,最大值与最小值比值有变小的趋势,反映了在当前环境保护普遍受到重视的背景下,各个城市均采取有效措施加强环境治理,逐步提升环境绩效水平,16个城市间环境绩效差距表现出缩小的态势。

表7－1　2012—2014年长江经济带沿江城市环境绩效指数前5名城市

2012 年		2013 年		2014 年	
城市	分值	城市	分值	城市	分值
上海	0.695	上海	0.711	上海	0.697
南京	0.526	杭州	0.537	杭州	0.571
杭州	0.524	南京	0.532	南京	0.506
苏州	0.502	常州	0.492	苏州	0.459
无锡	0.419	苏州	0.471	镇江	0.435

从城市经济发展水平来看,长三角城市群各城市环境绩效与经济发展水平密切相关,制作各城市环境绩效指数和人均GDP散点图,可以看出城市环境绩效指数和人均GDP呈正相关关系,虽然相关系数不高,仅为0.315,但也反映了人均GDP越高的城市其环境绩效水平也相对较高的趋势。上海、杭州、南京、苏州等经济发展水平

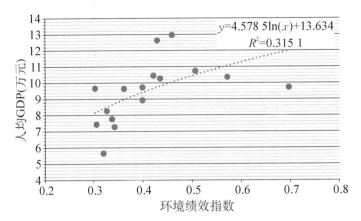

图 7－1 2014 年长三角"15＋1"城市人均 GDP 和环境绩
效指数的关系

较高的城市,环境绩效指数得分也处于相对较高的水平。对比各城市环境绩效指数和人均 GDP 情况,城市人均 GDP 在 9.7 万元以上的城市,其环境绩效指数得分高于 16 个城市的平均水平,这在一定程度上可以说明人均 GDP9.7 万元是长三角城市环境绩效发展的分界线。说明随着城市经济水平的提升,城市在绿色发展和环境治理方面的投入与创新力度不断加大,有助于改善城市生态环境状况。

从各城市的城市化水平来看,长三角城市群各城市环境绩效与城市化率密切相关,从图 7－2 可以看出,各城市环境绩效指数和城市化率呈正相关,相关系数达到 0.7,总体上城市化率越高的城市其环境绩效水平也相对较高。上海、杭州、南京、苏州等城市化水平较高的城市,环境绩效指数得分也处于相对较高的水平。对比各城市环境绩效指数和城市化率分布情况,城市化率在 70％以上的城市,其环境绩效指数得分高于 16 个城市的平均水平,这在一定程度上可以说明 70％的城市化率是长三角城市环境绩效发展的分界线。环境绩效指数和城市化率的对比情况,说明城市环境绩效是随着城市化发展水平正向发展的。虽然随着城市化水平不断上升,城市化质量不断提高,城市化过程会产生资源过度消耗、环境污染、生境退化等问

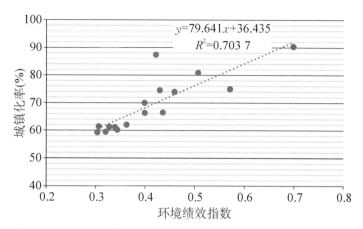

图 7 - 2　**2014 年长三角"15＋1"城市环境绩效指数和城市化率的关系**

题,带来生态环境压力,但城市化水平的提升,使得城市环境治理技术、环境治理意识等都同步提升,城市的产业转型绿色发展等均能有效提升环境绩效水平。

　　从各城市的产业结构来看,长三角城市群各城市环境绩效与产业结构密切相关,图 7 - 3 显示,各城市环境绩效指数和第三产业所占比重呈较强的正相关,相关系数达到 0.9,总体上第三产业所占比重越高的城市其环境绩效水平也相对较高。上海、杭州、南京等第三产业所占比重较高的城市,环境绩效指数得分也处于相对较高的水平,对比各城市环境绩效指数和第三产业所占比重的分布情况,第三产业所占比重在 48% 以上的城市,其环境绩效指数得分高于 16 个城市的平均水平,这在一定程度上反映了 48% 的三产比重是长三角城市环境绩效发展的分界线。环境绩效指数和第三产业所占比重的对比情况,说明城市环境绩效是随着城市产业结构升级正向演进的。随着城市规模不断扩大,生态环境压力日益增大,需要转变经济发展方式,促进产业转型升级,这些都需要第三产业的支撑。第三产业所占比重增加意味着城市产业结构在优化,高污染、高能耗产业比重下降,从源头减缓城市生态环境压力。

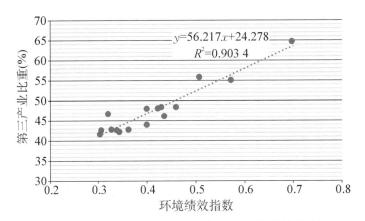

图 7 - 3　2014 年长三角"15＋1"城市环境绩效指数和三
产比重的关系

第二节　生态系统健康评价

从生态环境质量、生态环境压力以及环境风险可控 3 个方面出发，对长三角"15＋1"城市生态系统健康进行评价。2014 年，长三角"15＋1"城市生态系统健康指数得分前 5 位城市分别是泰州、台州、舟山、南通、宁波。生态系统健康指数得分较高的城市在空间上也较为集中，从图 7 - 4 可以看出，16 个城市中生态系统健康指数得分较高的城市主要分布在长三角城市群的南部地区和北部地区，生态系统健康指数得分较低的城市则位于长三角城市群的中部地区。

通过比较 2012—2014 年长三角"15＋1"城市生态系统健康指数排名情况，可以看出长三角"15＋1"城市生态系统健康排序较为稳定，历年来泰州、台州、舟山、宁波、扬州等城市都排在前列。2012—2014 年 16 个城市生态系统健康指数最大值与最小值比值分别为 1.57、1.73、1.71，最大值与最小值比值有一定幅度的增长，说明 16 个城市在生态系统健康领域的差距有一定程度的扩大，这样说明长三角开展环境治理协作非常必要。

城市生态系统健康指数得分
- <0.523
- 0.523~0.609
- 0.609~0.633
- >=0.633

图 7－4　2014 年长三角"15＋1"城市生态系统健康指数得分分布

表 7－2　2012—2014 年长三角"15＋1"城市生态系统健康指数前 5 名城市

2012 年		2013 年		2014 年	
城市	分值	城市	分值	城市	分值
台州	0.704	泰州	0.750	泰州	0.722
泰州	0.690	台州	0.695	台州	0.683
镇江	0.676	扬州	0.662	舟山	0.653
宁波	0.659	舟山	0.662	南通	0.636
扬州	0.657	宁波	0.658	宁波	0.633

　　从长三角"15＋1"城市人均 GDP 和生态系统健康指数得分来看,总体上人均 GDP 较高的城市,其生态系统健康指数得分较低。从图 7－5 可见,长三角城市人均 GDP 和生态系统健康指数呈现出一定的负相关关系,相关系数为 0.445。南京、杭州、上海、苏州等人

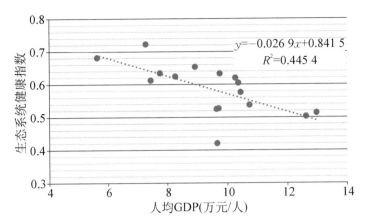

图 7 - 5　2014 年长三角"15＋1"城市人均 GDP 和生态系
统健康指数的关系

均 GDP 相对较高的城市,生态系统健康指数得分则低于平均水平以下,而泰州、台州等人均 GDP 相对较低的城市,生态系统健康指数得分总体上高于平均水平,反映了长三角"15＋1"城市对生态系统的负面影响主要来自经济增长,经济增长与生态环境保护尚未实现协调发展。

　　从长三角"15＋1"城市城镇化率和生态系统健康指数得分来看,总体上城镇化率对生态系统健康的影响并不是十分显著,从图 7 - 6 中可以看出,相关系数仅为 0.117,原因在于长三角地区是我国城镇

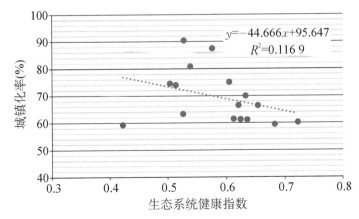

图 7 - 6　2014 年长三角"15＋1"城市城镇化率和生态系统
健康指数的关系

化水平较高的地区之一,区内各个城市城镇化水平差距并不突出。即使如此,杭州、南京、上海等城镇化水平高的城市,其生态系统健康得分低于16个城市的平均水平,在长三角这样一个经济发展水平较为发达的区域内部,城市化水平对城市生态系统健康的影响仍有所差异,在一定程度上也反映了经济发展和城市建设对生态环境产生的负面影响。

一、生态环境质量指数

长三角"15＋1"城市间生态环境质量存在差异,2014年排在前5位的城市是舟山、台州、宁波、泰州、镇江,而且"15＋1"城市生态环境质量良好的城市具有一定的稳定性。从总体比较来看,在空间上,沿海城市生态环境质量要好于内陆城市。南京、扬州、镇江、南通等沿江城市的空气质量低于其他城市,16个城市地表水水质差异较大,浙江省各城市森林覆盖率普遍要高于其他地区城市,这些因素均对各城市生态环境质量差距产生影响。

2012—2014年,16个城市生态环境质量指数最大值与最小值比值分别为2.19、3.13、2.10,最大值与最小值比值波动较大,反映了16个城市间生态环境质量差距年度变动幅度较大,在一定程度上反映当前环境治理取得的效果尚不稳定,环境治理效果还需要进一步加强和巩固。

表7－3　2012—2014年长三角"15＋1"城市生态环境质量指数前5名城市

2012 年		2013 年		2014 年	
城市	分值	城市	分值	城市	分值
舟山	0.664	舟山	0.683	舟山	0.605
台州	0.642	台州	0.615	台州	0.577
泰州	0.582	泰州	0.597	宁波	0.539

（续表）

2012 年		2013 年		2014 年	
城市	分值	城市	分值	城市	分值
镇江	0.579	湖州	0.57	泰州	0.538
杭州	0.551	宁波	0.569	镇江	0.535

二、生态环境压力指数

经过数据处理,指数得分越高的城市其生态环境压力越小。2014 年,长三角城市生态环境压力指数得分排在前 5 位的城市分别是常州、南通、湖州、台州、无锡,而且生态环境压力较小的城市具有一定的稳定性。各城市生态环境压力尚存在一定的差距,仅有 9 个城市高于平均水平,虽然长三角各城市空间相邻,但由于经济社会发展水平和城市化水平不同,各个城市所面临的生态环境压力程度也有一定差距。

表 7－4　2012—2014 年长三角"15＋1"城市生态环境压力指数前 5 名城市

2012 年		2013 年		2014 年	
城市	分值	城市	分值	城市	分值
常州	0.761	常州	0.78	常州	0.774
无锡	0.752	无锡	0.741	南通	0.734
湖州	0.747	湖州	0.728	湖州	0.728
泰州	0.738	台州	0.715	台州	0.722
镇江	0.713	镇江	0.714	无锡	0.704

长三角"15＋1"城市生态环境压力主要来自资源能源消耗和污染物的排放。生态环境压力高的城市,其单位面积水资源和能源消耗量要高于其他城市,单位面积工业污染物排放量也同样高于其他

城市。近几十年城市化和工业化的快速发展，一些城市污染物排放已经接近甚至超出城市环境容量的合理承载范围，而目前产业结构转型升级过程仍在进行，经济活动对生态环境产生的压力仍在高位运行，这就要求生态环境压力高的城市在保持城市发展的同时，加强节能减排工作，根据城市的环境容量和资源承载力设计经济活动的规模和结构。

2012—2014年，16个城市生态环境压力指数最大值与最小值比值分别为1.54、2.10、1.49，最大值与最小值比值在波动变化，16个城市的生态环境压力差距尚没有得到有效改善，生态环境压力仍是长三角"15＋1"城市面临的共同问题，随着城市规模的不断扩大，长三角各城市的可持续发展都面临很大的生态环境压力，各城市间必须加强环境治理合作，互通有无，共同应对生态环境压力带来的挑战。

三、环境风险可控指数

2014年，长三角"15＋1"城市环境风险可控指数排在前5位的是泰州、扬州、台州、宁波、南通。2012—2014年，长三角环境风险可控指数得分较高的城市同样具有一定的稳定性。长三角"15＋1"城市之间环境风险可控指数差距较为明显，2014年仅有7个城市处于平均水平以上。2012—2014年，16个城市环境风险可控指数最大值与最小值比值分别为1.93、2.06、1.89，最大值与最小值比值在波动变化，说明16个城市在环境风险可控领域的差距一直在变化之中，关系并不稳定，在一定程度上反映了长三角各个城市对环境风险的重视程度没有得到同等发展。

长三角"15＋1"环境风险可控情况较好的城市特点集中在环境风险源数量少、工业危险废弃物占比较低、城市人口密度较低等方面，这些城市环境风险可控指数得分往往大幅高于16个城市的平均水平;而一些城市环境风险源数量相对较多,危险废弃物占比较高,城市人口密度偏高,环境风险可控指数得分低于 16 个城市的平均水平。

表7-5　2012—2014 年长三角"15+1"城市环境风险可控指数前 5 名城市

2012 年		2013 年		2014 年	
城市	分值	城市	分值	城市	分值
扬州	0.800	泰州	0.858	泰州	0.845
宁波	0.770	扬州	0.795	扬州	0.797
台州	0.767	台州	0.733	台州	0.734
泰州	0.729	宁波	0.718	宁波	0.700
镇江	0.713	南通	0.688	南通	0.699

第三节　绿色经济活力指数评价

长三角 15+1 城市绿色经济活力指数得分呈现显著的梯级分布格局,上海一枝独秀,大幅领先;南京、杭州两个省会城市实力相较,处于第二梯队;无锡、苏州、常州三市小幅递减,是第三梯队;宁波、舟山、镇江几乎齐头并进,为第四梯队;其后的 7 个城市基本相当,处在第五梯队。长三角 15+1 城市绿色经济活力指数与长江沿岸城市类似,高行政级别城市处在领先地位。前两梯队是直辖市和省会城市,第三梯队的无锡市是 1984 年国务院批准的"较大的市",苏州市是 1993 年国务院批准的"较大的市",拥有地方立法权。尽管 2015 年全国人大常委会决定删除"较大的市",但 20 余年间,"较大的市"的地位在当地经济社会发展中发挥的作用是不容忽视的。

长三角 15+1 城市经济发展水平对绿色经济活力指数影响也比

较显著。图 7－8 模拟了 15＋1 城市 GDP 与绿色经济活力指数的关系,可以看出 GDP 与绿色经济活力指数基本呈现正相关的关系。绿色经济活力指数前列的城市,其 GDP 水平也都处于领先水平。在 GDP 小于城市平均数绿色经济活力指数均高于平均数的城市实际人均 GDP 是非常高的,接近或超过 9 万元。

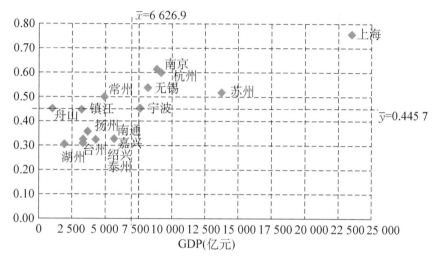

图 7－7　2014 年长三角 15＋1 城市 GDP 与绿色经济活力指数

资料来源:根据相关城市统计年鉴计算。

　　绿色经济活力指数下设 3 个分指数:经济发展领先指数,资源环境效率指数,公共服务共享指数。绿色经济活力指数得分前三位城市在分指数中表现各异:上海在经济发展领先指数和资源环境效率指数中拥有显著的领先优势,公共服务共享指数略低于杭州;南京在经济发展领先指数中仅次于上海,公共服务共享指数排名第三,而资源环境效率指数相对表现不佳,排名第六;杭州公共服务共享指数领先,而经济发展领先指数和资源环境效率分别排在第五和第四位。

　　三个分指数中,各城市公共服务共享指数得分差异较大,排名第一的城市是排名末位城市的 3.89 倍,第一梯队第三位南京市得分是第二梯队第一位的宁波的近 1.5 倍,表明高行政级别的城市在公共服务设施的建设中具有其他城市无可比拟的优势。资源环境效率指数是城市间差异较小的分指数，除了第一位上海的领先优势明显外，其他城市基本上是梯级分布。上海的得分是第二位城市无锡的 1.27倍，是最后一位城市的 2.2 倍。各城市经济发展领先指数得分的差异也较大，第一位上海的得分是最后一位城市得分的近 3 倍。实际上，15＋1 城市的人均 GDP 并没有这么大的差距，但是经济发展的土地效率、劳动力效率及产业结构上的分化是比较大的，导致经济发展领先指数的得分较为分散。

表 7 - 6　2014 年长三角 15＋1 城市绿色经济活力指数分指数前五名排名

经济发展领先			资源环境效率			公共服务共享		
排序	城市	分值	排序	城市	分值	排序	城市	分值
1	上海	0.862 6	1	上海	0.732 4	1	杭州	0.700 4
2	南京	0.704 6	2	无锡	0.578 6	2	上海	0.646 4
3	苏州	0.685 5	3	常州	0.576 8	3	南京	0.631 3
4	无锡	0.652 6	4	杭州	0.518 4	4	宁波	0.421 3
5	杭州	0.587 3	5	舟山	0.499 3	5	舟山	0.414 7

资料来源：根据相关城市统计年鉴计算。

一、经济发展领先指数

长三角 15＋1 城市人均 GDP 的分化并不大，年收入 10 万元以上的城市有 5 个，依次分别为苏州、无锡、南京、常州、杭州。9—10万元的城市 4 个，依次分别为宁波、上海、嘉兴、绍兴。7—9 万元的城市 5 个，7 万元以下的城市仅有台州一个城市。人均 GDP 最高的苏州是台州的 2 倍多，经济发展总体水平还是较为接近的。而单位土地产出指标上 15＋1 城市则显示出巨大的差别，排首位的是上海，每平方公里土地创造的 GDP 高达 3.7 亿元，是第二名无锡的 2 倍有余。

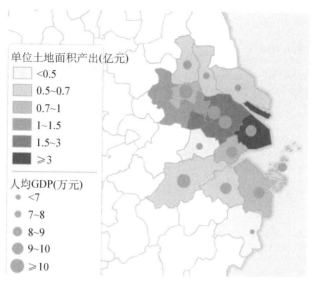

图 7 - 8 2014 年长三角 15＋1 城市人均及地均产出

资料来源：根据相关城市统计年鉴计算。

地均 GDP 为 1—3 亿元的城市有 4 个，依次为江苏省无锡、苏州、南京、常州。

关于科技创新对经济发展的作用，在长江沿岸城市的实践中已经部分得到证实。本部分长三角 15＋1 城市的实践进一步证实技术创新对于劳动生产率的影响。图 7 - 9 模拟了万人发明专利授权量与城市劳动生产率的关系，可以发现万人发明专利授权量与劳动生产率之间存在着一定的正相关关系。结果显示 15＋1 城市可以基本分为两个阵营，图右边是万人发明专利授权量与劳动生产率均较高的城市组合，均为经济发展水平较高的城市，人均 GDP 接近或高于10 万元。而图左边则是两个指标均低于城市平均值的城市组合，这些城市人均 GDP 都低于 9 万元。因此我们认为，以万人发明专利授权量为代表的科技创新通过提高劳动生产率，进一步推动了经济的发展。

相比长江沿岸城市，长三角 15＋1 城市的产业结构相对比较接近。并且数据显示第三产业比重较高的城市，高加工度工业的比重

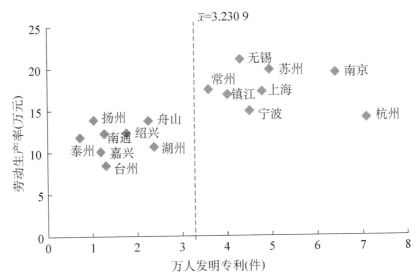

图 7-9 2014 年长三角 15+1 城市劳动生产率与万人发明专利数

资料来源：根据相关城市统计年鉴计算。

也相对较高。上海作为长三角的核心城市,第三产业比重接近 65%,高加工度工业比重接近 60%,已经进入后工业化发展阶段。浙江省大部分城市工业内部结构较轻,较明显地低于 15+1 城市的平均水平(见图 7-10)。

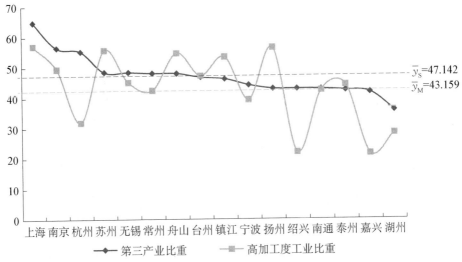

图 7-10 2014 年长三角 15+1 城市三产比重及高加工度工业比重

资料来源：根据相关城市统计年鉴计算。

二、资源环境效率指数

与长江沿岸城市一样,长三角 15＋1 城市也实现了工业发展与环境污染的绝对脱钩(见图 7 - 11)。2012—2014 年,15＋1 城市工业增加值增长 11％,工业 COD 排放量削减 6.16％,工业 SO_2 排放量削减 11.09％。

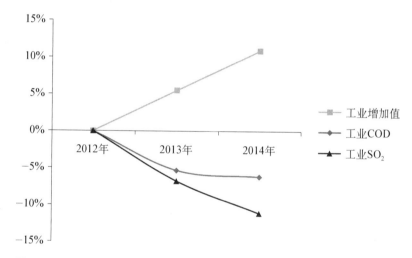

图 7 - 11 2013 年、2014 年长三角 15＋1 城市工业增加值总额与主要污染物排放总量相比 2010 年变化率

资料来源:根据相关城市统计年鉴计算。

(一) 工业绿色化

长三角 15＋1 城市工业大气污染物与水污染物排放的经济效率呈现一种同向的趋势,单位工业 COD 排放创造工业增加值高的城市,其单位工业 SO_2 排放创造的工业增加值也往往较高(见图 7 - 12)。这也一定程度上反映出 15＋1 城市在工业大气污染和水污染治理上的同步性。无锡、常州、上海位于工业资源环境效率综合得分的前 3 位。

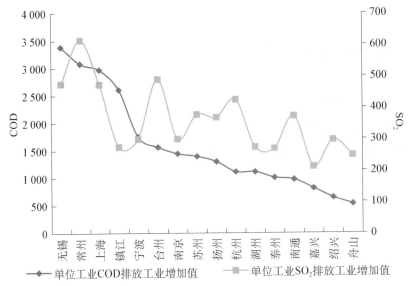

图7-12 2014年长三角15+1城市工业污染物排放效率

资料来源：根据相关城市统计年鉴计算。

(二) 农业生态化

单位农作物播种面积的化肥、农药使用量指标是反向指标，使用量越低的城市，该项指标得分越高。除舟山、湖州和扬州外，其他城市单位农作物播种面积的化肥使用效率与农药使用效率的排名也趋向一致。舟山和湖州的化肥使用效率较高，而农药使用效率最低，扬州市则相反。"农业生态化"这一分指数的综合得分排前3位的城市分别是南京、镇江和南通。上海的农业虽然仅占国民经济的极少部分，但农业的环境效率并不差，排在第16个城市中的第5位（见图7-13）。

(三) 生活低碳化

通过长江沿岸城市的研究，笔者认为，居民人均生活用水及用电与当地的经济发展水平之间并无显著的相关关系，这一论点只是部分地适用于长三角15+1城市。在生活用电量方面，人均生活用电与经济发展水平之间关系不大，但我们发现地理上相近的城市，其人

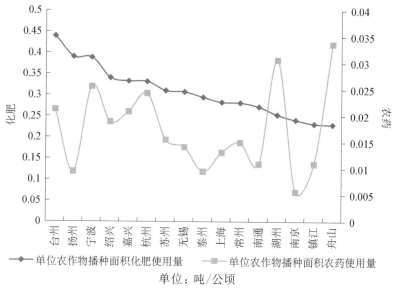

单位：吨/公顷

图 7－13　2014 年长三角 15＋1 城市农药、化肥使用效率

资料来源：根据相关城市统计年鉴计算。

均生活用电量有一定的趋同性，如杭州、湖州、绍兴、舟山基本处于同一水平，苏州、无锡、常州基本相当，南通、镇江、扬州也非常相似。（见图 7－14）生活用电最为集约的城市是台州和宁波。而生活用水方面，上海居民人均日生活用水量仅有 113 升，不仅在长江沿岸城市中是领先的，在长三角 15＋1 城市中亦不例外。而除上海外，其他城市居民人均生活用水与经济发展水平几乎成正比。节约生活用水是从源头上减少城市生活污水排放的重要举措，在当前生活污水已经超过工业废水成为废水主要来源的阶段，长三角 15＋1 城市需要重视生活用水的节约和减量。

　　长三角 15＋1 城市居民公共交通的利用情况几乎与绿色经济活力指数的走向一致。（见图 7－15）上海作为区域龙头，随着大规模轨道交通的建设，公共交通越来越舒适和便捷，成为居民出行的可靠交通方式，城市每百人日均公共交通乘用次数超过 60 人次。其后是南京和杭州这两个省会城市，每百人日均公共交通乘用次数接近或超过 50 人次。这 3 个高行政级别的城市远远领先于此后的城市。排

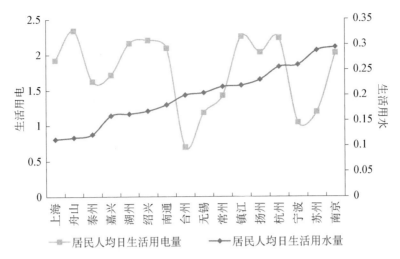

图7-14　2014年长三角15+1城市人均日居民生活用水及用电量

资料来源：根据相关城市统计年鉴计算。

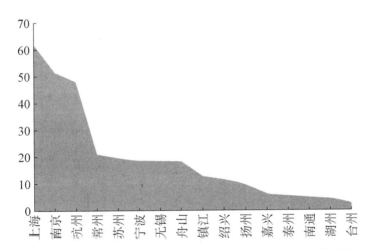

图7-15　2014年长三角15+1城市每百人日均公共交通乘用次数

资料来源：根据相关城市统计年鉴计算。

第四至第八位的城市分别是常州、苏州、宁波、无锡和舟山，指标数据非常接近，仅仅是杭州市的不足1/2，约20人次左右。这些城市尽管经济发展水平非常高，平均人均GDP超过10万元，但城市居民对公共交通的利用程度还比较低。

低碳生活分指数得分前三位的城市分别是上海、南京和杭州,上海的领先优势较大,是南京市得分的 1.45 倍,是最后一名得分的 4.24 倍。

三、公共服务共享指数

长三角 15＋1 城市与长江沿岸城市公共服务共享指数的格局几乎如出一辙。在前 3 位城市中,杭州相当于长江沿岸城市的武汉,同是省会城市,同是在文化教育和公共医疗方面领先于上海。各分指数中,城市间差异最大的是公共文化教育和公共交通领域。公共文化教育方面,杭州、南京、上海居于第一梯队,得分相似,并显著领先于其后的城市;公共交通方面,上海、南京、杭州和宁波居于第一梯队,这些城市的城市路网建设基本成型,城市公共汽电车的配置也相对稳定,城市轨道交通建设的步伐不断加快,赢得了较大的领先优势;公共医疗方面,杭州、南京和上海相对领先,但领先优势并不大,城市之间基本均等;同样,公共环境设施方面,各城市也基本均等,但与长江沿岸城市类似,污水集中处理率和城市生活垃圾无害化处理

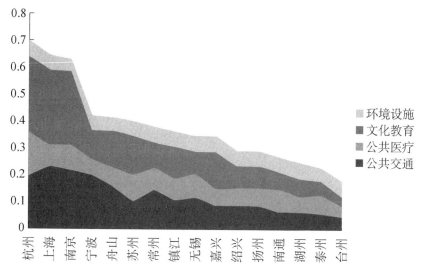

图 7－16　2014 年长三角 15＋1 城市公共服务共享指数分指数得分

资料来源:根据相关城市统计年鉴计算。

率这两项指标,由于各城市均不披露原始数据,只披露结果,我们无从探究这些数据的可靠性。需要强调的是,苏、锡这两个长三角人均GDP 达到 12 万元的城市,未来应进一步加强公共服务建设,为居民提供规模更大,分布更公平的公共服务。

第四节　环境治理响应指数评价

一、长三角城市环境治理响应特征及总体评价

根据城市环境治理响应评价指标体系,对长三角 15 + 1 城市 2012—2014 年的环境治理响应指数值进行测算,其中,环境治理响应指数包括环境治理投入指数、环境治理公开指数、环境治理公众参与指数三个领域,并包含单位废水处理资金投入、每万人环保机构人员数、城市建成区排水管道密度、环保信息主动公开数量、在线监测数据传输有效率、每年发布环保官方微博数量、依申请公开政府信息数等 7 个指标。权重计算运用熵值法求得,指数值运用加权求和计算得到。数据来源于 2012—2014 年的各城市统计年鉴、国民经济和社会统计公报、环境状况公报、环境质量公报、水资源公报、环保部门信息公开报告,以及中国城市统计年鉴、城市所在省市的统计年鉴等。指数评价方法与环境绩效指数评价保持一致,指标及权重与长江经济带沿岸城市环境治理响应指数评价保持一致,不再赘述。

通过上述方法和指标体系进行计算,得到 2012—2014 年长三角 15 + 1 城市环境治理响应指数值。从 2012—2014 年 15 + 1 城市环境治理响应指数对比发现,长三角环境治理响应指数呈现出两个特征:

(一) 空间组团特征

分别为上海组团(以上海为中心,包括苏州、无锡等城市)、南京

组团(以南京为中心,包括镇江、扬州等城市)、杭州组团(以杭州为中心,包括湖州、绍兴、嘉兴等城市),上海、南京、杭州也分别是长三角经济最发达的三大中心城市,在环境治理响应指数上也呈现出一定的集聚特征,尤其以上海—苏州环境治理响应指数总体高于南京—镇江组团、杭州—湖州组团的其他城市,2012—2014 年,上海、苏州、南京、杭州一直稳居长三角城市环境治理响应能力指数的前 5 名(见表 7-7)。这也在一定程度上与长三角城市群以上海为龙头,南京、杭州为次中心的城市群空间格局相一致,反映出环境治理响应指数与城市经济实力、经济社会发展水平具有较强关联,对于该问题将在后文做进一步分析。

表 7-7　2012—2014 年长三角城市环境治理响应能力指数前 5 位

排名	2012 年		2013 年		2014 年	
	城市	得分	城市	得分	城市	得分
1	上海	0.804	上海	0.893	上海	0.893
2	苏州	0.588	杭州	0.527	杭州	0.620
3	南京	0.462	苏州	0.492	南京	0.461
4	杭州	0.419	南京	0.446	苏州	0.447
5	嘉兴	0.379	无锡	0.360	绍兴	0.329

(二) 空间分级特征

长三角环境治理响应指数呈现出明显的分级特征,以 0.2、0.4、0.6 为分界点可将长三角 16 城市分为 4 个梯队,不同梯队环境治理响应能力有一定差距。其中,上海一直位居第一梯队,2014 年环境治理响应指数达 0.804,从各领域来看,环境治理投入、环境信息公开、环境治理公众参与指数分别达 0.715、0.686、0.873,均位居全国前列,这也反映出上海在环境治理响应领域的领先水平。2014 年,上海单位废水处理投入费用和每万人环保从业人员数分别达 1.6 元/吨和35.45人,均位居长三角各城市首位,远高于0.65元/吨和23人的平均水平,反映出上海市强大的环境治理投入能力。在环境信息公开、环境治理公众参与领域也表现出领先水平,2014年环保信息主动公开数量达27 826条,环保部门官方微博数量为4 750条,依申请公开政府信息数为143条,位居长三角各城市首位。以上指标使得上海为实现生态环境治理、生态环境健康、绿色经济增长奠定了强大的支撑能力和响应能力。而由于环境治理公众参与指数的大幅改善,也使得2014年的杭州也从第二梯队跃居第一梯队,环境治理响应指数达到0.620。

第二梯队主要为苏州、南京、杭州。其中,苏州主要在环境治理公众参与领域表现较好,接近上海市的水平,2014年,苏州环保部门官方微博数量达4 750条(长三角平均水平为846条),依申请公开政府信息数为80条(长三角平均水平为33条),远高于长三角各城市的平均水平。杭州则在环境治理投入和环境信息公开领域表现优异,以2014年为例,杭州单位废水处理投入费用和每万人环保从业人数分别达1.22元/吨和39.46人,位居长三角各城市前列;而环保信息主动公开数量超过40 000条,位居长三角各城市首位。而南京环境治理公众参与、环境信息公开表现较为优异,均位居前三,如2014年,南京环保信息主动公开数量为12 370条,在线监测数据传输有效率达99.21%,在公众参与领域环保官方微博数量为1 990条,位居长三角各城市第二位。

第三梯队主要包括湖州、镇江、扬州、常州、绍兴、嘉兴、无锡,以及2012年的扬州、2014年的舟山,该梯队城市环境治理响应指数总体排名位居中游水平,但在部分领域仍可圈可点。从2014年来看,镇江、绍兴单位废水处理投入费用分别达1.47、1.40元/吨,常州城市建成区管网密度达23.9公里/平方公里,均位居长三角各城市前列,反映出以上城市较强的环境治理投入水平。

环境治理响应指数受多方面影响,从前文对环境治理响应的内

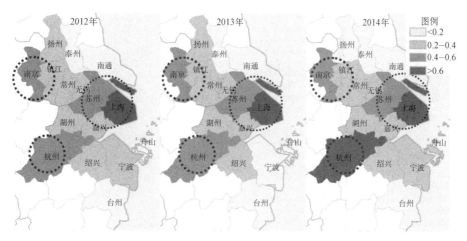

图 7－17 2012 年、2013 年、2014 年长三角城市环境治理响应指数空间差异

涵界定出发,生态环境治理响应指数反映的是应对面临的各种生态环境问题、实现社会经济绿色发展的水平与能力。一般来说,一个地区经济越发达、制度体系越完善,其动员各种资源要素进行环境治理、实现绿色发展的能力也越强。当然,对制度体系是否完善的衡量标准是一个复杂系统的工作,但是对经济发展水平的衡量却有较为直观可行的方法。对于经济发展水平的综合评判,有相对指标划分方法和绝对指标划分两种方法,前者往往是通过聚类分析进行的类型划分,而不是对经济发展水平的客观评价,而绝对指标划分方法在经济发展水平衡量中得到更为广泛的运用,其中最主要的指标是人均 GDP。2012—2014 年间,长三角各城市人均 GDP 均呈现出较快增长的趋势,并迈上了一个新台阶;从图 7－17 与图 7－18 的比较可看出,人均 GDP 越高的地区,其环境治理响应指数也越高。如苏州、杭州、上海、南京、无锡等地,人均 GDP 相对较高,其环境治理响应指数也较高;反之,经济发展水平较低的城市,其环境治理响应指数也较低。

为更好地反映经济发展水平与环境治理响应指数的关系,特制作散点图,从图 7－19 可见人均 GDP 与环境治理响应指数呈现出较强的正相关关系,相关系数为 0.428。这一方面反映出经济发展水平

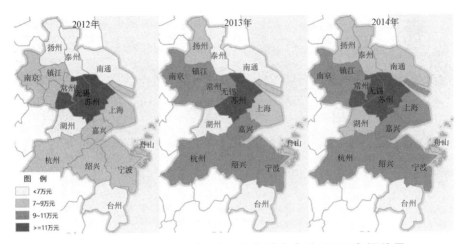

图 7 - 18　2012—2014 年长三角各城市人均 GDP 空间差异

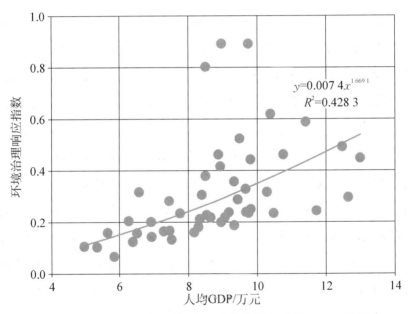

$$y=0.007\,4x^{1.669\,1}$$
$$R^2=0.428\,3$$

图 7 - 19　长三角城市环境治理响应指数与人均 GDP 的关系

为环境治理响应提供了重要基础;另一方面也反映出,环境治理响应能力的提升依赖于加快推动经济社会水平的发展,两者是相辅相成的关系,即在发展中出现的环境问题,需要在发展中得以解决。为此,长三角地区要加强环境治理响应能力与经济发展水平目标的协同,实现保护与发展的协同推进。

二、长三角城市环境治理响应各领域评价

环境治理响应是受经济发展水平、制度完善程度等多方面因素综合影响的结果,由于各种影响因素的差异,长三角各城市环境治理响应在各领域的表现也参差不齐,存在明显的差异。

对于环境治理投入指数,上海、杭州、镇江等城市长期位居前列,其中,上海、杭州分别在单位废水处理费用、万人环保从业人员数量两项指标上分别为 1.4 元/吨、55.63 人,位居各城市首位,镇江在多项指标上也位居前列,如单位废污水排放量处理费用、每万人环保从业人数分别为 1.22 万元、24.29 人,分别位居各城市的第 3、4 位。同时,扬州、无锡、绍兴、常州也位居长三角各城市环境治理投入指数的前列,2012—2014 年长三角城市环境治理投入指数前 5 位的城市如表 7 - 8 所示。

表 7 - 8　2012—2014 年长三角城市环境治理能力指数前 5 位

排名	2012 年		2013 年		2014 年	
	城市	得分	城市	得分	城市	得分
1	杭州	0.739	上海	0.804	上海	0.871
2	上海	0.715	杭州	0.688	杭州	0.704
3	镇江	0.611	镇江	0.625	镇江	0.703
4	扬州	0.488	无锡	0.578	绍兴	0.607
5	常州	0.475	绍兴	0.521	常州	0.530

对于环境信息公开指数,杭州、上海位居前两位,且远高于其他城市。究其原因,杭州、上海环保信息主动公开数量位居各城市前两位,2014 年两市分别约为 4.0 万条和 2.8 万条,而长三角各城市平均

值仅为 6 400 条,由于当年各城市在线监测数据传输有效率相差不大,致使杭州、上海环境信息公开指数"一马当先"。此外,由于环境信息主动公开数量相对较高,使得 2013 的扬州和 2014 年的南京环境信息公开指数也位居前列。总体上,杭州、上海、南京、苏州、扬州、湖州等城市环境信息公开指数相对较高,以 2014 年为例,长三角城市信息公开指数位居前 5 的城市有杭州、上海、南京、苏州、湖州等(见表 7 - 9)。

表 7 - 9 2012—2014 年长三角城市环境信息公开指数前 5 位

排名	2012 年		2013 年		2014 年	
	城市	得分	城市	得分	城市	得分
1	杭州	0.955	杭州	0.922	杭州	0.997
2	上海	0.686	上海	0.909	上海	0.837
3	苏州	0.467	扬州	0.486	南京	0.595
4	扬州	0.401	苏州	0.460	苏州	0.429
5	镇江	0.385	南京	0.380	湖州	0.321

环境公众参与指数,上海、苏州、南京稳居前 3,其中 2014 年,三城市环保官方微博数分别为 4 750 条、1 990 条、1 347 条,位居前 3 位,而依申请公开政府信息数分别为 143 条、41 条和 80 条,而长三角平均水平分别仅为 738 条和 22 条。此外,嘉兴、南通、杭州、扬州等环境公众参与指数也位居前列,例如南通,尽管其环境治理响应指数总体位居后列,但其环境公众参与指数却表现突出,连续两年位居前 5 位,尤其是其已申请公开政府信息数达到 67 条,反映出南通社会公众参与环境治理的意愿日益强烈以及政府对社会公众的响应也更加积极,这对于推动南通市环境绩效水平的提升大有裨益(见表 7 - 10)。

表 7－10　2012—2014 年长三角城市环境公众参与指数前 5 位

排名	2012 年		2013 年		2014 年	
	城市	得分	城市	得分	城市	得分
1	上海	0.873	上海	0.928	上海	0.937
2	苏州	0.753	苏州	0.627	苏州	0.515
3	南京	0.528	南京	0.514	南京	0.390
4	嘉兴	0.421	无锡	0.286	杭州	0.350
5	扬州	0.228	南通	0.253	南通	0.318

三、2012—2014 年长三角城市群环境治理响应指数排序变化

受经济发展水平变化和制度完善程度,以及地方政府的执行水平等因素影响,长三角 15＋1 城市环境治理响应指数及各领域的指数也在不断发生变化。鉴于制度模仿、区域学习变得更加频繁和重要,找出那些标杆型城市,并给予鼓励、倡导,有助于推动长三角地区城市环境治理响应水平的整体进步。

首先,那些在环境治理响应各领域长期位居前列的固然是各城市应当学习的对象,前文已分别对环境治理响应指数、环境治理投入指数、环境信息公开指数、环境公众参与指数 4 个领域排名前 5 位的城市进行了梳理,从这些城市的空间分布来看,基本上呈现出以上海、杭州、南京为核心,周边的苏州、无锡、南通、绍兴、湖州、镇江等城市为次中心的空间组团的特征,上述城市的环境治理响应指数及各领域始终位居前列,这也是长三角经济发展水平最高的地区,由于对资金、人员、技术的动员能力较强和制度创新更为领先,环境治理响应水平也相对较高。这些城市无疑是未来长三角地区环境治理响应水平相对较弱的地区重点学习和借鉴的对象。

其次,那些通过自身努力实现环境治理响应指数及各领域取得

较大进步的城市也应当受到肯定,值得其他城市学习借鉴,我们对长三角各城市 2012—2014 年在各领域位次的上升情况进行了梳理,并找出其环境治理响应水平改善的原因。从环境治理响应指数的总体改善情况来看,2012—2014 年,改善幅度最大的是绍兴,上升了 6 个位次,从第 11 位上升到第 5 位,造成其大幅改善的原因主要来自环境治理投入指数的大幅改善,期间从第 11 位上升到第 4 位,而环境信息公开指数和环境公众参与指数也有小幅的提升。此外,南通、宁波、杭州也分别上升了两个位次,镇江、无锡、舟山、泰州也略有改善,上升了 1 个位次。从环境治理投入指数来看,排名大幅上升的为绍兴,主要是因为单位废水排放量处理费用投入的大幅上升,从 2012 年的 0.38 元/吨上升到 2014 年的 1.40 元/吨,上升了 2.68 倍,而同时期,长三角平均仅上升了 16.4%;而期间上海、舟山、湖州等 6 个城市也上升了 1 个位次,尽管其改善的原因各种各样,但环境治理资金、人员等投入的增加,基础设施的改善是其共同的原因。从环境信息公开指数来看,无锡、南京、泰州、宁波、嘉兴、舟山、湖州等城市有较大幅度改善,以无锡为例,2012—2014 年,每万人环保信息主动公开数量和在线监测数据传输有效率分别从 3.87 条、44.66% 上升到 4.38 条、97.79%;而南京信息公开的各项指标均实现较大提升,且位居各城市前列,2014 年,每万人环保信息主动公开数量和在线监测数据传输有效率分别达 15.06 条和 99.21%,改善幅度达 507%、80%,而长三角各城市的平均改善幅度为 25% 和 126%。从环境公众参与指数来看,杭州、泰州、无锡等城市在社会公众共同参与环境治理方面的成效明显,其中杭州从第 11 位上升到第 4 位,依申请公开政府信息数从 21 条上升到 47 条,发布的环保官方微博数量也从数十条上升到 973 条,这为社会公众参与环境治理,提供了重要的渠道,全社会共治共建呈现出欣欣向荣的景象。

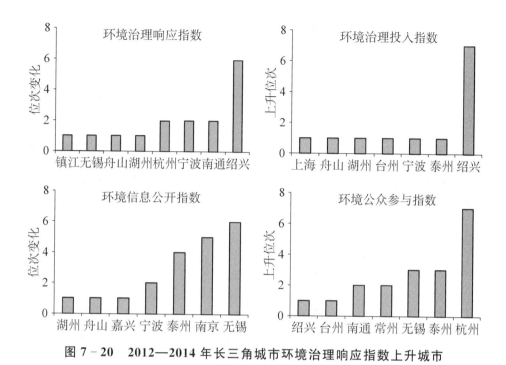

图 7-20　2012—2014 年长三角城市环境治理响应指数上升城市

四、案例：杭州

近年来,杭州以"五水共治、五气共治、五废共治"等为抓手,全面推进"美丽杭州"建设,并积极加强环境治理,水、大气、声和辐射环境质量总体稳定,环境安全得到有效保障,生态环境不断改善,生态环境质量评价(EI)指数继续名列全国前茅,这依赖于环境治理响应水平的提升。从长三角 15＋1 城市环境治理响应指数总体排名和位次上升情况来看,杭州一直榜上有名。2012—2014 年,杭州环境治理响应指数从 0.419 提升至 0.620,排名从第 4 名上升至第 2 名。其中,环境信息公开指数更是长期排名第 1,环境公众参与指数排名从第 11 名上升至第 4 名,可见杭州不仅环境治理响应水平较高,且通过努力,还难能可贵地取得了较大的进步。综合看来,杭州环境治理响应主要有以下 3 方面经验值得其他城市学习和借鉴：

（一）积极加强水污染整治工作

杭州市坚持全流域统筹、岸上岸下统筹、生产生活生态统筹，坚持五水共治，治污为先。将消灭垃圾河、整治黑臭河作为五水共治的重中之重，到2014年年底，整治完成垃圾河460公里；积极开展黑臭河沿岸排污口系统排查，累计封堵排污口647个；积极推进污水处理厂提标改造和污水管网建设，到2014年年底，累计完成污水管网267.5公里，总投资4.5亿元。强化工业污染防治，完成119家印染、146家造纸和214家化工行业整治和关停任务。

（二）积极加强污染排放权管理

大力推进主要污染物排污权登记及交易，2014年，基本完成全市1 400多家企业初始排污权配额分配核准工作，完成777家重点企业COD、氨氮、二氧化硫、氮氧化物四项指标初始排污权分配；构建全市统一的排污权交易管理体系。逐步铺开"刷卡排污"管理，到2014年完成全市市控以上重点企业刷卡排污系统建设257家，控制全市75%以上的工业排污量；开发杭州市污染排放许可证管理系统，规范全市排污许可证核发和管理；实施总量激励制度和削减替代制度，建立新（扩、改）建项目主要污染物总量指标管理办法。

（三）积极加强环境信息公开和公众参与

杭州在市环保局门户网站上发布PM2.5等实时浓度和AQI实时数据、河道水质数据、重点监控企业主要污染物检测数据监督性监测数据等，2014年，主动公开环保相关信息超过4万条。杭州还通过微博、微信、依申请公开等多种方式，积极拓宽社会公众参与环境治理渠道，2014年，"杭州环保"发布微博973条，依申请公开政府信息数47条；同时，还积极开展志愿者护河、护水、环保大讲坛等环保志愿活动，加强高校绿色联盟指导，做好建设项目审批过程的公众参与,严格执行相关公示制度,做好环评信息公开工作等,为社会公众参与环境治理提供了广阔、便捷的渠道。

第五节 长三角"15＋1"城市环境绩效优化建议

一、以环境质量改善为导向保护生态系统健康

长三角"15＋1"城市环境绩效发展水平在长江经济带处于领先地位,随着经济社会不断迈向新的发展阶段,长三角"15＋1"城市环境绩效应该制定更高的发展目标和发展要求,发挥龙头带动作用,实现环境绩效管理由以环境污染控制为目标导向向以环境质量改善为目标导向转变。

(一)以改善环境质量为目标导向

鉴于长三角城市群环境质量的进一步提升还面临一定的挑战,这就要求长三角"15＋1"城市利用好经济发展优势,加大环境保护投入,转向以环境质量为目标导向,推进环境绩效管理转型,环境治理的重点应该由以控制环境污染为目标导向转移到环境质量持续改善和解决区域共性环境问题。制定并实施更加严格的环境质量标准,以环境质量"倒逼"经济发展模式转型,实现环境绩效水平和环境质量的同步提升。

(二)依据资源环境容量设定经济发展门槛

长三角城市群环境压力产生于城市化和工业化过程,因此需要协调好城市环境容量与经济增长之间的关系。将城市环境容量和环境承载力作为经济发展的刚性约束条件,根据城市的环境容量和环境承载力来制定经济发展目标,制定城市经济社会发展规划。各地

区应将环境容量和承载力作为经济活动准入的重要条件,确保环境容量和资源承载力成为减缓城市环境压力和提升生态环境质量的重要准则之一。

(三) 建立有效的环境风险管理机制

随着长三角"15+1"城市人口规模不断扩大,城市需要加强潜在的环境风险管控,以维护城市环境安全。长三角各城市需要从管理对象、监测预警、综合决策等方面入手,建立科学有效的环境风险管理机制,对区内环境风险源积极开展隐患排查,并建立登记风险源的风险分析及评估、存在问题等,努力把环境风险控制在萌芽状态,确保城市环境安全。建立环境风险应急管理机制,做好突发环境事件预防、应急准备、应急响应和事后管理等方面的工作。

二、以区域创新提升长三角绿色经济活力

(一) 提升经济发展效益

尽管在长江流域长三角地区的经济效益和效率是最高的,但作为世界第六大城市群,与其他世界级城市群相比,长三角城市群整体的发展效率和质量还有待提高。如长三角城市群人均 GDP 仅相当于北美五大湖城市群的 20%,相当于日本太平洋沿岸城市群的近30%。长三角城市群的龙头城市上海,人均 GDP 相当于北美五大湖城市群平均水平的 24%,地均 GDP 相当于日本太平洋沿岸城市群平均水平的 60%。未来,长三角 15+1 城市应着眼于进一步提升城市经济发展效益,构建高附加值的现代产业体系,培育一定规模、具备较强国际竞争力的跨国公司和产业集群。上海应按照世界级城市群核心城市的要求,加快提升全球城市功能,带动周边城市圈发展,构建以服务经济为主导,智能制造为支撑的现代产业体系。

（二）进一步提升区域创新能力

长三角15＋1城市中的核心城市及区域中心城市在区域内拥有较集中的科技创新要素资源,旺盛的创新成果,但即使是在国内做横向比较,长三角领先城市的科技创新投入及科技成果落后于北京深圳等地。以2014年为例,上海市研究与试验发展经费内部支出仅有北京市的68％,研究与试验发展人员全时当量也相当于北京市的68％,上海万人发明专利拥有量也仅有北京市、深圳市的一半左右。未来长三角15＋1城市必须坚持创新驱动的发展战略,进一步加大创新要素投入,激发创新主体、创业人才的动能。上海作为核心城市,应强化创新资源、知识创造、要素集散的功能,与周边南京、杭州、合肥等节点城市一起,建设完整的技术创新链,构建区域协同创新体系。

（三）进一步提高资源能源使用效率

提高资源能源使用效率实质是污染物源头控制的重要手段,也是提升绿色经济活力的重要途径。长三角15＋1城市资源能源使用效率表现不一,除部分领先城市外,大部分城市都需要进一步提高资源能源使用效率。苏州、南通、南京都市圈、杭州都市圈城市需要在不断提高产业附加值的同时,进一步提升污染物排放效率,控制城市能源、水资源的利用总量,在产业园区推进循环经济,实现能量梯级利用、废水循环利用和污染物集中处理;宁波都市圈、杭州都市圈着力控制农业用农药化肥等施用总量,进一步优化养殖布局,控制养殖规模,源头上降低面源污染;在当前生活污水已经超过工业废水成为废水主要来源的阶段,各城市圈中心城市需要大力倡导生活方式低碳化,重视生活用水的节约和减量,这是从源头上减少氮、磷污染物排放的重要举措。

第八章

长江上游支流与干流水环境治理问题与对策

　　长江上游流域作为长江经济带水系的源头，地处内陆，水环境容量有限，其支流和干流存在不同程度的污染问题，而且长江上游支流水质对干流水质具有直接或间接的影响。虽然长江上游流域各水系污染程度不尽相同，但污染原因主要有两个：一是矿产业和化工业的点源污染；二是农业畜禽养殖和渔业网箱养殖的面源污染。上游地区在治理水环境污染过程中遇到了许多难点，需要对现有政策进行"自下而上"的创新，从而引导顶层制度设计做出相应调整。首先，在地方发展战略上，需要破解环境保护、污染治理与经济发展相矛盾的难题；其次，在管理手段上，需要创新长江流域水环境管理体系；再次，体现在区域发展战略上，需要整个长江经济带上游地区根据干流和支流水环境污染出现规律和水功能区空间分布，制定长江流域生态环境治理、修复专项规划和污水排放新标准。最终，不断提升长江上游流域水环境质量，保障长江经济带的水环境源清、流清。

第一节　长江经济带的支流与干流水环境现状

长江上游流域地形复杂、支流众多、水资源丰富,水资源总量占整个长江流域总量的 46.5％,略低于中游流域水资源总量,约占我国淡水资源的 3.4％。长江上游流域主要水系包括宜宾至宜昌段长江上游干流区、金沙江水系、岷沱江水系、赤水河水系、嘉陵江水系和乌江水系。从 2010—2014 年河流水质数据来看,长江上游干流水质总体较好,但其支流仍存在不达标[①]情况;在其 5 大支流水系中,除金沙江上游(石鼓以上)水系和赤水河水系常年水质符合或优于Ⅲ类标准外,其他支流水系中均存在不同程度和比例的不达标水质;由于地处内陆,这些支流也成为长江流域主要不达标支流,其中金沙江中下游水系、岷沱江水系和乌江水系水环境污染情况较为严重(见图 8－1)。

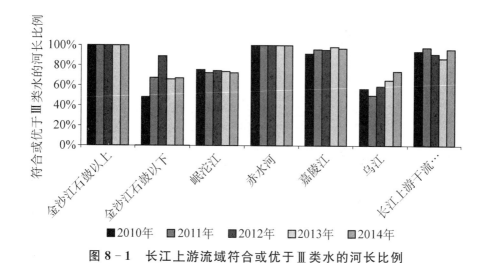

图 8－1　长江上游流域符合或优于Ⅲ类水的河长比例

数据来源:长江流域水资源公报。

---

① 不达标是指未达到Ⅲ类水质标准。

一、金沙江支流与干流水环境现状

金沙江下游干流作为长江上游干流重要支流,主要流经四川省和云南省边界地区,包括云南省昆明市、昭通市,四川省攀枝花市和宜宾市,其云南境内重要的两条支流是发源于昆明境内的螳螂川和牛栏江(见图 8-2)。金沙江下游干流水质主要污染物为总磷(TP),同时,其支流螳螂川、牛栏江也处于污染状态。其中,螳螂川安宁段水质常年处于劣 V 类标准,2015 年 4 个监测断面超 III 类主要污染物为化学需氧量(COD)、氨氮(NH_3—N)、总磷(TP)和氟化物(F),其中来自滇池方向的入境断面总磷超标 1.45 倍[1]。牛栏江是金沙江右岸较大的一级支流,自"引牛入滇"工程[2]实施以来,牛栏江沿岸养殖

图 8-2　金沙江下游干流及主要支流分布

---

[1]《螳螂川首次摆脱劣五类水质》http://daily.clzg.cn/html/2015-07/08/content_511885.htm。

[2] 1999 年开始实施。

场被关闭,农村污水深度处理设施增加,加上保护条例的出台和实施,牛栏江水污染防治取得初步成效。从 2011—2016 年月度监测数据来看,虽然牛栏江总体水质呈现好转,但上游断面水质尚未达标,且整条河流也出现季节性的水质变化,汛期水环境污染较为严重(见图 8-3),主要污染物指标为溶解氧、COD。

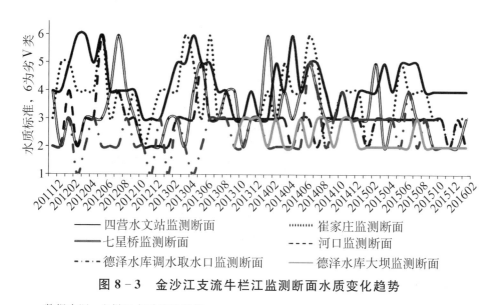

图 8-3　金沙江支流牛栏江监测断面水质变化趋势

数据来源:牛栏江水质状况月报。

二、岷沱江流域和嘉陵江流域水环境现状

岷沱江流域干流和支流自北向南主要流经四川境内德阳市、成都市、资阳市、眉山市、内江市、乐山市、自贡市、泸州市和宜宾市等地区(见图 8-4)。2010—2015 年岷沱江水系水质数据显示,岷沱江流域干流水质呈轻度污染,支流水质呈中度污染,整个水系都受到 TP、NH_3—N、生化需氧量(BOD)和 COD 污染[1];由于干流与支流水环境容量不同,相应的污染程度也不同,岷江流域水质较沱江流域水质达

---

[1]《四川省环境质量公报 2015》。

标率高,但仍处于较低水平(见图 8-5)。

图 8-4 岷沱江流域和嘉陵江流域主要水系

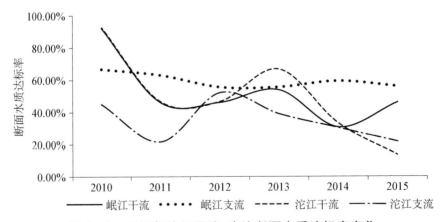

图 8-5 岷江与沱江干流、支流断面水质达标率变化

数据来源:四川省环境质量公报。

嘉陵江流域干流和支流自北向南主要流经四川境内的广元市、绵阳市、遂宁市、广元市，最后经重庆汇入长江上游干流。2010—2015 年水质数据显示，嘉陵江流域水质达标率都在 95% 以上（2010年除外，为 92.5%），其中干流水质优，达标率为 100%，支流水质断面达标率为 91.4%，17 条河中除流经达州市达川区铜钵河为重度污染，流经西充市的西冲河、流经达州市的任市河为轻度污染，其余河流水质优良，主要污染指标为 COD、BOD、TP[①]。

三、乌江流域水环境现状

乌江流域主要流经贵州贵阳市、遵义市，最终经重庆汇入长江上游干流（见图 8-6）。贵州境内乌江水系上中游水质较 10 年前转好（见图 8-7），但是污染程度仍较下游水质严重，为 TP、NH_3—N、COD 超标水域，且乌江干流贵州与重庆交界断面一直存在总磷超标问题。因此，乌江重庆市境内的水质为 $\mathbb{IV}$—劣 $\mathbb{V}$ 类的主要原因是贵

图 8-6　乌江流域水系

---

① 《四川省环境质量公报 2015》

图 8 - 7　乌江贵州境内水质达标率变化

数据来源：贵州省环境质量公报。

州入渝断面总磷指标超标，2014 年、2015 年乌江重庆市境内段水质达标率为 78.9%，且水质变化稳定。

第二节　长江经济带上游支流水质
对干流水质的影响

　　通过对存在水环境污染问题的长江上游支流与干流水系水质达标率进行多项式相关性分析发现：除金沙江中下游水系与长江上游干流水质相关性不显著之外，岷沱江水系、嘉陵江水系、乌江水系的水质与长江上游干流水质显著相关（$R^2 > 0.5$）（见图 8 - 8），从理论上表明，长江上游各支流水质对长江上游干流水质存在直接影响；且长江上游各支流水质对长江上游干流水质存在阶段性负相关关系，间接地表明，因各支流水系所流经地区社会经济发展情况、沿江产业布局、治理效果的不同，支流水质对干流水质的影响程度和时间段也不尽相同。

　　同时，比较长江上游各支流与干流水质月度变化同样发现：在汛期，除嘉陵江水系水质一直保持较高的达标率外，其他存在不达标

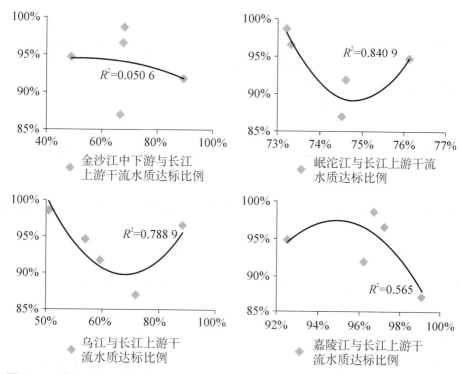

图 8 - 8 长江上游支流水系水质与干流水质达标比例相关性分析（按河长评价）

数据来源：长江流域及西南诸河水资源公报。

水域的长江上游支流水系水质呈现同比下降，与干流水质同比上升；其中，岷沱江水质因汛期降水量增大，使其水环境容量增大，又地处长江北岸依靠地势汛期大量江水随洪峰排入长江，从而使得其水质达标率出现由低到高的变化，但总体上仍与长江上游干流水质达标率变化趋同（见图 8 - 9）。这也再次证明了长江上游支流水环境变化会对干流水环境质量产生重大影响。

第三节　长江经济带上游支流水污染原因与治理难点

分析污染严重程度较大的金沙江中下游水系、岷沱江水系和乌

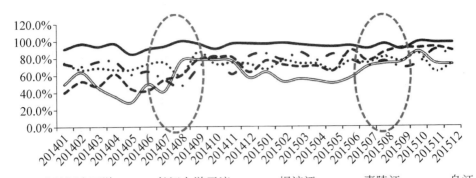

图 8-9　长江上游干流及其支流水功能区水质达标率月度变化（按监测数量评价）

数据来源：同图 8-8。

江水系水质污染治理难点,发现不同水系之间因流经地区自然地理条件、社会经济发展水平不同,污染程度也不尽相同,但其污染的来源主要是矿产业和化工业的点源污染以及农业畜禽养殖和渔业网箱养殖的面源污染。同时,在长江上游地区水污染治理上存在三个难点:一是缺少环境治理修复资金;二是缺流域协调机构;三是缺少专项规划。

一、水环境问题产生的原因

(一) 河流沿岸矿产企业、化工园区点源污染

1. 金沙江下游干流大量尾矿关停,支流磷化工企业超排严重

金沙江下游沿岸攀枝花市是典型的资源型城市,工业经济主要以能源、化工、采矿业、钢铁为主,重、轻工业产值比为 10∶6.1[①]。2015 年,工业产值排全市前 5 位的行业均为采矿业及其冶炼、加工业,但均呈现下降趋势(见表 8-1);在空间分布上,攀枝花沿金沙江下游干流的东区和盐边县工业产值分别下降了 6.6% 和 3.3%。而

[①] 数据来源：攀枝花市统计局. 2015 年攀枝花市工业经济运行简况[EB/OL]. http://www. sc. stats. gov. cn/tjxx/tjfx/sz/201603/t20160309_202571. html。

宜宾市 2014 年规模以上采选业企业中煤炭开采和选洗业、非金属矿采选业产值为 159 亿元,占规模以上工业总产值的 8.72%,分别增长 12.62%、−68.28%[①]。昆明市 2015 年采矿业整体下滑,规模以上企业累计增加值 58.69 亿元,其中煤炭开采和采选业增加值为 5.8 亿元,下降 10.3%;有色金属矿采选业增加值为 9.05 亿元,下降 32.4%,东川区有色 5 个矿山企业基本处于停产状态;但是非金属矿采选业 8.6 亿元,增长 4.27%,其中,磷矿石(折纯)产量 2 543.5 万吨,增长 11.74%[②]。昭通市 2014 年规模以上企业主要集中在煤炭采选、电力、卷烟制造、有色金属采选冶炼、化工、建材 6 大行业[③],其中除煤炭采选业呈下降趋势外,其余 5 大行业都有所增长(见表 8 - 2)。由此可见,金沙江沿岸大部分采矿业及其冶炼加工企业生产

表 8 - 1　2015 年攀枝花市矿采选业及其冶炼加工业产值变化

行业分类	工业产值(亿元)	增长(%)	占攀枝花市比重(%)
黑色金属矿采选业	341.91	−3.3	21.9
黑色金属冶炼和压延加工业	275.36	−19.1	17.6
化学原料和化学制品制造业	204.84	24.9	13.1
煤炭开采和洗选业	191.78	1.7	12.3
石油加工、炼焦和核燃料加工业	91.7	1.8	5.9
有色金属矿采选业	68.26	−9.6	4.4
有色金属冶炼和压延加工业	21.61	−2.3	1.4
金属制品业	14.62	−2.8	0.9

数据来源:攀枝花市统计局.2015 年攀枝花市工业经济运行简况[EB/OL]。http://www.sc.stats.gov.cn/tjxx/tjfx/sz/201603/t20160309_202571.html

---

[①] 数据来源:宜宾统计年鉴 2014、2013。

[②] 数据来源:昆明市统计局.2015 年昆明市工业经济运行情况[EB/OL]. http://gxw.km.gov.cn/c/2016-02-23/1332777.shtml。

[③] 数据来源:昭通统计年鉴。

表 8-2 2015 年昭通市前 6 大行业工业增加值变化

行业分类	实现工业增加值(亿元)	增长(%)
电力业	82.4	55
烟草制造业	54.5	10.6
煤炭采选业	9.5	−76.3
化工业	4.2	17.7
铅锌采选业	6.2	8.3
建材业	6.3	12

数据来源:《昭通市 2015 年统计年鉴》。

下滑,大部分企业处于关停状态,停产的尾矿因生态环境修复资金的缺乏没有得到及时修复,矿坑中大量尾矿水随雨水漫溢而直接流入金沙江干流造成污染。

金沙江中下游支流螳螂川、牛栏江的水环境仍较为严重,加重了金沙江下游干流水环境恶化。2014 年、2015 年,云南省国控重点污染源超标排放数据显示:目前,金沙江支流流经城市昆明仍存在磷矿加工企业超标排放废水(主要超标污染物为磷酸盐、COD)入滇池情况[1],主要有三环化工集团、三聚磷酸五钠厂、云南富瑞集团以及众多中小规模的磷化工企业[2]。

2. 岷沱江流域集中了高污染、高能耗产业园区,企业用水不合理

岷沱江水系作为长江上游干流第一大支流水系,却是长江上游流域受其沿岸矿产业和工业污染较严重的水系之一(见图 8-10)。从总磷指标超标集中分布地区来看,岷沱江水系成都—眉山—乐山—宜宾段和德阳—成都—资阳—内江—自贡—泸州段四川省经济

---

[1] 数据来源:云南省环保厅. http://www.7c.gov.cn/hjjcl/wryjc/jdxjcjb/。

[2] 张丽,段云龙,字润祥,李发荣.螳螂川河流磷、氟污染与防治对策分析研究[J].环境科学导刊,2015,34(6):33.

发达区域,人口占全省的 52.7%,GDP 占全省的 69.6%①,节能环保财政支出占全省的 40%,集中了高污染、高能耗产业园区包括钒钛钢铁产业、油气化工产业、能源电力产业、汽车制造和装备制造产业、电子设备产业、现代中药产业。这些产业园、工业区等以较低的价格取用岷沱江河水,又以较低的标准排放工业废水,是导致岷沱江水系污染的主要原因。

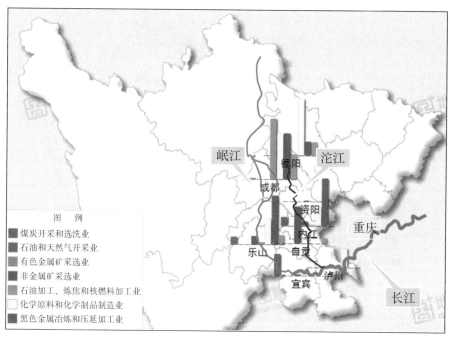

图 8-10 岷沱江流域矿产业和化工业空间分布及产值(2014 年值)

数据来源:岷沱江流域沿岸城市 2015 年统计年鉴。

3. 乌江中游磷矿和磷化工产业密集,且污水处理水平低

乌江中游是贵州磷矿产地区相对集中地区,占全省总量的 98%,磷矿平均品位为 22.14%,比全国磷矿平均品位高出 6 个百分点②。

---

① 人口为 2014 年末常住人口数量,GDP 为 2014 年数据。

② 袁开福.磷化工园区生态产业链的培育及发展研究[J].技术经济与管理研究,2011(3)111—114.

因此,磷矿采选业和磷(煤)化工业已然成为贵州经济支柱。目前,乌江中游沿岸分布了8个磷化(煤)工园区和聚集区(见图8-11),约有50家磷化工企业,这些磷矿企业仍存在偷排漏排、超标排现象;而乌江沿岸的磷矿企业无序开采,或未配套环保处理设施,或生产污水处理能力有限,大量矿井废水、矿石堆场淋溶水未经处理直排进入乌江[①],造成乌江水体污染总磷超标污染且下游消化难度大。

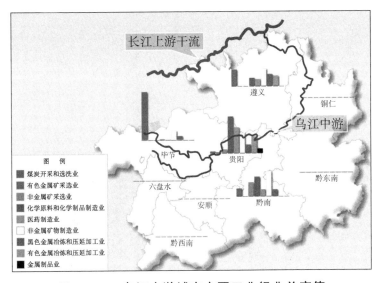

图8-11 乌江中游城市主要工业行业总产值

数据来源:贵阳、遵义、毕节、黔南2015年统计年鉴。

(二) 农业畜禽养殖和渔业网箱养殖面源污染

1. 农业畜禽养殖规模大,污水处理水平低

金沙江下游沿岸的农业畜禽养殖地区主要集中在昆明和昭通(见表8-3),比较这两个地区畜禽养殖COD和NH_3—N污染负荷量(见图8-13),昆明是畜禽养殖污染排放重点地区之一。从污染负荷COD排放量物种分布图来看,昆明污染排放源来自奶牛、肉牛、蛋

---

① 贵州地毯式排查乌江流域[N].中国环境报,2015年7月8日.

鸡、肉鸡的规模养殖(见图 8-14)。

图 8-12 乌江上中游沿岸磷矿、磷化工产业分布及省级重点磷(煤)化工产业园区空间分布

数据来源：贵州工业园区网(http://gz.hlebiz.com/index.php)。

表 8-3 金沙江中下游沿岸(云南省)规模化畜禽养殖量统计(2014 年)

规模化养殖地区	合计(万只)	占全省比重
昆明市	4 647.15	27%
昭通市	369.73	2.1%

注：合计包括生猪、奶牛、肉牛、蛋鸡、肉鸡、肉羊。

数据来源：赵祥华,侯娟,袁跃云,刘红文(2016)①。

---

① 赵祥华,侯娟,袁跃云,刘红文.云南省规模化畜禽养殖污染现状及防治对策[J].环境科学导刊,2016,35(3):75.

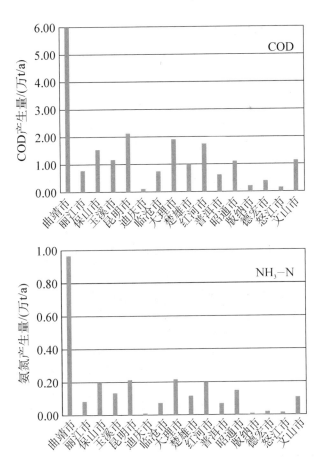

图 8 - 13   2014 年云南省规模养殖污染 COD 和
NH₃ - N 排放量分布图

资料来源：同表 8 - 3。

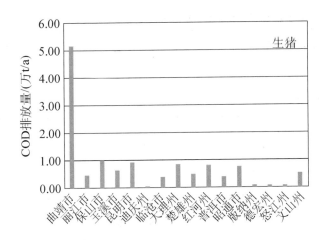

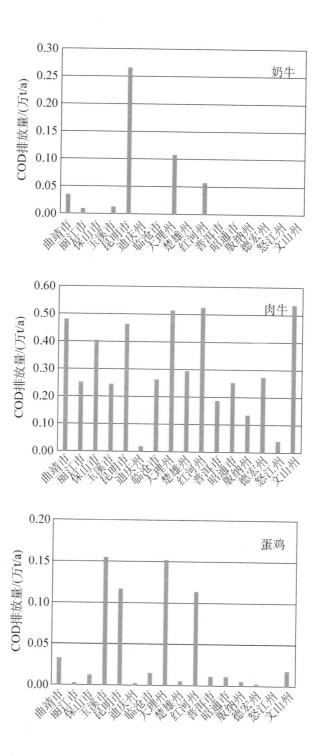

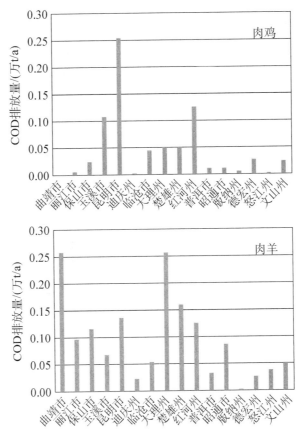

**图 8-14　2014 年云南省规模养殖污染负荷 COD
排放量物种比较**

资料来源：同表 8-3。

同时，岷沱江和嘉陵江流域也遍布着规模不等的畜禽养殖场以及大量散养农户，如沱江沿岸城市德阳市从 2008 年到 2013 年畜禽规模养殖比重从 37% 提高到 59%。作为全国最大的生猪养殖大省，2014 年，四川境内岷沱江和嘉陵江流域的肉猪出栏数量为 5 156.08 万头，占全省的 69.2%，年末饲养猪数量为 3 375.24 万头，占全省的 67.5%。加上其他牲畜和家禽养殖，岷沱江和嘉陵江流域养殖场产污量巨大（见图 8-15），其中，用重铬酸钾为氧化剂测出的化学需氧量（CODcr）、总氮（TN）、TP、NH₃—N 产生量和排放量都在 45% 以上（见图 8-16、表 8-4）。但这些地区对于畜禽养殖业污染物消纳能

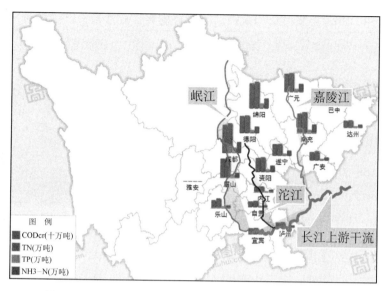

图 8 - 15　2013 年岷沱江和嘉陵江流域畜禽产污量

数据来源：韦娅俪，田庆华，王维(2015)①。

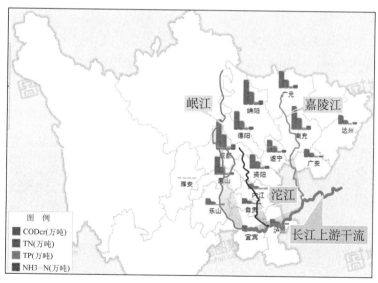

图 8 - 16　2013 年岷沱江和嘉陵江流域畜禽排污量

数据来源：同图 8 - 15。

① 韦娅俪，田庆华，王维.四川省规模化畜禽养殖污染技术水平分析[J].四川环境,2015,34(4):59.

表 8 - 4　2013 年岷沱江和嘉陵江流域畜禽养殖业污染物产生量和排放量

	污染物产生量(万吨)				污染物排放量(万吨)			
	CODcr	TN	TP	NH₃—N	CODcr	TN	TP	NH₃—N
岷沱江和嘉陵江流经主要城市	36.91	3.95	0.68	1.37	4.38	2.12	0.38	0.64
占四川省比重	48.05%	48.35%	49.28%	45.67%	47.10%	46.19%	50.00%	45.07%

数据来源:同图 8 - 15。

力有限,很多规模养殖场(户)是由其他行业进入养殖行业,缺乏相关技术和经验;同时,很多规模养殖场(户)是老旧场,未及时改造,规模化水平较低。同时,养殖场粪污处理能力不足,造成局部地区畜禽养殖污染程度远超农业种植消纳畜禽粪污能力[①]。

2. 农药、化肥施用量大,治理水平低

由于农灌区的急速扩展,粗放型高耗水的农业用水管理和农业生产过程中大量使用农药、化肥,造成了长江上游岷沱江、嘉陵江和乌江流域的农业面源污染(见图 8 - 17、图 8 - 18),2014 年,岷沱江和嘉陵江流经地区化肥施用量为 234 万吨,占到四川省的 93%(见图 8 - 19),且化肥施用量较多地区恰恰是在岷沱江和嘉陵江的上游支流,也可以说明支流对于干流水质影响程度较大;而乌江流域流经地区化肥施用量一直呈上升势态,2014 年乌江流域中游地区化肥施用量为 61.2 万吨,占贵州省化肥施用量的 70%(见图 8 - 20)。且上游地区仍存在部分农村集中式生活污水未经收集和治理而通过土地径流排放的问题。

---

① 吴迪,方婷,张志强. 四川德阳畜禽养殖污染现状与对策[J]. 中国兽医杂志,2015,51
　(4):108 - 109.

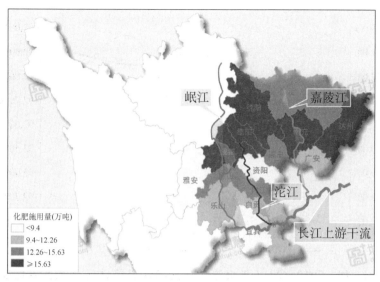

图 8 - 17 2014 年岷沱江和嘉陵江流经地区化肥施用量

数据来源：四川省统计年鉴。

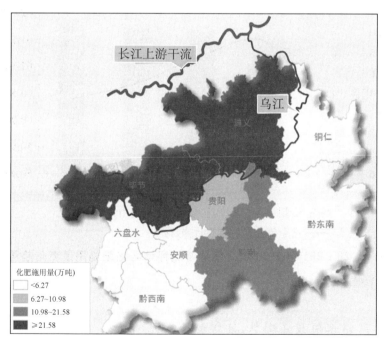

图 8 - 18 2014 年乌江流经地区化肥施用量

数据来源：贵州省统计年鉴。

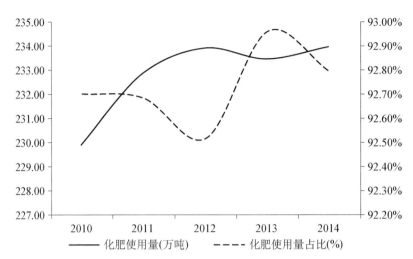

图 8-19　2010—2014 年岷沱江和嘉陵江流经地区化肥施用量变化趋势

数据来源：同图 8-17。

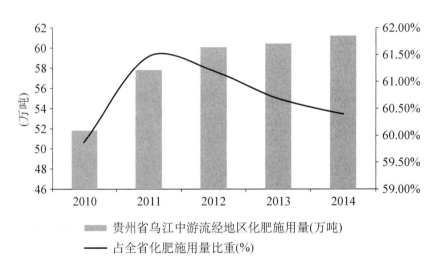

图 8-20　2010—2014 年乌江中游流经地区化肥施用量变化趋势

数据来源：同图 8-18。

3. 网箱养殖数量密集，投饵数量巨大

乌江作为贵州第一大河，其中游地区（贵州省境内主要流经贵阳、遵义、毕节、铜仁、黔南等地）渔业较发达，是西南地区最大的淡水网箱养鱼基地,占贵州省渔业总产值50%以上(见图8-21)。据统计,乌江流域网箱养殖户数超过1 000家,网箱养鱼面积约123.3万平方米,其中投饵养殖约80.5万平方米,每天投饵量达到6.2万公斤[①]。养鱼户在冒着巨大安全风险养鱼的同时,投饵养殖造成总磷污染和化学需氧量污染,也给乌江水体造成严重的污染[②]。

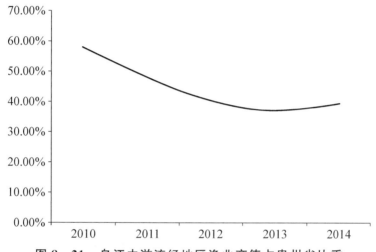

图8-21　乌江中游流经地区渔业产值占贵州省比重

数据来源:同图8-18。

二、上游地区水环境治理难点

(一)经济基础薄弱,缺乏环境治理修复资金

由于长江上游地区农村人口基数大,交通闭塞,各地方主要依靠资源型产业和传统农牧渔业,如采矿业和粗放式的冶炼业、规模化畜禽养殖来保证当地财政和人民基本生活收入。而这些产业所带来的

---

① 吴雨."美丽贵州·绿色乌江"贵州环保行聚焦网箱养殖污染[EB/OL].新华网.http://www.gz.xinhuanet.com/2015-10/07/c_1116746267.htm
② 乌江流域污染治理情况、存在问题及建议[EB/OL]. http://www.gzhjbh.gov.cn/dtyw/stdt/711312.shtml,2015年4月29日。

负环境效应问题需要投入大量资金并配备污水处理设施、技术人员进行综合治理。然而,长江上游地区环保财政支出相当有限。从环保投入占 GDP 比重来看,几乎上游所有地区环保投入水平低于全国平均水平(见图 8-22),环保技术、设备的资金缺乏是长江上游水环境治理的难点之一。

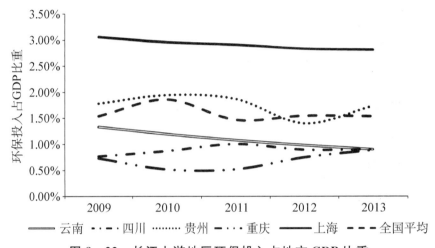

图 8-22 长江上游地区环保投入占地方 GDP 比重

数据来源:中国统计年鉴。

(二)缺少水环境协调治理机构,协同治理水平低

除了缺少投入技术、设备的资金,长江上游许多地区地级和县级行政地区专业的环境管理人员也是相当匮乏的。这就导致了许多国家和地方政策落实不到位,同一行政流域上、中、下游地方政府之间进行水环境治理缺乏协同性,甚至只是独善其身。由于长江流域尚无针对生态保护和环境治理统筹协调的机构,省际间联防联治机制也未建立,存在流域内、支流与干流治理各自为战、力量分散、标准不统一等问题,在一定程度上影响了治理效果。因此,长江上游环保人力的缺乏以及缺少具有国家事权的长江流域环境污染协调治理机构是长江上游水环境治理的又一难点。

（三）缺少治理修复专项规划

《长江经济带发展规划纲要》（以下简称"《纲要》"）明确了长江流域生态环境保护的重要地位和具体要求。目前，长江上游各省市都在编长江流域生态环境保护和治理修复规划，但其编制规划多从本地区经济发展角度出发，没有考虑上、中、下游，支流与干流之间跨行政区域的水污染协调治理方案，因此，经常造成多个水系省界水质不达标，长江上游支流水系的中游地区处于生态补偿的盲区，支流与干流的上下游生态补偿机制实施较难。此外，长江上游流域最大的、最普遍的污染物总磷是当前水环境污染的重中之重，但在制定污水排放标准时，长江上游地区没有根据水功能区的环境容量大小和治理紧迫性，有针对性地进行总磷污染治理，而是将所有水环境污染指标一刀切，工作重心放在了影响次之、投入高的污染指标上和市政污水厂的提标上。因此，尚未有流域内协调上、中、下游的生态环境治理修复专项规划，分区域的污水排放标准成为长江上游水环境治理顶层设计的难点。

第四节　干支流协同的长江上游流域水环境治理对策

基于对长江经济带上游支流水污染原因与治理难点的分析，本节将针对长江上游流域水环境治理难点，在生态补偿机制、流域管理体制构建和规划标准制定这三方面提出相应的对策，包括设立流域产业转型生态补偿专项资金，利用市场提高补偿效率；构建长江流域水环境管理新体制，加大环保管理人员培训力度；制定长江流域生态环境治理、修复专项规划和污水排放新标准。通过这些措施逐步实现长江上游支流与干流的绿色协调发展。

一、设立流域产业转型生态补偿专项资金

《纲要》给予长江经济带发展和保护议题一个明确的答案:"共抓大保护,不搞大开发"。笔者认为,要实现长江黄金水道的生态效益、经济效益、社会效益,需要制定更具可操作性的工作机制和水环境治理方案。在科学测定长江上游支流对干流水环境影响程度、厘清环境责任的基础上开展生态补偿机制是对上游地区落实生态保护的重要激励,目前已经存在针对上下游水污染治理补偿的地区模式及其横向财政转移制度(如长江上游滇、贵、黔三地),在推动全流域的生态补偿机制工作时,应先尝试设立流域产业转型生态补偿专项资金,加大水污染严重的干流地区对水质较好支流地区的生态补偿力度,加快淘汰水污染严重地区的落后产业,促进该地区产业的绿色升级。同时,为了提高生态补偿资金的使用效率,对于上游支流地区污染治理可采用市场化模式,如公共环境服务采用公私合作(PPP,Public-Private-Partnership)等模式,私人环境服务采用合同环境服务(ESC,Environment Service Contract)等模式,通过污染治理获得的排污权可再在排污权交易市场进行交易,获得进一步绿色融资。

二、构建长江流域水环境管理新体制

首先,要设立具有国家事权的长江流域环境污染协调治理机构,协调长江上游地区干流与支流水环境治理并下设水环境治理、大气环境治理、土壤环境治理部门。其中,由于水的流动性和支流对干流水环境存在显著影响,水环境治理部门应尽快建立地区间联防联治机制,结合干流与支流生态补偿机制,共同治理长江上游流域水环境污染。

其次,尽快出台《长江流域水环境保护法》及其相配套的管理条

例来保障水环境治理效果。

再次,落实到人员配备上,加大对现有地级市以下环保管理人员培训,并扩充基层环保人员队伍,提高地级市以下环保管理人员的专业决策能力和环保执法能力。

三、制定长江流域生态环境治理、修复专项规划

首先,长江经济带上游地区在建立长江流域水环境管理新体制的同时,长江流域各省市需要在地区合作与发展联席会议平台上,制定协调干流和支流上、中、下游地区发展的长江流域生态环境治理、修复专项规划。明确水系干流和支流上、中、下游地区环境治理的目标、措施和时限,落实跨行政区域的水污染协调治理方案,对涉及支流和上游地区产业布局的调整方案要切实落实产业升级转型生态补偿机制。

其次,要将长江上游流域最大、最普遍污染问题——总磷超标放在协同治理首位,制定体现流域内各水功能区环境容量大小和水污染防治紧迫性的治理方案,分区域、分阶段地提高流域生产、生活水污染排放标准,尤其是水环境污染严重的支流地区排放标准用新标准来攻克长江上游流域水环境的老大难问题。

第九章

优化长江经济带化学工业布局建议

　　2016年初,习近平总书记在重庆召开推动长江经济带发展座谈会时提出,长江经济带要共抓大保护,不搞大开发。如何共抓大保护,是"十三五"时期长江经济带绿色发展需要破解的难题。化学工业既是长江经济带发展的重要支撑,同时也对长江流域生态环境带来重要影响。按照统计年鉴的统计标准,化学工业的行业范围包括石油加工炼焦业、燃气生产和供应业、化学原料及化学制品制造业、化学纤维制造业、橡胶制品业、塑料制品业等,如何从空间布局上对长江经济带化学工业进行优化升级,提升长江经济带化学工业空间布局效率,从源头上降低化学工业发展对长江流域的环境影响,对长江经济带共抓大保护具有重要的意义。

第一节　长江经济带化学工业发展
格局与水环境负荷

　　长江经济带是我国化学工业的主要分布区域,化学工业既是区域支柱产业,也是工业污染物排放强度最高的产业之一。化学工业排放的有机化合物、氰化物、重金属等有毒害污染物,难分解、处理难度高,对长江水环境、水生态及沿岸居民饮用水安全带来巨大的风险。化学工业对长江生态环境的影响既与产业污染治理的成效有关,也与产业空间布局合理与否直接或间接引致的源头环境污染有关,尤其是源头污染必须予以关注。

一、长江经济带化学工业发展格局

长江经济带几乎承载了全国近半数的化工企业,是我国化学工业的主要分布区域。2013 年,长江经济带规模以上化工企业数量1.3万家,占全国45%;营业收入总额实现 48 600 亿元,占全国的比重为36.48%。但在整个区域中,化学工业的分布极不均衡(见表 9 - 1),

表 9 - 1 2013 年长江经济带规模以上化工企业数量及主营业务收入排序

企业数(家)			主营业务收入(亿元)		
排序	省份	数量	排序	省份	金额
1	江苏	4 485	1	江苏	18 184.54
2	浙江	1 955	2	浙江	7 676.65
3	湖北	1 184	3	湖北	4 625.25
4	四川	1 054	4	上海	4 509.41
5	安徽	980	5	四川	3 967.98
6	湖南	923	6	湖南	2 541.53
7	上海	881	7	安徽	2 235.82
8	江西	690	8	江西	2 193.42
9	云南	327	9	重庆	973.88
10	重庆	288	10	云南	846.33
11	贵州	199	11	贵州	831.86

资料来源:中国化学工业年鉴(2014)。

长三角地区占绝对优势,以占区域 56％的企业,创造 62.5％的收入和近 70％的利润。长三角地区化学工业在全国也是举足轻重的。"十二五"期间,上海建成全国唯一的 200 万吨级乙烯基地,宁波和上海建成了全国 4 个 2 000 万吨级炼油基地中的 2 个,南京和宁波建成全国 8 个 100 万吨级乙烯基地中的 2 个。在国务院发布的《石化产业规划布局方案》中,上海漕泾、浙江宁波、江苏连云港入围国家重点打造的七大石化产业基地。

长江经济带化学工业的发展呈现出一定的地理特征,在流域同一上、下游地域,北部省份的化学工业产出普遍高于南部省份,如下游的江苏省化学工业总营业收入是浙江省近 2.4 倍,中游的湖北省是湖南省的近 2 倍,下游的四川省是云南省的 4.7 倍。相对比较接近的是处于上、下游交界位置的安徽省和江西省,重庆市和贵州省,同样也是北部的安徽省和重庆市略大于南部的江西省和贵州省。出现这一现象的原因包括长江干流一般流经北部的省份,而水运发达的地区相对化学工业发展较为有利。此外,长江以北部分省市如江苏省、四川省、湖北省分布有石油开采基地,而原油是有机化工的主要原材料。

二、长江经济带主要化学产品分布

长江下游地区有机化学工业占绝对领先地位[1]。在石油化工领域,长江三角洲地区炼油能力超过 8 500 万吨,约占全国比重 13％,低于华北四省二市 29％的份额及东北地区 18％的份额,但乙烯产能已经非常接近,表明长江三角洲地区石油化工企业炼化一体化程度较高,以上海石化、高桥石化、扬子石化等大型企业为代表。依托炼

---

[1] 有机化学工业是以煤、石油、天然气等含碳化合物为简单的基础原料,生产各种基本有机原料,化工以及合成化工产品的化工生产部门。

化一体化的优势,长江下游地区在主要的基本有机化工原料领域都占据显著优势。如乙烯产品份额超过80%,聚乙烯、丙烯腈、戊二烯、乙二醇、环氧乙烷、异戊烯等也居于领先地位。高分子材料领域,长江下游地区化学纤维的比重最高,近95%,塑料树脂的份额超过80%。中、上游地区不仅总量上远低于下游地区,在部分深加工的化工产品如聚苯乙烯树脂、ABS 树脂等产品上尚未形成生产能力(见图9-1)。

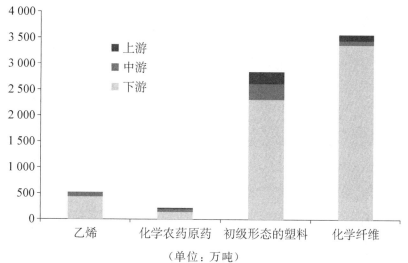

（单位：万吨）

图 9-1　2014 年长江经济带上中下游主要有机化学产品产量

资料来源：中国统计年鉴(2015)。

　　上中游地区部分无机化学产品占比较大[①]。如硫酸产品,上游三省产量近3 000万吨,超过中游、下游8省1市产量的总和。云南省的硫酸产量占全国各省市第一,云南云天化在全国化工企业中排名第一,贵州开磷排第二位。化肥产品,上游和中游产量接近,均为1 500万吨左右,是下游地区的近3倍。但上、中游地区主产的化肥种类有明显差异,中游省份偏重于氮肥生产,湖北宜化集团的合成氨产

---

① 无机化学工业是以天然资源和工业副产物为原料生产无机酸、纯碱、烧碱、合成氨、化肥以及无机盐等化工产品的工业,长江上游地区部分无机化学产品产量较大。

量居于全国第一位。而上游省份是全国最大的磷肥供应基地,云天化集团、贵州开磷集团是全国磷酸二铵产量最高的企业,超过第三名近 50 万吨。

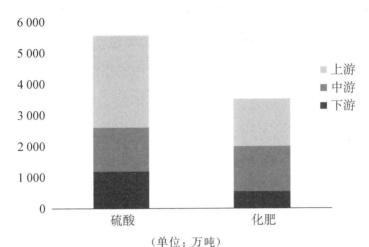

（单位：万吨）

图 9-2　2014 年长江经济带上中下游主要无机化学产品产量

资料来源：同图 9-1。

其他无机化工产品仍然以长江中、下游地区为主。如浓硝酸产品,安徽、江苏、浙江三省浓硝酸产量占全国的份额超过 50%；纯碱产品,中石化连云港碱厂占据全国首位；氯碱产品,长江三角洲产能占全国的 1/6,达到 600 万吨。上游四川省产能约 130 万吨,高于中游湖南省和湖北省。

三、长江经济带化学工业现有格局成因

长江经济带化学工业长期以来形成的空间布局基本体现了贴近原材料和市场这两大因素[①]。长江下游依托长江三角洲这一巨大的

---

① 刘鹤,金凤君,刘毅. 中国石化产业空间组织的演进历程与机制[J],地理研究,2012(11).

消费区域及江苏省、上海市的原油加工地,交通运输便利、配套设施完善、关联产业发达、具备化学工业良好的发展条件。在沿海地区布局大规模石油化工基础产品产能,生产废水符合排放标准后排放入海,对长江水环境的影响可降到最低。因而长江下游尤其是沿海地区形成有机化工工业高度集聚的布局,具有合理性,也符合世界化学工业的发展趋势。如美国墨西哥湾沿岸地区石化公司的销售收入占美国石化工业的 25％,炼油能力和乙烯产能分别占美国的 44％ 和95％。日本太平洋沿岸化工产业带集中了日本 85％ 的炼油能力和89％ 的乙烯产能[①]。比利时的乙烯装置全部建设在安特卫普,新加坡集中在裕廊岛,而韩国集中在蔚山附近[②]。

此外,长江中上游两大主要的无机化工产品分别基于原材料和市场发展而来。依托当地丰富的磷矿资源,长江上游云贵川地区逐渐发展成了全国最大的磷肥基地。同时,磷肥生产主要的原料之一是硫酸,云贵地区大规模的磷肥生产产生了对硫酸的巨大需求,因此长江中上游地区也是区域最大的硫酸产地。

四、长江经济带化学工业水环境污染负荷

2014 年,长江经济带 9 省 2 市废水排放总量为 307.86 亿吨,占全国废水排放总量的 42.87％。长三角地区的废水负荷显著高于中游地区,而中游地区显著高于上游地区。各省区中,江苏省废水排放总量超过 60 亿吨,是各省中废水排放量最高的省份,仅江苏省一省的废水就占长江经济带废水排放的 1/5,是排第二位的浙江省(40 亿吨量级)的 1.44 倍。其后为四川省、湖北省,达到 30 亿吨及以上的量级。

---

① 朱和.世界化工园区的百年之路[J],中国石油石化,2006(9).
② 刘宇.中国化学工业年鉴(2014)[Z],中国化工信息中心,2015,P123.

表 9-2　2014 年长江经济带各省废水排放总量排序

(单位：亿吨)

序号	省份	废水排放总量	序号	省份	废水排放总量
1	江苏	60.12	7	上海	22.12
2	浙江	41.83	8	江西	20.83
3	四川	33.13	9	云南	15.76
4	湖南	31	10	重庆	14.58
5	湖北	30.17	11	贵州	11.09
6	安徽	27.23			

资料来源：同图 9-1。

　　长江经济带 9 省 2 市工业废水排放总量约 85 亿吨，占全国的份额超过 40%。各工业行业中，整个流域造纸及纸制品业化学需氧量负荷最高，其后为化学原料及制品业、农副食品加工业、酒饮料茶制造业、石油加工业。氨氮负荷方面，化学原料及制品业最高，其次为造纸及纸制品业，石油加工业等。长江上游的主要污染排放行业为造纸和纸制品业、酒饮料茶制造业、农副食品加工业、化学原料和化学制品制造业；长江中下游的主要污染行业为化学原料及制品制造业、造纸和纸制品业、石油加工业、农副食品加工业等。可见化学工业不仅是全长江经济带的支柱产业之一，也是工业污染负荷最沉重的产业。

　　以各省工业 COD 和氨氮排放量为基础，根据中国环境统计年报中化学工业 COD 和氨氮排放量占全国工业污染物的比重进行推算，整个长江经济带化学工业 COD 排放总量达到 14 万吨，氨氮总量超过 3 万吨。其中化工 COD 排放最高的是江苏省、浙江省、云南省，超过或接近 2 万吨。其次为湖南省、湖北省，1.5 万吨左右。此后为四川省、江西省、贵州省，1 万吨左右。化学工业氨氮排放总量最高的是湖南省，近 8 000 吨，其次为江苏省、湖北省(见表 9-3)。

表 9 - 3　2014 年长江经济带各省化学工业污染物排放量估算及排序

（单位：万吨）

COD			氨氮		
排序	省份	排放量	排序	省份	排放量
1	江苏	2.363 96	1	湖南	0.782
2	浙江	1.967 33	2	江苏	0.489 6
3	云南	1.892 75	3	湖北	0.462 4
4	湖南	1.589 91	4	浙江	0.377 4
5	湖北	1.447 53	5	江西	0.306
6	四川	1.203 45	6	安徽	0.261 8
7	江西	1.054 29	7	四川	0.17
8	安徽	0.984 23	8	云南	0.146 2
9	贵州	0.714 16	9	贵州	0.119
10	重庆	0.581 95	10	重庆	0.112 2
11	上海	0.288 15	11	上海	0.064 6

资料来源：根据中国环境统计年报数据估算。

第二节　长江经济带化学工业发展格局存在的环境隐患

不同于现有的研究主要从原料产地、市场、政策等方面研究评价化学工业布局，本书将产业布局对长江水环境的影响作为重要考察指标，分析化学工业布局对长江水生态可能产生的环境隐患。尽管经长期发展形成的化学工业布局有其合理性，但仍存在不可忽视的问题，集中表现在长江经济带化学工业分布仍然较为分散，尤其是以规模经济效益为主要特征的石油化工产业近年来有沿江向上游扩张的趋势，这将给长江带来沉重的环境负荷和环境风险。

一、上中游地区化学工业发展的环境效率较低

中游的湖南省、湖北省化学工业氨氮排放量异常高于其产业发展水平。湖南省化学工业主营业务收入仅为江苏省的14%,湖北省也仅有江苏省1/4的产出,但两省化学工业的工业氨氮排放总量在全国分别处于第一和第三位。湖南省工业氨氮排放量超过江苏省近50%。观察湖南省主要化工产品的种类和数量,发现其并无特别具有优势的产品和项目,但化学工业氨氮排放数量却领先于全国,原因大体在于该省化工企业在氨氮去除方面存在普遍性的问题。

从排放强度来看,上游地区工业COD排放强度非常高,而中游地区氨氮排放强度相比更高。云南省工业COD排放强度是江苏省的5.53倍,湖南省工业氨氮排放强度是江苏省的4倍。

表9-4　2013年长江经济带各省化学工业污染物主营业务排放强度估算

(单位:千克/万元)

COD排放强度			氨氮排放强度		
排序	省份	排放量	排序	省份	排放量
1	云南	2.236 4	1	湖南	0.307 7
2	贵州	0.858 5	2	云南	0.172 7
3	湖南	0.625 6	3	贵州	0.143 1
4	重庆	0.597 6	4	江西	0.139 5
5	江西	0.480 7	5	安徽	0.117 1
6	安徽	0.440 2	6	重庆	0.115 2
7	湖北	0.313 0	7	湖北	0.099 9
8	四川	0.303 3	8	浙江	0.049 2
9	浙江	0.256 3	9	四川	0.042 8

（续表）

COD 排放强度			氨氮排放强度		
排序	省份	排放量	排序	省份	排放量
10	江苏	0.130 0	10	江苏	0.026 9
11	上海	0.063 9	11	上海	0.014 3

资料来源：根据中国统计年鉴及中国环境统计年报数据计算。

二、中上游有机化工产能不断扩张产生巨大环境负荷

近年来，长江下游地区化学工业主要产品产能产量基本保持稳定，中上游地区化学工业产品产量有较大幅度增长。特别是湖北省，在 2013 年实现了乙烯产品的生产能力，并处于高速增长中。中游的湖北省与上游的四川省相似的是，化纤产品基本保持 20% 的增长速度，而两省塑料产品产量都是在经历了两年几乎零增长之后迅速提升产量，应是大规模扩充了产能后的发展轨迹。有机化工产能扩充

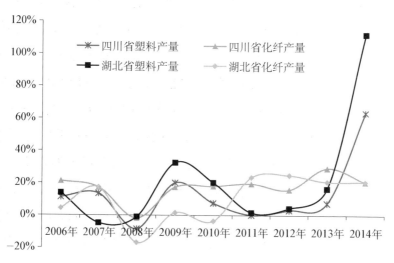

图 9-3 2005—2014 年湖北、四川省主要有机化工产品产量同比增长率

资料来源：中国统计年鉴。

带来了沉重的环境压力,如湖北省化工业COD排放居于全国第二位,化工氨氮排放居于全国第三位,工业石油类污染物排放量已从2012年的全国第六位快速上升到2013年的全国第三位。四川省2014年工业氨氮排放总量不降反升,工业COD仅减排1%。此外,不同于无机化工废水主要是生产中的冷却用水、废水中主要含酸、碱、盐类和悬浮物,相对较易处理。而有机化工废水成分多样化,一般都有强烈的耗氧性,毒性较强,多是人工合成的有机化合物,污染性强,不易分解。在当前这些基础化工产品出现结构性产能过剩的背景下,沿长江中、上游布局新的有机化工一般产品有待商榷。

三、石油化工产业布局分散加大污染水环境的风险

长三角地区已经形成了百万吨级以上的乙烯基地,近年来大规模乙烯装置有沿江向上游分布的趋势。如湖北省2013年新增乙烯产能投产,中石油拟在云南昆明建设炼油-乙烯装置。乙烯等基础有机原料布局分散存在一系列问题,主要表现在:(1)投资浪费,在已形成大规模乙烯产能的地区,已经投资建设了一系列公用工程体系,周边同类企业完全可以依托和共享。而分散布局则需要单独配套公用工程和辅助设施,每万吨乙烯生产能力总投资将高出2亿元左右。以60万吨/年乙烯装置计,美国的罐区、码头等公用工程占整个工程的20%,而中国则占40%—50%,其中有近20%的部分为重复建设①。(2)加大污染风险。目前,长江中、下游几乎每个港口都有炼油装置,单是治理渗油、漏油造成的污染就是一项艰巨任务。炼化项目存在规模经济效益,往往新建项目规模都在百万吨级以上,其水耗及废水排放远远超过普通化工项目。在长江上游生态敏感地区或者水源地布建大型化工联合装置,会造成当地生态恶化及环境危害。

---

① 刘宇.中国化学工业年鉴(2014)[Z],中国化工信息中心,2015,p.123.

四、大量零星分布的小型化工企业带来沉重的管理压力

根据中国化学工业年鉴数据计算,2014 年长江经济带 9 省 2 市规模以上化工企业数量达到 1.3 万家。然而根据环保部的调查,长江经济带共分布了 40 万家大大小小的化工企业[①]。以此推算长江经济带营业收入低于 2 000 万元的化工企业几乎还有 38 万家。截至 2013 年年底,全国化工企业进入工业园区的比率为 45%[②],预计长江经济带至少有 7 150 家规模以上化工企业和 20 万家小型化工企业没有进入园区。大量零星分布的小型企业为环保行政管理带来了较大的压力,一方面小企业本身经济实力较弱,可投入环境治理的资金更加有限,导致小企业的环境绩效往往较差,同时小企业可能无法达到基础设施较为完备的工业园区的入园要求,零星分布在各个乡镇,需要有大量的环保监测、监管人员高频度地进行监管。但是我国市级以下的环保行政管理资源相对有限,特别是长江上游欠发达地区的县城及乡镇根本没有专职的环保人员,对零星分布的小型企业的监管力度非常有限。

五、部分企业与原料产地或消费地相对分离引致潜在航运环境风险

长江经济带化学工业布局的典型特点是化学原料和化工产品相对分离,如石化工业方面,长江经济带原先只有上海、江苏、湖北、四川这 4 个省市加工原油,但有 9 个省市都布局了较大规模的原油加工产能,并且整个区域的原油加工量是原油产量的近 40 倍,需要依

---

① 曹新. 为何长江经济带不搞大开发[N],中国青年报,2016 年 4 月 18 日,02 版.
② 刘宇. 中国化学工业年鉴(2014)[Z],中国化工信息中心,2015. P68.

靠航运进行大规模原材料及产品输送。在无机化学方面,长江上游地区是硫酸主产区,云南、四川、贵州三省硫酸产品的产量近3 000万吨,10年间翻了一番以上。且3省主要的硫酸生产工艺是硫磺制酸,占全国的比重近60%。然而,这3省的硫铁矿石产量却非常小,仅占全国的10%左右,需要从安徽、江西等地运入大量硫原料。另外,长江上游也有较大数量的氮肥产能,生产氮肥产品的原料之一是硝酸。云贵川硝酸产量不足10万吨,却生产了近600万吨的氮肥。需要注意的是,长江上游的部分化肥生产企业远离原料产地,也并不靠近主要的消费地区。如2014年3省农业部门仅施用了不足300万吨氮肥,不足100万吨磷肥,但其氮肥和磷肥的产量均达到600万吨量级。可见长江上游化肥生产企业远离原料产地,也并不靠近主要的消费地区。

表9-5 长江经济带各省原油产量及原油加工量排序

(单位:万吨)

原油产量			原油加工量		
排序	省份	数值	排序	省份	数值
1	江苏	194.53	1	浙江	2 904.8
2	湖北	78.9	2	江苏	2 799.08
3	四川	17.52	3	上海	2 207.69
4	上海	5.27	4	湖南	913.94
5	浙江	0	5	湖北	908.59
6	安徽	0	6	江西	507.64
7	江西	0	7	安徽	420.43
8	湖南	0	8	四川	340.02
9	重庆	0	9	重庆	0
10	贵州	0	10	贵州	0
11	云南	0	11	云南	0

资料来源:中国统计年鉴、中国化学工业统计年鉴。

　　化工企业与原料产地和消费地相对分离产生了大规模的航运需求,2014 年,长江经济带通过长江内河运输的石油天然气及制品、化学原料及制品两大类化学工业相关的货物吞吐量达到 1.5 亿吨以上,占长江总货物吞吐量的 8%。并且化学工业相关的货物运输在较快增长,2014 年,长江干线运输化工原料及制品类货物同比增长 18.24%[①]。由于石油、化工原料及制品多是具有危险化学品性质,频繁通过长江干线运输大大增加了污染长江水体的风险。根据长江海事局的统计,仅 2014 年,长江海事局共办理危险品船舶进出港申报审批 4 万余艘次、危险品进出港吞吐量 3 942.7 万吨,同比分别增长 37.6% 和 13.7%[②]。全年长江干线危险品船舶事故共发生 17 起,虽相比前四年有 40% 的下降,但危险品船舶事故涉及甲苯、混合二甲苯等一类危化品事故,虽未造成实质的水污染,但存在较大的风险。危险品船舶运输事故多发生在重庆、武汉、九江、芜湖水域,长江下游事故相对较少[③]。

第三节　优化长江经济带化学工业
布局的若干建议

　　长江经济带化学工业的优化布局应以建设健康的长江水生态系统为目标,在统筹考虑整个长江流域的生态环境承载力、运输系统承载力的基础上,与流域层面的主体功能区划相结合,对沿江化学工业进行统筹规划布局。为更加体现集聚的要求,石化工业进一

---

① 陈良超.长江干线水运经济进入新常态[N],中国水运报,2015 年 1 月 25 日,02 版.

② 盛进路,杨富华,陶吉明.长江干线危险品运输安全监管注意事项探究[J],世界海运,2015(8).

③ 长江海事局.2013—2014 年及 2015 年一季度长江海事局辖区安全形势[R],2015 年 5 月.http://www.cjmsa.gov.cn/vcms/cjmsanw/UploadFiles_0628/article/201505/1430730385111.pdf

步向沿海大型基地集聚,化学工业向原料产地或消费地集聚,向园区集聚,从而提升化学工业环境效率,降低长江流域水环境负荷。为了实现布局优化的目标,本书从行政、经济、市场等方面提供若干操作建议。

一、长江经济带化学工业布局优化的目标

无论从产业的上下游联系,还是从污染的集中治理来看,集聚都是石化产业空间布局的重要原则。长江经济带化学工业布局应更加体现集聚的要求,石化工业进一步向沿海大型基地集聚,化学工业向原料产地或消费地集聚,向园区集聚。

(一) 进一步向沿海地区集聚

石化工业临海布局是合理的,在江苏省出台的《石化产业规划布局方案》中,也强调"加快发展沿海石化工业,优化发展沿江石化产业"。长江经济带应以长三角沿海地区大规模的炼化一体化基地为核心,在沿海地区进一步集中以大宗油气资源为原料的石油化工项目,区域中心城市周边石化项目向沿海地区转移。在其他区域,按市场容量适度布局一些炼厂,以平衡各地油品消费。这些炼厂以生产各类油品为主,化工轻油可通过管道等方式转运长三角集中加工,不再新建石油化工项目[①]。

(二) 进一步向园区集聚

鉴于长江经济带中、上游地区化学工业企业尤其是中小企业布局分散,同时部分地区在工业污染物去除中存在普遍性的问题,导致

---

① 刘鹤,金凤君,刘毅. 中国石化产业空间组织的演进历程与机制[J],地理研究,2012(11).

部分地区化学工业污染物排放异常偏高。此外,大部分中小企业营收规模较小,工业污染治理的资金、技术等方面存在不足。在当前条件下,推进分散企业进入园区是可行途径。沿江化工园区应逐步提高资源消耗、污染排放、安全生产等准入条件,园区管理部门应逐步建立完善的环境应急响应体系。

(三) 进一步向原料产地或消费地集聚

长江中、下游沿江地区充分利用现有产业基础、市场基础,重点延伸拓展高技术含量、高附加值、低资源消耗、低环境污染的高端专用和功能性化学品、高性能合成材料及复合材料、生物材料等;长江中、上游沿江地区依托当地特色资源优势、产业基础及市场需求,规划布局若干盐化工、农用化工、生物化工,延伸发展化工新材料和专用化学品产业。

二、多措并举引导长江经济带化学工业布局优化

为了实现上述布局优化的目标,笔者从行政、经济、市场等方面提出 6 点操作建议。

(一) 严格改扩建项目排放标准

《长江经济带国家级转型升级示范开发区建设要求》中指出,应限制在长江沿线开发区新建石油化工、煤化工等化工项目。这些项目在长江三角洲地区已经非常密集,目前正在向长江中、上游的湖北、四川省拓展。建议国家发改委停止审批长江中、上游地区新建有机化工项目、现有项目的扩产等项目。长江中、下游地区原则上也不再新建大规模有机化工项目,进一步统一并收紧现有项目及其改扩建项目的排放标准。

（二）不达标企业一律关停

目前,在对不达标企业关停整顿工作中存在一定的地区保护弊端,或者部分地市将排污企业布局在两市交界的断面,一定程度上使地市环保部门对不达标企业关停时存在不积极的态度。建议由沿江地区省级环保部门统筹不达标化工企业的关停工作,出台全省统一的化工企业关停标准及时间表,由省级督察部门对各地的关停情况进行督察,未能按时完成关停工作的地区不能通过环保系统考核。

（三）将区域化学工业搬迁改造纳入专项建设资金支持范围

针对在企业向园区集中过程中的资金问题,可考虑在现有"城镇人口密集区危险化学品生产企业搬迁改造专项建设项目"中,将目标企业由城镇人口密集区扩展到长江沿江地区,或将"长江沿江地区高风险危化品生产企业搬迁改造专项建设项目"纳入国家专项建设基金支持范围。

（四）建立长江沿江化学工业退出补偿机制

沿江化学工业的退出是优化沿江化学工业布局的重要举措,对退出企业进行一定的补偿也是十分必要的。可由国家发改委或工信部设立专项退出援助基金予以支持,如企业若封存和淘汰设备,在进行新投资时,可以按比例得到优先或优惠贷款,或采用特别折旧率,或者给予一定的资金补偿,或者采取政府向企业"购买"旧设备然后将其废弃的方式,即所谓的"收购报废"方式补偿退出企业。

（五）尽快推出长江流域排污权交易机制

排污权交易机制是由发达国家实践证明了的,能够以最低的社会成本取得污染物排放总量削减目标的市场机制。建立覆盖整个长江流域的排污权交易机制对于优化流域化学工业布局具有积极意义：第一，由流域机构对全流域环境承载力进行核算，提出主要污染物限制排污总量，可以一定程度上遏制长江中、上游地区化工产能不断扩张的势头；第二，由流域机构从全流域层面划定水功能区，在保护区域中禁止任何企业设置排污口，促使化工企业在上游重要水功能区的退出；第三，由于中、上游地区污染物减排的能力较差、成本较高，排污权交易开展之后，中、上游地区化工企业在市场上处于不利地位，客观上推动了化工企业在中、上游地区的退出。

（六）探索流域生态补偿创新机制

目前，我国已经开展的流域内或跨流域的生态补偿机制一般都发生在政府部门之间的转移支付，以资金补偿为主要方式。这种生态补偿机制存在补偿标准难以科学确定，补偿资金来源缺乏等问题。在长江经济带共抓大保护的过程中，有必要探索生态补偿的新机制。可考虑由下游企业对上游具有重大生态价值的区域或对象进行投资，由消费者付费。如投资水源地或水源涵养区，投资人可从水费中获取回报；投资自然保护区、森林公园、湿地公园生态项目，以门票收入等方式获取回报。

第十章

生态文明背景下促进长江港口现代化建设的对策建议

近年来,长江港口吞吐能力发展迅速:2010 年到 2015 年,长江干线货物吞吐量由 15.02 亿吨增长到 21.36 亿吨,增长 45.1%;集装箱吞吐量由 907.9 万标准箱(TEU)增长到 1 413 万 TEU,增长 56%(唐冠军,2016)。沿江港口在集约化、产业化、现代化建设方面取得了一定的成绩,促进了长江流域的经济发展,但是对沿江生态环境造成了不利影响。而近年来,随着长江经济带上升为国家战略,国务院在宏观层面加强了对长江经济带总体发展的指导,提出了将长江经济带建成绿色生态廊道的发展目标。因此,长江港口的现代化建设需要综合考虑对长江经济带的经济发展以及生态环境保护的双重影响。

第一节 沿江港口发展现状

长江西起青藏高原,东至上海,通过水运的方式将我国东中西三大区域的经济发展联系起来。而港口是长江水路运输的重要节点,在货物存储与集散、货运工具转换、人员流动等方面发挥着重要的作用。当前长江港口的发展现状可总结如下：

一、港口体系不断完善

目前，长江港口初步形成了具有等级差异的港口体系，形成了上海港兼顾国内、着眼海外的国际航运中心，重庆港、武汉港以及南京港立足本地、服务全国的区域性航运中心，以及其他港口相互补充的沿江港口体系。沿江港口在一定程度上形成了长江上游地区、长江中游地区以及长三角地区三大区域港口群，沿江港口体系的完善极大地促进了其腹地经济的发展。此外，长江港口在货物运输方面逐渐形成了相互配合、互为补充的专业化运输体系。除了传统的资源型产品之外，在集装箱、散装水泥以及滚装运输等方面都取得了长足的进步。具体而言：沿江港口为沿江钢铁企业形成了以长江下游港口为中转港的铁矿石运输系统；为沿江能源依赖型企业提供了煤炭以及石油制品的运输系统；形成了武汉、南京、上海等为龙头港，其他干线港口为补充的集装箱运输系统。

二、港口之间不断融合

近年来，跨地区港口之间的合作不断增加，不仅推动了港口之间的交流合作、增进了货物运输的效率，还提高了港口的管理水平、促进了资本的跨地区流动。沿江港口作为长江水上运输的重要节点，其跨区域合作推动了东中西部地区经济的共同发展。同时在沿江不同的区域内，港口之间的融合发展也有所体现，如"长江中上游港口联席会议""安徽五港联谊会""江苏七港联谊会"等。尽管目前港口区域之间的融合发展停留于形式层面，并未取得实质性的成果，但是港口之间融合发展的趋势已经开始显现并且仍将继续发展。

三、长江航道不断优化

经过长江航道部门对长江航道的进一步治理,长江的通航条件有所改善。目前,长江上游三级航道已经延长到宜宾港,中游荆江航道改善了由三峡工程运行所造成的不利影响,南京以下航道则基本实现了深水化。长江干支流航道的改善有效地促进了长江运输能力的提升,即长江航道能够允许更多、更大型的船只通航,提高了长江航道的承载力,同时也对港口在装卸服务方面的建设提出了更高的要求。根据交通运输部对长江干线航道水上交通流量观测断面的调查数据显示:2012—2015 年间,全年日平均标准船舶流量的平均值由 616.8 艘次上升为 647.6 艘次,年均增长 1.7%[①]。此外,2010—2015 年期间,长江干线货物吞吐量以及集装箱吞吐量均增长 50% 左右(唐冠军,2016)。长江干线船舶流量以及吞吐量的增长都从侧面反映出了长江航道状况的改善。

四、港口功能呈现多元化

传统的港口发展往往仅提供相关的货物运输服务,处于价值链的底端,与经济体系的融合程度较低。近年来,长江港口企业努力推进传统服务的现代化转型,大力发展现代物流业,积极推进港口经济圈的形成,加强了港口对经济体系的渗透。在发展现代物流方面,一些港口秉持全程物流一体化的发展理念,将水运、陆运以及空运相结合,提高了货物运输的运输效率,如四川省宜宾港、泸州

---

① 交通运输部,2012 年公路水路交通运输行业发展统计公报[EB/OL]. 交通运输部,http://www. moc. gov. cn/fenxigongbao/hangyegongbao/201510/t20151013_1894759. html. 交通运输部. 2015 年交通运输行业发展统计公报[EB/OL]. 交通运输部,http://zizhan. mot. gov. cn/zfxxgk/bnssj/zhghs/201605/t20160506_2024006. html.

港以及江苏省泰州港等采取优惠政策吸引相关产业落地港区，并以此为基础吸引关联产业集聚，建立产业园区，形成港口与产业园区互联互动的发展格局。通过港口物流服务功能的提升以及港口经济圈的逐渐形成，港口的功能逐渐增加，加深了与经济体系的联系。

第二节　沿江港口存在的问题

近年来，在长江航道不断优化的条件下，长江沿江港口发展势头良好，基础设施不断完善，吞吐能力有所提高，初步形成了具有等级差异的港口体系。港口之间的合作逐渐增加，港口功能呈现出多元化。但是，长江沿江港口在长江航运体系中仍然属于提升空间较大的环节，还有以下七个方面的问题需要解决。

一、非法码头问题突出

码头作为港口的组成部分，在货物装卸、人员流动、实现运输方式转换等方面具有重要作用。同时码头依赖于岸线资源而建，不仅能够产生经济利益、带动地方经济发展，还会对沿江的生态环境产生影响。正规码头的建设应该兼顾经济效益与环境效益。然而，在长江流域港口码头的建设中，存在许多非法码头。而非法码头由于未经过政府相关部门（如长江委、长航局、省环保厅等）的审批，完全凭借经济利益的驱动，在建设以及运行过程中不仅违规占用岸线资源、影响船舶航行，还严重影响了码头之间公平的市场竞争，同时对长江的生态环境产生负面影响。

非法码头问题突出，其原因有二：一是审批程序繁杂。码头的建设涉及水利、环保、消防等领域，需要众多政府部门（如长江委、长航局以及省环保厅等)的审批,其行政效率又偏低,并且不同的职能部门在评估时都需要资金投入,申请的时间周期过长、投入较高;二是与申请兴建正规码头相比,兴建非法码头易于操作。这些非法码头往往手续不全,节省了审批时间以及审批成本,从而得以低于市场价运营,在与正规码头的竞争中处于有利位置。

二、岸线资源利用不合理

岸线是一种特殊的资源,在长江流域中,它是长江水域与陆域的结合处,是港口建设所依托的自然基础。同时岸线资源又是一种不可再生资源,有必要通过合理规划提高岸线资源的利用效率,提升港口作为综合运输节点的重要功能。但是,在目前的岸线资源利用方面,还存在问题。第一,岸线开发利用效率较低。不同的岸线资源能够兴建不同的港口,应该根据岸线资源条件建设适宜的港口。然而,在实际的岸线资源利用中:一些企业存在圈地行为,实际投入使用的岸线资源较少;如前所述,非法码头的无序建设也浪费了宝贵的岸线资源。第二,在港口的建设过程中,地方政府盲目投资,形成沉淀成本。特别是针对一些难得的港口深水岸线的投资项目,一旦经营不善,将不仅难以回收前期的巨大投资成本,还限制了今后港口的合理发展,浪费了宝贵的岸线资源。

近年来,由于港口是长江水上运输的重要节点,港口依托自身有利位置易于吸引产业集聚形成港口经济圈,对地方经济的带动作用显著,因而刺激了地方政府对港口建设的积极性。但是,地方政府在港口的建设上更多的是从经济的视角出发,缺乏从宏观的、全流域内的视角综合考虑港口建设问题,致使岸线资源利用不合理,港口的建设与规划还存在不足。

三、航道通而不畅

　　沿江港口设计通过能力普遍富余,仅少部分港口设计通过能力较低。设计通过能力富余较多的港口主要集中于长江中、上游,长江下游港口的富余能力较小。长江上、中、下游港口企业集装箱码头平均设计通过能力分别富余 74.19％、33.32％、3.28％(谢瑞娟,2016)。这在一定程度上印证了长江航道中、上游的通航能力较差而下游的通航能力较好的事实。就长江航道的整体而言,高等级航道占总航道里程的比重偏低,中上游航道在局部水域存在梗阻问题。此外,为了连接长江两岸的陆路交通,修建了众多沿江大桥,但是这些桥梁在修建之初并未对未来的长江通航能力进行过多考量,因而逐渐成为通航壁垒。长江航道的"通而不畅"问题提高了长江航运的运输成本,降低了长江航运的运输效率,提高了长江危化品运输的风险系数。

　　长江航道通而不畅问题固然有自然先天条件的原因,但也与政府缺乏科学合理地针对长江航道进行系统整治有关。长江航道的通而不畅问题对中西部地区的经济发展产生了不利影响。我国地区经济发展差距较大,同时长江中、上游地区资源产品丰富,需要以较低的成本将中西部地区的资源产品输送到东部地区,从而为双方带来收益。尽管铁路运输是长距离大规模货物运输的适宜选择,但是铁路的运输成本(相对于水运)相对较高。如果能够较好地解决长江中、上游航道的梗阻问题,将会降低水运成本,提高运输效率,进一步缩小地区经济发展差距。

四、运输管理不完善

　　长期以来,沿江港口的兴建主要由地方政府主导,其目标是带动地方经济的发展。而长江横跨的行政区划较多,由于不同地方政府的目标均是使自身经济利益最大化,并且在长江流域层面尚未建成完善的地方政府利益协调机制,使得长江港口在统一管理、信息资源共享等方面存在困难。尽管目前长江港口之间的战略合作在不断加强,如水富港、宜宾港与上海港的合作,泸州港与武汉港的合作,以及所谓的"江苏七港联谊会"等合作,但是这些合作的主要目的还是在于提升港口自身竞争力,对于形成长江港口运输管理的一体化目标仍然存在差距。

五、同质化竞争严重

沿江港口的同质化竞争,使得运输价格偏低,压缩了港口企业的利润空间,竞争大于合作的情况不利于港口与港口之间的协同发展。港口之间的同质化竞争原因主要有3个:一是辐射的腹地范围重复。一些港口在建成后发现与别的港口距离较近,如宜宾港和水富港,水路距离与陆路距离均在40公里左右,辐射的腹地范围均包括川、滇、贵等地区。二是具有类似的经济结构与资源禀赋。以泸州港与宜宾港为例,围绕两个不同的港口形成了类似的产业结构,同时在矿产资源方面也有所雷同(均盛产石灰石、岩盐矿以及石英砂等)。三是长江沿线港口并未严格执行上级规划,港口在建设时自主性较大,导致个人理性与集体理性存在冲突,从而使得临近港口之间的差异较小,功能类似。

六、交通枢纽功能建设不完善

沿江港口的交通枢纽功能未能充分发挥。在长江港口发展的初始阶段,疏运主要以水水中转为主。随着国内基础设施的日益完善,公路系统建设的网络化,长江港口的水公联运发展良好。但是,铁路与水路的联运状况较差,绝大多数港口并未实现水路与铁路的直接中转。数据表明:在71家吞吐量500万吨以上的沿江港口企业中,仅约24%的港口企业实现了水路与铁路的直接中转(陆民闵,2015)。由于通过水路运输的货物规模一般较大,经由公路中转将会提高货物的运输成本,并且不适于大规模货物的长距离运输。而水铁联运则能较好地解决这一问题,但是目前港口交通枢纽建设不完善,多式联运存在困难,造成了货物运输中的"最后一公里"问题,提高了货物的运输成本。港口的交通枢纽设施并不具备完全的"竞用性"和"排他性",其在一定程度上承担了公共服务的职能,完全依赖于市场机制,不能确保港口交通枢纽基础设施的有效供给。

七、港口对环境存在不利影响

港口在正常运行时,会产生粉尘、噪音以及其他污染物,对港口附近的水质以及空气质量造成不利影响。港口周边水域环境受到不断进港和出港的船只的影响,过往船只也会不同程度地产生油类污染物以及其他废弃物,还有可能直接向江内倾倒生活垃圾,损害了港口环境。此外,长江干线还承担化工原料、化工成品以及危险化学品的运输。从地区来看,2015年南京港危化品运输占年货物运输的22.6%[①];从长江经济带范围来看,沿江化工品的生产占到全国的一半左右[②],因而可以从侧面印证危化品运输对于长江水运的依赖。港口为运输危化品的船只提供装卸、货运方式转换等服务,在操作过程中以及船舶进出港口的过程中,均会对港口环境产生潜在的环境风险。

---

① 李学辉,邱世美,方爱琼. 强化长江流域危化品运输管控[N]. 中国环境报,2016-04-09.

② 中国经济网. 长江危化品运输安全升级 2016 年起禁行部分船舶[EB/OL]. 中国经济网,2014-06-24,http://finance.ifeng.com/a/20140624/12595233_0.shtml

第三节　加快推进沿江港口
现代化建设的建议

目前,长江经济带建设已经上升为国家战略,而长江港口的优化发展能够为长江经济带的发展提供有力支撑。因而,长江港口的发展机遇与挑战并存。对于长江港口现阶段发展面临的问题,提出如下针对性的政策建议。

一、优化资源利用,改善通航条件

(一) 提高岸线资源利用效率

第一,制定岸线资源的利用规划。长江岸线资源是长江港口体系所依托的自然基础,同时长江岸线资源也是跨江大桥、过江隧道以及产业园区的集聚地。岸线资源作为一种不可再生资源,需要在各种用途之间进行合理分配,在规划制定前,需要全面听取专家以及地方的意见,建立相对科学的岸线资源利用规划体系。第二,提高岸线资源利用规划的实施效果。加强上下级部门之间的联系,有效执行岸线资源的利用规划(尤其是类似港口码头等对岸线资源依赖性较强的经济单位),保持岸线资源供需结构总体均衡。第三,要加强岸线资源的监督管理,建立惩罚机制。一些企业或部门在占用岸线资源的同时,长时间未合理开发或者开发不符合要求,此时需要政府运用法律手段,采取合理措施对企业或个人进行处罚,提高相关责任人的违规成本。

（二）系统整治航道

第一，对长江航道整治进行科学合理的规划。长江航道通航的自然条件并不理想，因而对长江航道的整治涉及对自然环境的改造，治理过程具有长期性。需要对长江流域不同河段的航道进行先期评估，分阶段、分步骤地开展长江航道的整治工作。第二，明确权责机制。长江航道整治工作的内容庞杂，涉及各个方面，为了避免各部门互相推诿拖延治理进度的情况，需要对长江航道治理的各个部门分配责任，使得整治部门能够明确分工、团结合作。同时能够根据问题追究相关人员或部门的责任，建立惩罚机制。

二、促进沿江港口统筹发展

（一）加强沿江港口统一管理

第一，建立统一的电子信息平台。推动互联网技术在港口管理中的运用，实现港口与港口之间的信息资源共享，改变实体经济中信息不完全的状况，提高经济的运行效率。第二，行业主管部门应统筹管理，加强长江流域内港口的合理布局以及建设规划；与地方政府携手合作，将行业信息与地方经济信息及时汇总、披露，为港口的短期、中期以及长期发展提供信息支持，使得港口在发展过程中能够按照市场变化合理投资，合理利用自然资源。

（二）推进沿江港口错位发展

第一，建设分等级、分层次的港口体系。港口在建设的同时，需要考虑到港口附近的经济圈现状，合理评估新建港口对经济体系产生的影响。突出重要港口的主体地位以及充分发挥不同港口的功能性作用。进一步加快上海港兼顾国内、着眼海外的国际航运中心，重庆港、武汉港以及南京港立足本地、服务全国的区域性航运中心以及其他港口相互补充的沿江港口体系建设,临近港口应该尽可能避免基础设施重复建设,依托自身有利的自然条件,建设差异性港口,从而达到差别竞争、错位发展的目的。第二,港口之间建立协作机制,促进港口之间统筹发展。沿江港口同质化竞争现象延续时间较长,竞争无序以及低水平竞争损害了港口之间的利益。可以考虑引入第三方机构进行规划与协调,建立港口与港口之间的长效沟通机制以及利益协调机制,促进港口之间的优势互补、协调合作。

三、加强港口码头的规范化建设

(一) 简化审批程序,取缔非法码头

目前,政府对码头的审批程序繁杂,申请建立码头的时间周期长,与灵活多变的市场环境不相适应。建议政府一方面要减少不必要的审批程序、将同类型的审批程序合并;另一方面要成立专门的审批机构,提高审批效率。此外,对于那些手续不全,不利于船舶航行安全,有害于长江生态环境保护的非法码头,政府要采取强制措施依法予以取缔,同时要追究相关人员的法律责任。

(二) 提高码头管理水平

建立现代化的码头信息系统,提高电子服务水平,逐渐取代人力投入较多的传统管理模式。通过管理模式的转变,提高服务水平,降低管理成本。加强码头建设的一体化管理,促进码头的规模化、集约化建设。针对尚在建设的大型港口项目需要进行合理评估,对不符合市场发展方向的项目要进行改造;针对已经建设完成的货主码头,需要采取针对性的措施(如引入公共服务商参与控股)推动其向公共码头转变。

（三）完善港口交通枢纽功能建设

第一，完善交通枢纽基础设施建设。包括水、陆、空联运所需的基础设施如换装机械设备、作业场地、铁路站点、专用线路以及机场等（通过合理建设以及布局不同运输方式的基础配套设施，保证不同类型货物的高效中转）。第二，建立不同运输方式的协作机制，充分发挥港口交通枢纽的作用。搭建能够反映不同运输方式物流信息的交易平台，将水运、陆运以及空运等物流信息全面而及时地反映出来，从而便于供需双方实现有效对接。第三，需要政府统一规划，将港口打造成水运、陆运以及空运等运输方式的枢纽中心。特别是应该加强铁路网络与港口体系建设的有机结合，完善水铁联运机制。通过合理规划与协调，保证水铁联运的高效转换，降低大规模货物的运输成本。

四、发展绿色港口

（一）加强危化品的运输管理

危化品的运输对环境存在潜在风险，应该区分危化品与普通货物的管理方式，建立更为严格的管理体系。考虑将普通港口与危化品停靠的港口区分开来，并且保持危化品运输船舶与普通货物运输船舶之间的水上距离，保证危化品的运输安全。

（二）加强港口环保建设

第一，将低碳、节能、环保的新技术应用到在建港口或者已建港口的设备更新之中，确保港口在运营时能够节约能源、资源，降低污染、保护环境。第二，培养员工节能意识，员工是港口运营中的实践者，需要提高员工的节能意识，转变以往的落后观念，促进员工提高生产设备的使用效率,节约能源、降低排放。第三,建立污染应对机制。在港口正常运行过程中,港口应该引进污染处理设施,对港口内的污染物进行收集和处理,降低污染程度;同时针对一些环境的突发事件,需要做好事前准备,从而降低环境风险。此外,建立绿色港口的指标体系。政府应对港口的绿色发展程度进行系统评估,建立奖惩机制。发挥政府的管理作用,设定港口对环境污染的标准,对污染排放超过限制的港口企业进行惩罚。

第十一章

扶贫攻坚与保护长江

　　在长江经济带社会经济快速发展的同时,其生态环境也越来越脆弱。长期以来,长江经济带建设的重点主要是经济建设、交通体系构建、产业转移等,对全流域生态环境屏障、城市协同发展、区域均衡发展,上游地区脱贫等问题的重视不够,使得上游地区为实现全流域的生态安全,在发展上作出了巨大牺牲,如天然保护林、退耕还林、珍稀鱼类自然保护区等建设,导致"绿色贫困"[①];而贫困问题则导致上游地区在发展战略上的短视与盲目,对生态环境带来更大的破坏。可见,长江经济带贫困问题与生态环境问题有出现恶性循环之势。为贯彻落实习近平总书记"共抓大保护,不搞大开发"的重要指示精神,上海社会科学院生态与可持续发展研究所课题组一行8人,于2016年5月26日至6月3日,前往云南、四川2省4市,就长江经济带上游地区生态环境治理现状、问题及原因与政府和企业人员进行了座谈、深度访谈、田野调查,涉及发改、环保、水利、林业、扶贫等政府部门以及相关企业和居民。课题组研究发现,长江经济带正面临多重生态环境问题,而深度贫困则是不可忽视的关键因素,加强扶贫攻坚将是实现长江经济带"共抓大保护"的重要途径。

---

① 邓玲.长江生态环境大保护促进大发展[N].人民日报,2016-07-18:07.

第一节 长江上游主要生态环境
与生态安全问题

长江经济带人口经济活动密集、资源大量消耗与废弃物过度排放,使得长江经济带人类活动干扰较大;而长江上游地区由于地形地貌复杂、气候等自然条件多样,生态环境更加脆弱,使得水环境恶化、生态系统退化、自然灾害威胁加大、生态安全形势严峻。

一、环境污染突出,水质趋于恶化

由于农药、化肥、地膜和农村生活污水的影响,长江上游农业面源污染严重。而沿江城市污染企业较多,由于治理与管理手段欠缺,使得污染物大量排放。2014 年,长江流域Ⅳ类及以上水质断面比例达到 29.1%,其中劣Ⅴ类达到 6.3%[①],随着生产生活活动加剧,长江水质开始恶化。从干流水质来看,2007 年,长江干流以Ⅱ类水为主;到 2010 年、2014 年,长江流域干流水质有所恶化,主要为Ⅲ类水。从支流水质来看,支流水质恶化趋势更为明显,支流成为长江流域的主要污染河段,污染河段主要为螳螂川云南段、岷江成都段、乌江与沱江下游、湖北澧水、太湖流域各支流等,水污染直接影响到沿岸居民的生产生活活动。

二、水土流失严重,生态系统失衡

由于地形坡度较大,地质条件不稳定,以及暴雨洪水频发等气候

---

① 数据来源于全国环境统计公报 2015。

影响,加上人为对生态环境的破坏,长江流域水土流失十分严重①。据统计,2014年长江流域土壤侵蚀总量达2.745亿吨,约占全国的51.44%,单位流域面积侵蚀总量达0.168万吨/平方千米,仅次于黄河(见表11-1)。1950—1995年,长江流域土壤侵蚀总量约占全国侵蚀总量的48.64%。长江中、上游水土流失又直接影响中、下游的生态环境,造成河湖水库淤积,洪涝灾害风险加大。长江上游水土流失尤为严重,其中,四川盆地及周围山地丘陵区水土流失面积比例达31.8%;西南岩溶区(包含川、黔、滇、桂等的云贵高原区)水土流失面积比例达29.1%②。以长江上游的金沙江上游预防保护区和岷江上

表 11-1　2014年全国主要江河流域土壤侵蚀量

流域名称	流域面积(万平方公里)	1950—1995年侵蚀量(亿吨)	侵蚀强度(亿吨)	2014年侵蚀量(万吨/平方公里)
长江	142.26	23.87	0.168	2.745
黄河	49.15	16.00	0.326	0.822
海河	18.20	2.01	0.110	0.005
淮河	20.10	1.58	0.079	0.055
珠江	40.52	2.20	0.054	0.481
松花江	52.83	0.19	0.004	0.178
辽河	22.00	1.53	0.070	0.137
钱塘江	5.71	0.11	0.019	0.301
岷江	5.85	0.12	0.021	0.033
塔里木河	11.73	1.30	0.111	0.544
黑河	4.39	0.16	0.036	0.035

资料来源:2014中国水土保持公报。

---

① 邓宏兵.长江中上游地区生态环境建设初步研究[J].地理科学进展,2000,19(2):173—180.
② 水利部.全国水土保持规划(2015—2030)[R].水利部,2015,12.

游预防保护区为例,2014 年,金沙江上游预防保护区水土流失面积达 3 357.71 平方公里,占土地总面积的 65.50%;而岷江上游预防保护区水土流失面积 1 621.54 平方公里,占土地总面积的 44.30%;同时,金沙江、岷江上游不仅水土流失面积大,且水土流失程度较深,中度侵蚀及以上面积比例分别占 40.9% 和 61.4%。

同时,由于陡坡耕种、毁林开荒等原因,长江中上游地区森林面积在 20 世纪减少了 50% 以上。尽管长江流域防护林体系使得长江上游森林面积逐渐回升,但次生林森林生态系统与原生林相比,其稳定性仍然较差。据统计,长江上游地区稳定性一般、较差和极差区占一半以上,尤其是四川盆地中部丘陵地区、秦巴山区、三峡库区和滇东/黔西高原等区域尤为明显(见图 11-1)。

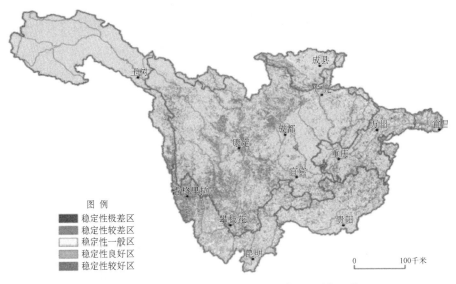

图 11-1 长江上游森林生态系统稳定性评价

资料来源:任平,洪步庭,程武学,2013。

三、坡耕地比重大,耕地质量下降

长江中、上游地区地形陡峭,且人口较为密集,为了生存需要,陡坡耕种、毁林开荒成为常态。据统计,长江上游地区坡耕地约1.5亿亩,其中0.3亿亩耕地的坡度超过25°,由于土地坡度较大,土层瘠薄,在暴雨冲击下,土壤侵蚀严重,使得坡耕地成为长江泥沙最大源头。以峨边县和金口河区为例,两地位于川西高原、大渡河中游地区,区内70%—90%的耕地坡度在25°以上。课题组调研地昭通市山地约占土地总面积的96%,全区70.10%的耕地坡度大于15°,其中,38.9%的耕地坡度大于25°,大于35°的极陡地占14.25%。且长江上游土壤土质疏松、结构较差,坡地大量开发,极大地造成土壤流失严重,久而久之,土层更为瘠薄,土壤肥力也日趋下降;坡耕地大量开垦,也使得云贵高原石质山区成为全国石漠化最严重的地区[①]。

第二节　长江经济带生态环境问题的主要原因

　　探究造成生态环境问题的主要原因,有助于有的放矢地找准生态环境问题的应对之策。长江经济带作为一个复杂的巨型生态系统、社会经济系统,生态环境问题的出现也是自然、人为等多种因素共同引致的结果,其中长江上游地区的深度贫困是其主要原因。

一、长江上游深度贫困问题严重

　　由于历史原因和环境条件,长江上游一直是我国贫困问题较为严重的地区,也是我国贫困县的集聚区。2012年3月,国务院扶贫开发领导小组办公室公布最新扶贫开发工作重点县,总数为592个。

---

① 据国家林业局2012年第二次石漠化检测结果显示,滇、黔地区81个县为石漠化重灾区,其国土面积仅占监测区的27.1%,而石漠化面积却占53.4%。

国家贫困县大多集中于"老少边穷"地区,长江上游地区,尤其是川西三州地区、乌蒙山区、滇西地区、鄂西和渝东的秦巴山区是除西藏以外全国贫困程度最深的地区,云贵川渝四省市占全国贫困县数量的26%(见图11-2)。尽管在国家扶贫工作的推动下,长江经济带上游贫困问题有所缓解,但仍面临巨大挑战。据统计,2001—2009年的10年间,贵州、云南、甘肃的贫困县从29%增加到41%,尽管有国家贫困标准提升的因素,但长江上游积贫难返、深度贫困问题严重的现象依然不容忽视。深度贫困不仅表现在贫困覆盖范围广,还表现在贫困程度很深,其经济发展水平与全国其他地区也差距巨大,其中,人均GDP、人均财政收入、农民人均纯收入仅占全国平均水平的49.70%、9.15%、55.30%,产业结构上也呈现农业比重高,工业发展落后的特征(见表11-2)。

图11-2 我国深度贫困地区分布

资料来源:国务院扶贫开发领导小组办公室网站。

表 11 - 2　2010 年全国扶贫重点县与全国县市经济水平比较

	人均GDP /元	三次产业结构	人均财政 收入/元	农民人均 纯收入/元
全国	22 467	15.2：52.6：32.2	6 109	5 919
592 个扶贫重点县	11 170	22.4：46.0：31.6	559	3 273
与全国比较	49.70%	—	9.15%	55.30%

资料来源:《中国农村贫困监测报告 2011》,全国人均财政收入来自《中国统计年鉴 2011》。

二、扶贫支持薄弱,扶贫开发与环境保护缺乏协调

为扩大扶贫范围,减少贫困人口覆盖比例,1986 年实施正式扶贫战略以来,国家扶贫标准一直在不断提升,以实现最终消灭贫困。1986 年,我国将扶贫标准设定为农民年人均纯收入 206 元(当年价);随后扶贫标准不断提升,到 2015 年提升至 2 855 元。但现行扶贫政策,以及扶贫开发与环境保护协调,也存在诸多问题。

(一) 返贫危机严重

我国贫困人口生存适应能力薄弱,返贫危机明显,自然灾害和突发事件都将使得已脱贫的贫困户重新返贫。

(二) 资金保障不足导致扶贫政策效果不理想

尽管财政扶贫资金呈现逐年增长的趋势,但与几乎覆盖半个中国的贫困地区相比,其扶贫资金缺口仍然很大。例如,国家鼓励采取易地扶贫搬迁,但中央的财政补助难以实现异地搬迁,而地方又无力给予配套资金,搬迁成本则需要由群众自身承担,这不仅增加了群众的负担,同时还有可能进一步增加贫困程度。再如,国家将公益林补偿标准每年每亩补偿 5 元(2001 年标准),提高到当前集体林补偿每年每亩 15 元、国有林每年每亩 6 元,但 2001—2014 年间,全国 GDP 增长了 4.83 倍,全国农民人均可支配收入增长了 3.49 倍,远高于公

益林补偿标准增幅,且即便是补偿标准增长了2倍,与群众投入公益林养护的劳动成本和机会成本相比,显得微不足道,这在很大程度上抑制了农民护林、养林的积极性。在课题组调研中,基层干部与群众纷纷表示对该标准的不满。

(三) 扶贫造血机制缺乏

扶贫资金在短时期内可产生一定作用,但不能从根本上解决扶贫问题,长江上游贫困地区发展能力并未提升。例如退耕还林工程导致耕地减少,粮食作物产量减少,但退耕后没有形成新的产业链,这对退耕农民收入造成了较大的冲击。据调查,昭通市25°以上坡耕地占总面积的35.6%,退耕还林直接导致全市农民收入来源的大幅减少,而天然林保护工程要求禁砍禁伐导致"绿色银行"也无法惠及人民,这致使生态退耕与扶贫开发割裂开来。

(四) 贫困与生态环境相互交织造成单独扶贫难以根本上解决问题

我国集中连片贫困区主要分布在中西部的"老少边穷"地区,也是生态环境脆弱、自然灾害频发的地区。据统计,贫困地区遭受严重自然灾害的几率是其他地区的5倍,《中国水旱灾害公报2014》统计显示,2014年,云、贵、川、渝四省市洪涝灾害直接经济损失合计418.63亿元,占当年全国的26.6%。自然灾害严重,防灾抗灾能力不足导致生态环境脆弱地区经济社会发展的滞后,增加了扶贫难度。

(五) 生态补偿机制不健全

如前所述,长江上游为全流域生态环境保护作出了巨大牺牲,经济发展长期落后。而长江下游地区产业基础、交通条件、科技人才等均优于上游地区。这种上下游之间经济利益与环境责任的不对等的现象,依赖于生态补偿机制来协调。而现行出台的政策内容过于原则化,补偿标准、补偿主体、补偿方式尚不具有约束力,导致补偿政策很难落实;加上缺乏利益协调机制,上游地区参与环境保护的愿望和下游地区给予上游地区补偿和发展帮助的愿望受到抑制,这也影响了上游居民的脱贫。

综合看来,当前扶贫政策的支持力度不够,以及扶贫开发与生态环境保护缺乏协调是造成长江经济带上游生态环境问题的重要原因之一。

三、解决深度贫困问题刻不容缓

深度贫困是造成长江上游生态环境问题的重要原因。有效解决深度贫困问题是十分紧迫的任务。

(一)深度贫困造成环境基础设施投入能力不足

长江上游地区环保基础设施历史欠账大,加之地方财力十分有限,难以负担环境基础设施升级。2014年,长江上游各省市地方财政支出中人均环保支出总体上低于全国平均水平,其中四川仅为207元/人,远低于全国水平254元/人。同时环保支出占财政总支出比重还呈现出下滑趋势(见图11-3)。环境基础设施投入不足也致使

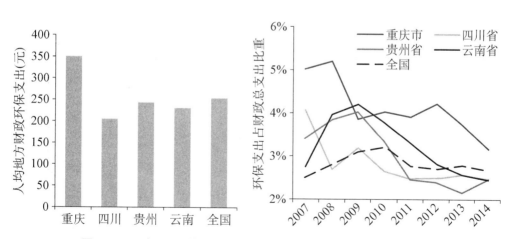

图 11-3　长江上游各省市环保支出与全国的对比(2014 年)

资料来源:国家统计局数据库。

长江上游成为环境基础设施的"洼地",2014 年,云南、贵州人均生活垃圾和城市污水日处理能力分别为 2.11 吨/日、0.12 立方米和 1.58 吨/日、0.10 立方米,而全国平均水平分别为 4.08 吨/日和 0.19 立方米(见图 11-4)。从废弃物处理与经济发展水平的关系来看,经济发展水平越高,其生活垃圾无害化处理率也越高,单位 GDP 废水排放量也大幅下降(见图 11-5),可见解决贫困问题是提升环境基础设施和环境治理能力的重要途径。

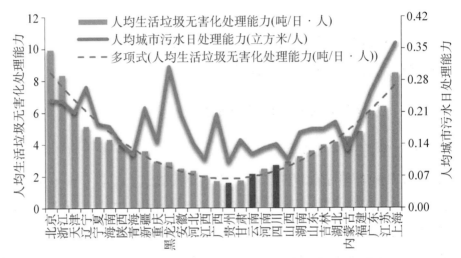

图 11-4 长江上游是环境基础设施的洼地(2014 年)

资料来源:国家统计局数据库。

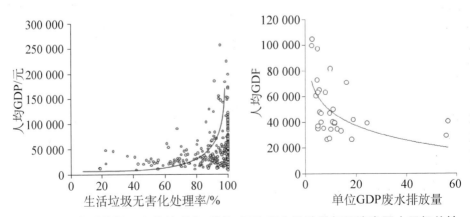

图 11-5 生活垃圾无害化处理率、单位 GDP 废水排放量与经济发展水平相关性

资料来源:2014 年中国环境状况公报。

（二）深度贫困下的粗放式发展加重生态环境问题

长江上游地区迫于生计和发展的考虑，当地开发活动往往忽略环境成本，粗放式的开发活动进一步增加了生态环境风险，反过来制约脱贫致富。

首先，小水电无序开发对河流生态系统造成破坏。目前，长江上游水库库容已超过河流径流量的60%，其中金沙江上游更是达到80%，已远远超过40%的警戒线。尤其是长江上游小水电无序开发造成减脱水、河道季节性干涸等。据调研，昭通市彝良县缺乏大江大河，县内最大的河流洛泽河长度仅75公里，全县水能资源可开发量为34.73万千瓦，水能资源并不丰富，但彝良县目前规划和在建电站共计197座，平均每座电站装机容量仅为1 763千瓦，远低于云南省出台的25万千瓦的审批标准，大量缺规划、低效益的小水电遍地开花，其产生的生态环境影响可见一斑。

其次，矿产资源粗放式开发造成地表土层破坏。长江上游贫困县多为中国煤炭、非金属矿物等矿产资源的富集区，由于发展环境较差，各贫困县的经济发展长期实行资源导向性的发展战略，经济发展高度依赖于资源开采和输出，矿产资源粗放式开采破坏了本就很瘠薄的土层和地表。

再次，人地矛盾突出和不合理的生产活动造成生态退化严重。长江上游地区贫困县与岩溶地区高度重叠（见图11-6），由于人地矛盾尖锐，生产方式落后和不合理的生产活动，致使石漠化问题突出。以昭通市为例，全市石漠化土地34.8万公顷，占国土面积的15%。据监测显示，石漠化发生率与贫困关联紧密，监测区中18个财政收入不足2 000万元的县，石漠化比例高达40.7%，高出监测区平均值12个百分点[①]。

---

① 人民网.我国岩溶地区第二次石漠化监测结果公布［EB/OL］.人民网，2012 - 06 - 15.
　　http://politics.people.com.cn/GB/70731/18194648.html

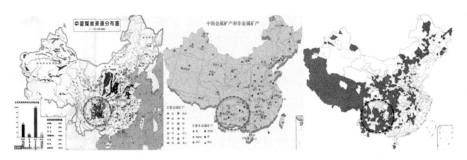

图 11 – 6 中国矿产资源分布与贫困县分布高度重叠

资料来源：网络资料。

第三节 加快扶贫攻坚,推动长江经济带生态环境改善

长江上游贫困程度既广且深,生态环境问题也较为突出。尽管国家出台了一系列扶贫开发和生态环境治理政策,但长期以来,对扶贫和生态环境治理工作缺乏统筹,且支持力度不大,扶贫与协同治理机制不畅,深度贫困问题依然突出,生态环境压力和风险依然巨大。为此,应将扶贫攻坚与生态环境保护两项工作统筹起来,并通过理念协同(政策观念)、投入协同(实施手段)、区域协同(外生力量)、发展协同(内生力量),多管齐下实现长江经济带"共抓大保护"的目标。

一、加强理念协同,将生态环境保护与扶贫政策紧密结合

转变过去扶贫攻坚与生态环境保护相互独立的理念,以新的发展理念引领和统筹长江上游扶贫攻坚与环境保护两项工作。

(一) 转变扶贫工作理念

在中央扶贫攻坚战和生态文明建设的大背景下,将环境保护与

扶贫攻坚统筹起来,将"生态保护＋产业发展"作为扶贫的新模式,促进生态保护与扶贫开发的良性互动,流域开发与环境保护并重,破除当前工作中将两者割裂的困境。

(二) 创新扶贫开发工作方式

依托国务院扶贫开发领导小组,积极开展长江上游扶贫攻坚,将生态保护融入到领导小组的工作职责中,避免就扶贫论扶贫;加强生态保护与扶贫政策协同的顶层设计,建立协调机制和完善的技术体系,以生态扶贫带动精准扶贫,实现减贫脱贫和生态文明建设的"双赢",形成精准扶贫与区域可持续发展战略实现的新途径与新范式。积极响应十八届五中全会关于"实施脱贫攻坚工程,实施精准扶贫、精准脱贫,分类扶持贫困家庭……"的指示精神,创新扶贫形式,因地制宜地采取产业扶贫、行业扶贫、易地扶贫、整村推进、生态扶贫、东西合作等扶贫方式。

二、注重投入协同,加大贫困地区环境基础设施投入

加大对长江上游贫困地区倾斜,这既将推动扶贫攻坚,又有助于长江经济带生态环境改善的工作,既要注重投入资金来源的协同,促进中央投资、地方投资与社会投资的协同,引导构建环境基础设施投入的 PPP 模式。同时还要注重投入领域的协同。

(一) 完善农村环境基础设施

国家财政和地方财政共同出资,建立长江上游贫困地区农村环境基础设施扶持基金;加快实施一批农村面源污染综合整治试点和畜禽粪便污染治理试点等试点示范项目,并将试点示范成果推广至整个长江上游地区。合理制定扶贫项目计划,整合扶贫、交通、农业、水利和生态乡村等建设资金,积极争取国家资金扶持,统筹推进贫困

地区道路、桥梁、水利、污水处理、垃圾回收处理等基础设施项目建设,引导当地群众参与基础设施的建设、管理和维护,积极推动道路硬化、饮水净化、废污水和生活垃圾集中收集处理等工作,不断改善农村生产生活条件。

(二)推进城镇环保工程建设

国家重点支持城市生活污水、垃圾处理项目,积极推进城镇污水和生活垃圾处理体制机制创新,完善特许经营制度,加强对建设运营单位的监督管理;建立健全建设、运营和服务的政府监管制度,提高环境基础设施运营效率。积极完善多元化投资建设资金,鼓励社会资金、外来资本积极参与城市污水、垃圾处理等环境基础设施建设和运营,政府对运营成本给予必要的奖励和补助,确保环保基础设施的正常运转。加快环保基础设施的覆盖范围,尤其是贫困山区、农村乡镇的污水处理设施,并给予更多的财政倾斜。

(三)加强矿区治理

加强长江上游地区的矿区治理,结合林业、国土、环保、水利等部门的治理要求,开展煤矿办公区、采掘场、排土场、井田塌陷区、表土场、矿区道路等进行复垦整治。按照"政府组织、企业出资"的办法开展矿区生态治理,并进行统一规划设计、统一治理,地方政府主管部门协助企业开展规划设计,地方政府生态、林业、水利等部门派驻人员进行服务和技术指导,适当情况下可探索国家和地方政府与企业成立矿区生态环境治理基金,开展矿区复垦整治。

(四)加强小水电综合整治

长江上游小型水电设施高度集聚,其利用水平和产出价值低,生态环境影响大。加强长江上游水电开发规划管理,严格项目审查,对水力资源开发利用实行统一规划,避免无序开发造成的水资源浪费和生态环境破坏。对于已建成、环境影响大、产出价值低的小水电，国家、地方和企业联合出资，对低于 5 万千瓦，以及利用价值低、环境影响大的水电站实行全部关停。

三、推动区域协同，构建长江经济带上下游生态补偿机制

针对当前生态补偿意识逐渐形成，但生态补偿机制缺乏可操作的实施细则的情况，应构建由国家发改委牵头，长江经济带各省市共同参与的长江经济带上下游生态补偿机制和长江经济带环境治理协调委员会，机构总部设在上海，依靠下游地区的资金、科技和人才优势，依靠外生力量，帮助上游地区快速脱贫。为此建议：

（一）制定补偿资金分配标准

充分发挥市场机制的作用，加大对长江上游地区转移支付力度，逐步提高转移支付系数和生态保护支出标准；建立以干流跨界断面水质为主、向中上游地区倾斜的补偿资金分配标准，形成长江干流补偿制度。

（二）设立长江经济带水环境保护专项资金

通过特许经营、投资补助、政府购买服务等途径，积极引导社会资本以 PPP 等形式，参与水污染控制与水环境治理，上游和下游地区政府分别按照污染排放量占比出资，建立长江经济带水环境保护专项资金，形成长效投入机制，通过多种方式支持长江水环境和水生态保护。

（三）拓宽生态补偿渠道

加快建立健全长江经济带生态补偿机制，明确补偿标准和主体，提高生态补偿标准，侧重于源头保护，以生态补偿保障机制促进长江

经济带生态环境保护。积极拓宽长江下游地区对长江上游的生态补偿渠道,建立长江下游地区对上游实行资金补偿、技术援助、人才培训、产业扶持、共建园区、生态发展基金等多种补偿形式,多管齐下,推动长上下游联动发展。

四、加强发展协同,实现从输血式向造血式扶贫转变

长江上游地区深度贫困的根源在于缺乏造血能力,使得上游地区长期依赖资源开采等粗放式的发展方式,进而造成生态环境恶化,"打铁需要自身硬",解决深度贫困难题还需要不断提高本地区的造血能力。

(一)完善交通基础设施

上游地区在旅游资源、生物资源上具有优越的条件,但由于市场开拓、交通条件较差,资源优势无法转化为经济价值,同时缺乏大型项目支持和带动,产业发展缺乏抓手;应加强交通设施投入力度,实现县县通高速,打通上游地区生态产品出口和外部资金、技术等生产要素进入的通道,拓宽生态产品与消费市场的联系渠道和流通能力。

(二)帮助生态农业发展

长江上游地区自然环境独特,工业污染较小,农产品污染也远小于东部地区,是天然的生态、有机农产品产地,为此,应鼓励东部地区涉农企业到上游地区投资设厂,发展生态农业,挖掘生物资源,推广生态产品,并在发展中维护生物资源多样性;同时,适当放宽退耕还林中对经济林的约束,实现生态林与经济林的协调。

(三)加强技术转移和人才培训

长江上游是后发地区,而下游地区已经进入由要素驱动向创新

驱动转型的发展阶段,在技术、人才方面具有较强的比较优势;长江下游应依靠产业转移和劳务输出双向渠道,帮助中上游地区人才培养,尤其是上海应依托"建设具有全球影响力的科创中心"之机遇,鼓励与长江上游地区搭建不同层次的科技成果转化和技术转移公共平台,加快在长江上游地区扶持和培育一批社会化、市场化、专业化的科技中介服务机构,鼓励通过后补助或政府购买服务等方式,支持长江上游地区科技服务业发展;加长江下游科技人才队伍、技术转移服务咨询人才等的转移。依靠技术、人才推动长江上游地区增强发展内生动力,杜绝贫困代代相传,实现彻底拔出"穷根"。

(四) 加强产业园区合作共建

东部地区技术、资金力量雄厚,并出现产能过剩,应贯彻中共中央关于加强供给侧改革的指示精神,将下游地区富余的技术、资金和产能向长江上游转移,推进长江上下游产业合作;鼓励上下游省市共建产业园区,国家重点支持上游地区建设生态工业园区,依靠项目带动扶贫,将产业布局、园区建设、生态扶贫与环境整治紧密结合起来。

第十二章

破解珍稀特有鱼类保护区与
周边城市协调发展的难题

长江鱼类资源丰富,位居我国各水系的首位,更在世界占有重要位置,是我国淡水渔业的摇篮、鱼类基因的宝库、经济鱼类的原种基地,生物多样性的典型代表(危起伟,2012)。长江上游珍稀特有鱼类国家级自然保护区的设立,涵盖 1 162.61 公里的自然河流生存的珍稀鱼类,对保护长江水生生物多样性、淡水渔业可持续发展和众多珍稀特有鱼类的物种延续具有重大意义。但长期以来,人类对长江不同程度开发(如水电、挖沙、航运、捕捞及环境污染等)造成了鱼类生境的破坏和碎片化,威胁着长江鱼类尤其是特有鱼类的生存。与此同时,长江上游地区经济较为落后,面对长江岸线如此良好的自然禀赋,在经济增长面前,往往会做出突破政策法规限制的行为。因此,本章以国家自然保护区建设与周边城市发展的矛盾为切入点,以实地调查为依据,探寻矛盾根源,规范沿岸城市开发活动,保护珍稀特有鱼类的生境,推动保护区可持续发展,同时也为长江下游地区自然保护区建设提供有益的借鉴。

第一节　保护区与周边城市经济发展概况

一、长江上游珍稀特有鱼类国家级自然保护区发展概况

长江上游珍稀特有鱼类国家级自然保护区(简称"保护区")是在原四川省"长江合江—雷波段珍稀鱼类自然保护区"的基础上发展,于2000年由国务院批准成立,并于2005年4月与2011年12月两次调整,具体范围为北纬27°25′01″至29°27′24″、东经104°08′43″至106°29′45″的长江上游干流及部分支流,宽度为各河流10年一遇最高水位线以下的水域和消落带。具体范围如图12-1,分为核心区、缓冲区和实验区。保护区江段总长度为1 162.61 km总水域面积31 713.8 hm²,涉及云南、贵州、重庆、四川三省一市。

保护区江段历来是各种珍稀特有鱼类产卵场、索饵场和越冬较

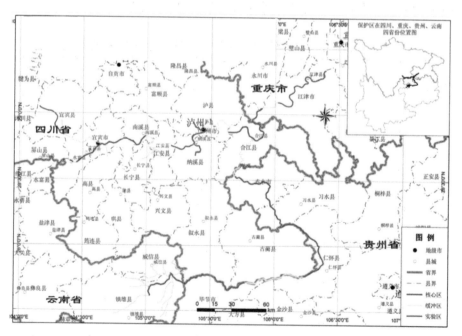

图12-1　2011年12月调整后的自然保护区功能区划

资料来源:环保部关于发布河北大海陀等28处自然保护面积范围及功能区划的通知。

为密集的区域。目前,保护区内存在的 199 种鱼类中,长江特有鱼类为 70 种,其中 38 种被列入了各种级别的保护动物名录,其中,白鲟和达氏鲟为国家一级保护动物,胭脂鱼为国家二级保护动物,列入世界自然保护联盟保护名录的鱼类有 3 种。总之,保护区内鱼类多样性高,具有极高的保护价值。

二、保护区范围内周边城市经济发展现状

保护区横跨四川、重庆、云南、贵州,共 20 多个县、市、区,人口约为 1 800 万。保护区内经济较为落后,人均生产总值为 3.68 万元(按户籍人口),且地区间差异极大,如重庆九龙坡区人均 GDP 为 11.15 万元(按户籍人口),而镇雄县人均 GDP 仅有 0.62 万元(按户籍人口)。保护区范围内的国家级贫困县众多,如云南的镇雄、威信,泸州的古蔺县、叙永县,贵州的习水县等,贫困人口众多。

表 12 - 1　保护区范围内区县经济社会发展概况

省市	县、区	GDP（亿元）	三产结构	人口（万人）	人均 GDP（万元）
四川宜宾	宜宾县	217.3	18.5∶54.3∶27.2	103	2.11
	翠屏区	511.67	4.3∶63.9∶31.8	83.9	6.10
	南溪区	107.7	19.3∶56.5∶24.2	43.6	2.47
	江安县	122.58	18.9∶60.0∶21.1	56.2	2.18
	长宁县	109.22	20.7∶49.6∶29.7	46.63	2.34
四川泸州	纳溪区	124.1	15.5∶60.0∶29.5	48.26	2.57
	江阳区	395	5.5∶64.6∶29.9	65.99	5.99
	龙马潭区	190.15	5.0∶70.2∶24.8	36.391 2	5.23
	泸县	258.5	17.1∶59.6∶23.3	108.69	2.38
	合江县	161.74	20.8∶43.3∶35.9	89.92	1.80
	古蔺县	128.1	15.9∶58.7∶25.4	87.307 6	1.47
	叙永县	100.25	20.2∶47.0∶32.8	72.34	1.39

（续表）

省市	县、区	GDP（亿元）	三产结构	人口（万人）	人均GDP（万元）
重庆	永川区	570.3	8.5∶57.2∶34.3	113.1	5.04
	江津区	605.6	12.5∶59.0∶28.5	149.53	4.05
	巴南区	568.34	8.2∶43.7∶48.1	90.20	6.30
	九龙坡区	1 003.57	0.9∶44.1∶55.0	90	11.15
	大渡口区	159.72	1.0∶39.5∶59.5	25.64	6.23
贵州毕节	金沙县	205.55	14∶54∶32	69.527 6	2.96
贵州遵义	仁怀市	510.2	4.0∶68.7∶27.3(2013)	62.3	8.19
	习水县	127.93	18.33∶46.02∶35.65	71.7	1.78
	赤水市	84.11	18.1∶43.6∶38.3	31.411 8	2.68
云南昭通	水富县	49.042 2	4.1∶70.5∶25.4	10.59	4.63
	镇雄县	91.75	25.6∶33.4∶41.0	149	0.62
	威信县	29.88	10.1∶41.6∶48.3	42.21	0.71

资料来源：作者根据以上城市统计年鉴与国民经济和社会发展统计公报整理。

　　保护区工业以传统产业为主，如酒类制造、能源行业、化工行业、装备制造业等。泸州、宜宾的产业结构相似。相比于其他城市，重庆的产业结构较为高端。

表 12-2　保护区范围内的城市工业的主要产业门类

地区	主要工业产业
泸州	酒类制造业、能源行业、化工行业、医药制造业与机械制造业
宜宾	金属制品业、酒、饮料和精制茶制造业、煤炭行业、电力行业、化工轻纺与机械制造
昭通	烟草制品业、煤炭开采和洗选业、电力行业、有色金属冶炼及压延加工业
遵义	酒类制造业、烟草制造业、材料制造、能源产业、装备制造、化工产业
重庆	汽车制造业、摩托制造业、有色金属冶炼及加工、电气机械及器材制造业

　　注：重庆的工业产业结构以九龙坡区为主。
　　资料来源：作者根据以上城市国民经济和社会发展统计公报整理。

三、涉水经济社会活动对保护区的影响

保护区的范围经历两次重大调整,2005 年保护区位置下移,干流江段由原来的 443.41 公里缩减为 353.16 公里;2011 年国家环保部对该保护区进行调整,保护区面积由之前的 33 174.2 公顷调整为 31 713.8 公顷。两次调整的原因之一是为水电开发让路,第一次为处于保护区内的金沙江下游溪洛渡、向家坝水电站,第二次是为重庆小南海水电工程。2015 年 3 月,重庆小南海水电站项目被环保部否决。

保护区涉水经济社会活动如涉水工程建设、航运、航道整治、挖沙作业、捕捞等,对保护区的生物多样性产生不可避免的影响。其中,保护区内航道资源丰富,以四川泸州与重庆为主。泸州的码头主要位于长江干流两岸。为充分发挥长江黄金水道的作用,泸州市规划 5 个港区,即纳溪港区、中心港区、泸县港区、合江港区和古蔺港区。保护区重庆段的港口包括江津兰家坨散货码头、猫儿沱散货码头、江津港区重要的铁水联运码头、九龙坡集装箱专用码头等,对鱼类生境产生一定影响。桥梁建设过程中噪音对水生动物产生不良影响,也在一定程度上破坏了鱼类栖息地。

四、保护区管理制度与机构建设

关于保护区管理法规,既有法律层面的《野生动物保护法》,也有行政法规,如《水生野生动物保护实施条例》、《国家自然保护区管理条例》、《国务院办公厅关于做好自然保护区管理有关工作的通知》,也有行动纲领如《中国水生生物资源养护行动纲要》。由于在保护区管理过程中出现开发过度情况,对保护物种产生不良影响,管理部门出台了相关规定。一是明确保护区调整制度,包括调整原则及生态

补偿建议,遏制因经济开发而随意调整保护区范围的行为。二是强化对涉及水生生物保护的工程环评制度,详细说明对水生生物的影响,采取必要的生态补偿措施,要求环保部门在此类项目的环评审批时应先获得农业(渔业)部门的同意。三是加强对保护区范围内开发建设活动的监督管理,开展专项监督检查,建设项目的准入审查等。

根据国家自然保护区条例,环保部负责对保护区综合管理。保护区管理机构体现统一领导、分级管理的原则,农业部负责保护区的统一管理和协调工作。保护区内所涉及的三省一市在渔业行政主管部门设立省、市保护区管理机构,即长江上游珍稀特有鱼类国家级自然保护区四川管理局、长江上游珍稀特有鱼类国家级自然保护区贵州管理局、长江上游珍稀特有鱼类国家级自然保护区云南管理局、重庆市长江上游珍稀特有鱼类国家级自然保护区管理处。此外,保护区内建有两个增殖放流站(赤水增殖放流站、向家坝增殖放流站)与1个救助中心。国家从2004年开始对保护区实施为期20年的生态补偿项目,总投资3.28亿元,以提升保护区的管理水平。具体内容有基础设施建设、水生环境监测、信息系统建设、物种保护技术研究、人工增殖放流、影响评价等①。

五、主要保护工作进展

保护区涉及三省一市,自然条件和经济社会基础不同,目前尚未有统一的生态环境保护行动。金沙江流域主要关注涉水工程的监督管理,赤水河流域则将渔民转产转业作为重点。针对涉水工程:一是加大执法监督力度,如四川泸州和重庆对挖沙采石工程开展联合执法;二是着重对建设项目的环评监督,检查生态补偿措施是否到位

---

① 农业部渔业局.长江上游国家级自然保护区生态补偿基础建设项目通过验收[EB/OL].[2012 - 06 - 04].http://www.moa.gov.cn/sjzz/yzjzw/sybhyzj/bhqsybh/201206/t20120604_2725232.htm.

等;三是对向流域排污的监督。保护区内生态环境保护另一个重要的工作是渔民的转产转业,主要集中在保护区内的赤水河流域。一是国家和地方合作共同推动渔民转产转业,如2015年年底,贵州省与农业部签订《关于开展长江流域赤水河贵州段捕捞渔民转产转业合作备忘录》,计划投资4 800万元,用于渔业捕捞证及生产资料的赎买与回购,并对渔民提供社保和就业安置服务。农业部长江流域渔政监督管理办公室与四川泸州签署《长江流域赤水河四川段捕捞渔民转产转业合作框架协议》,通过对渔民的技能培训等措施,目标是实现2017年赤水河全面禁渔。二是在地方流域保护条例的框架上,设置全年禁渔期,主动解决渔民转产转业。如贵州省在2011年发布《贵州省赤水河流域保护条例》。三是赤水河流域的生态补偿项目。2014年贵州省出台《贵州省赤水河流域水污染防治生态补偿暂行办法》,在毕节市和遵义市之间实施基于水质的流域水污染防治生态补偿。

第二节　保护区与周边城市发展矛盾产生的原因

　　长江流域环境绩效评估课题组到长江流域上游地区的宜宾、泸州地区调研,两地政府反映的一个共同问题是涉长江上游珍稀特有鱼类国家级自然保护区建设项目审批难度大,对城市发展与民生改善产生一定阻碍作用。为此,课题组围绕着如何从管理体制破解国家自然保护区与周边城市发展矛盾开展研究。

一、保护区与周边城市发展矛盾及产生原因

　　在调研中,当地管理部门提出了两大疑问:一是现有建设项目要求的生态补偿标准是否过高？在补偿方案中，基础设施补偿、管护基础设施补偿、鱼类增殖放流、资源普查、日常监管、水环境监测、宣传标识、标记放流及评估、特有鱼类驯养繁殖研究等全部需要建设单位承担是否合理？二是相邻地区早期的涉水工程，尤其是两大水电站（向家坝和小南海）的建设，已经破坏了珍稀、特有鱼类的生境，因此，仅对珍稀鱼类影响较小的桥梁等涉水项目严格管控是不是有些抓小放大，这些后果不能让落后地区承担？从根本上讲，这两大问题体现在对水域及资源使用权、利益分配权的争夺。

　　自然禀赋是城市发展的基础和优势之一，周边城市对保护区资源依赖性较强，如宜宾市对保护区内水资源和航运功能依赖性强，城市功能布局围绕着长江做文章，泸州也是如此。遵义市对保护区的水质和渔业资源的依赖性大。不同的城市对保护区自然禀赋依赖的侧重点和程度各不同，对资源呈一种竞争态势，甚至出现某一自然禀赋的开发利用会导致另一自然禀赋总量和质量的下降，如某地工业发展排污导致水质下降，不利于其他地方酒类酿造业的发展。在实践中，缺乏运用对保护区内水资源的合理规划和环境容量的测算，来指导保护区资源的开发利用。

　　保护区与周边城市发展矛盾较为突出的地区主要是四川宜宾、泸州与重庆。这些城市沿江而建，主要资源集中于此，工业园区布局在江边，如泸州高新区与宜宾临江开发区。保护区内人均收入水平在 3 万元左右（宜宾与泸州 2015 年），且许多贫困县分布于此。在长江经济带与长江黄金水道规划的引领下，这些城市都提出打造全国重要的交通枢纽战略，如泸州市提出，在"十三五"期间建设成为全国重要区域性综合交通枢纽，并实施了一系列涉水项目，如港口建设、桥梁建设、航道整治等，这将对保护区产生不利影响。而在现行的保护区管理制度下，这些项目需要获得国家相关部门的许可（项目环评需要征得渔业、环保部门的同意）才能开工建设，但获得许可的时间长且成本高，对周边城市发展产生制约作用。

二、保护区管理政策忽略周边城市发展诉求

我国自然保护区的设立按照"早划多划、先划后建、抢救为主、逐步完善"的政策,依靠简单的行政命令,无偿划拨,忽视了地方经济发展诉求,未给城市发展留有适当空间。同时,保护区采取封闭式管理,具有极强的排他性,限制了当地居民对资源的开发利用,既未对以保护区资源为生的居民进行妥善安置,也未对当地居民保护行为给予相应补偿。保护区范围内地区处于欠发达水平,对保护区资源依赖性较强,泸州市和宜宾市的"十三五"纲要显示,未来城市空间布局与产业发展主要围绕着长江来做文章,因此,保护区管理方式对城市的发展在一定意义上具有制约作用。同时,城市发展规划中缺乏对保护区的关注,对其缺乏重视。

三、保护区尚未制定保护规划,不利于保护区健康有序发展

2002 年,国家环保总局要求国家级自然保护区编制总体规划,并发布编制规划大纲,但至今保护区尚未制定保护规划,未明确保护区近期、中远期目标,保护与发展关系定位、重点项目建设以及管理机构、人力资源、资金需求、政策需求、部门协调等保障措施,也未制定效益评价方法。

四、管理机构不完善,管理能力有待提高

保护区管理流程是国家农业部向农业部渔业渔政管理局授权管理,向四川省水产局、贵州省农委、重庆市渔政渔港监督管理处、云南省农业厅分别下达管理任务,并执行年度长江上游珍稀特有鱼类国家级自然保护区生态补偿项目工作,任务包括保护区日常管理、巡

护,执法检查,水生生物救护、放流珍稀鱼类等。目前存在的主要问题：一是整个保护区层面未建立统一管理机构,无法协调各省对保护区的管理,响应各方诉求。例如,四川宜宾与泸州因担心影响长江航道四川段的通行能力,反对重庆小南海水电工程建设。二是地方未建立具有独立法人资质的管理机构。如四川、贵州等,均是在渔业管理机构下内设办公室,缺乏专业技术人员和管理经费保障。

五、资金投入机制尚不健全

保护区的人员组成、工资待遇和经费开支等,全由地方政府承担,而国家农业部以业务指导的形式管理保护区。生态补偿项目虽向保护区提供了一定的经费支持,但不能满足日常需求。以 2014 年为例,整个保护区生态补偿项目的总经费仅为 500 万元,且表现为重视项目建设投入,轻管护投入现象,项目建设投入占总投入的 60%。同时,"业务指导与实际管理权的分离"的管理体制,导致在地方利益和生态保护发生矛盾时,往往是生态保护服从地方利益。在实际中,保护区内涉江开发项目建设在出具环境影响报告时,还需要向农业部门缴纳一定的生态补偿资金。据保护区内企业反映,生态补偿资金的费用少则一两百万元,多则上千万元,但相关部门并未明确生态补偿资金标准如何确定,资金如何使用等,容易产生资金违规使用现象。当前,保护区内泸州市正在建设"全国重要区域性综合交通枢纽",大量的渡改桥工程、城市桥梁、防洪堤、城市集中式饮用水源取水点等民生项目正要建设。而保护区的管理制度使得这些项目成本提高,项目推进比较缓慢。

六、生态补偿项目的效果缺乏评价手段

生态补偿项目未能从根本上解决栖息地丧失问题,仅在放流珍

稀鱼类层面,治标不治本。例如向家坝水库珍稀特有鱼类增殖放流站,定期开展达氏鲟、胭脂鱼、铜鱼等水生生物的增殖放流。而在实际工作中,放流站以科研为主保护为辅,并未对放流补偿项目进行效益评估,也缺乏相应后续评估方法和科研力量,保护效果有待检验。

七、宣传教育工作薄弱

保护区自设立以来,破坏生态环境的行为仍时有发生,尤其是挖沙采石等。虽然利益驱使是造成珍稀鱼类生境破坏的根本原因之一,但宣传教育工作欠缺也是其中原因。从周边城市官方网站披露的针对保护区执法情况来看,违法者尚未意识到自己行为的危害性,也不清楚保护区在生物多样性保持、科学研究等方面不可替代功能的重要性。同时,在涉水工程建设项目中仅要求悬挂宣传横幅、标识,效果不佳。

第三节　促进保护区与周边城市
协调发展的建议

我国国家级自然保护区管理是遵照《中华人民共和国自然保护区条例》实施的。针对保护与开发的关系,国家出台了《关于调整内蒙古锡林郭勒草原等国家级自然保护区的通知》(国办函〔2005〕29号)、《关于做好自然保护区管理有关工作的通知》(国办发〔2010〕63号)、《国家级自然保护区调整管理规定》(国函〔2013〕129号)、《关于进一步加强涉及自然保护区开发建设活动监督管理的通知》(环发〔2015〕57号)等文件,明确科学规划自然保护区发展,保护优先,限制开发的原则。

一、推进社区共管机制，调动地方保护积极性

一是建立保护区社区共管机构，各利益相关方共同参与进来。保护区管理机构与3省1市的地方政府成立资源委员会，统一制定保护区发展规划，科学指导和规范当地居民个人行为，强化宣传教育，增强当地居民保护意识。建立生态补偿机制，使居民能够从生态保护中获益，引导当地居民参与生态保护。二是将保护区发展列入周边城市发展战略的优先位置，体现生态环保优先的原则。三是对有利于民生改善的涉水项目，在科学的环境影响评价的基础上，利用社区共管模式共同决策，缩短审批时间，提高项目推进速度。在影响保护区发展的重大涉水工程时，国家相关部门应充分倾听保护区管理机构、各地政府的意见，再作科学决策。

二、制定保护区总体规划，促进保护区健康持续发展

保护区应按照环保部出台的《国家级自然保护区总体规划大纲》的要求下制定保护区近期、中远期规划。按照保护与可持续利用原则，明确保护区规划目标。如主要保护对象状态目标、人类活动干扰控制目标、管护设施完善目标、科研工作目标。细化落实规划内容和保障措施，包括管护基础设施规划、人力资源管理、宣传教育、生态保护建议等。

三、完善保护区管理机构，提升保护区管理能力

国家应建立独立的保护区管理机构，负责保护区统一管理和协调工作。制定保护区管理规章办法，省级政府应建立具有独立法人资格的保护区管理机构，负责本行政区内保护区的管理工作和勘界

立标等工作。同时,为保护区管理机构配置工作车辆和快艇等设备。针对跨地区的违法现象,保护区管理机构应统一协调各方,开展联合执法。

四、健全资金投入机制,规范生态补偿资金使用

当前,保护区的管理资金主要来自农业部对保护区开展的为期20年的生态补偿项目,以及涉水工程所缴纳的生态补偿项目。为此,要健全资金投入机制,可采取如下措施:一是争取通过立法的形式,制定国家或地方财政对自然保护区资金投入的政策,保障保护区日常管理。二是形成政府投入为主、多渠道筹款相结合的资金投入渠道,积极推动流域横向生态补偿机制。三是制定涉水民生项目生态补偿资金标准和使用办法,规范生态补偿资金使用。四是在平等互利原则下,积极争取国外基金的资助,如保护区重庆市管理段于2016年申请香港海洋公园保育基金用于保护区鱼类及其生境的调查工作。

五、开展周期性科研调查,评估生态保护效益

首先,要加强保护区内增殖放流站和救助中心的科研人才储备和科研器材配置,建立比较完善的实验、监测和研究保护的基础设施,构建保护区大数据监测平台。其次,加强与国内外相关领域的合作交流,加强对特有鱼类繁殖行为生态学和主要栖息地、特有鱼类的生活史和人工繁殖技术、特有鱼类幼鱼规模化养殖技术的研究。再次,制定保护区生态效益评估规程,定期开展生态保护效果评估,分析生态保护存在的不足,科学论证保护区范围,指导涉水项目开发建设。

六、多层次强化宣传教育

首先,地方应在媒体、社区、企业等开展保护区相关法律法规的普及宣传工作,尤其对捕捞、挖沙采石、涉水工程建设等行业开展专项宣传工作;其次,建议在保护区周边城市的中小学开设珍稀鱼类保护的相关课程,并举办保护区图片展览,使学生养成保护环境和野生动物的良好习惯。

第十三章

国外流域治理及环境绩效
管理经验借鉴

流域水治理涵盖多方面,本章选取国外水治理研究热点,涉及流域水管理模式、流域水资源管理、流域排污权交易、生态补偿、流域环境绩效评估。

澳大利亚在流域综合治理模式的设计上具有较多经验,如历时13年的奥克斯利河流域综合治理模式,不仅对布里斯班河流域具有战略意义,也为其他城市的流域治理起到借鉴作用。

案例中突出了综合环境管理和城市地区地方政府的重要性,同时,揭示了现有制度体制下地方在流域治理过程中的局限性。美国俄勒冈州水资源综合管理(IWRM)案例表明:有利的实践环境、良好的机构角色构建和强有力的管理措施是将 IWRM 由理论转化为实践的关键,也是众多案例实施 IWRM 的切入点。值得重视的是,可持续性承诺、适应性管理、合作与信息公开与融资发挥不可替代的作用。

流域排污权交易也叫水质交易,以美国纽斯河流域总氮交易计划与澳大利亚猎人河盐度交易计划为研究对象,指其水质交易取得成功有几方面的原因:一是立法支持;二是严格详实的数据及在此基础上的建模;三是利益相关者共同参与,并积极采用新的理念;四是更加关注环境绩效；五是监测体系完备和信息公开。

美国是推行流域生态补偿机制较早的国家之一，对于生态补偿机制的研究也较为深入和广泛，因此对最新流域生态补偿标准和评价方法案例的分析，有助于及时跟踪生态补偿机制的研究动态。图拉丁河流域生态补偿项目采用社会生态系统 SES 进行效果评价，以便更科学地计算流域生态补偿标准，确定合理的补偿模式。同时，通过签订长期生态服务合同和制定流域新的水权交易规则，保证流域生态补偿机制最大效益的实现。

流域环境绩效评估有多种方式，如流域健康评估、环境绩效评估等，本文选取加拿大南阿尔伯塔流域环境绩效评价、美国威斯康星州流域健康综合评价、美国柯林斯堡市的卡什拉普德尔河（Cache la Poudre River）健康评估的案例。

第一节　澳大利亚奥克斯利河流域综合治理模式的经验（1996—2008 年）

不论国内外，在流域治理过程中如何协调主要河流上、中、下游地区发展，并根据地区不同发展阶段合理地做出流域治理决策、配置流域治理财政资金，已成为国家政府和地方政府及其流域范围内利益相关者的一道难题。目前，国外的流域合作治理案例颇多，主要集中在某一发展阶段流域治理模式的经验介绍，尚未有集中的一个案例来分析连续阶段性的流域治理模式变化。因此，本节选取流域治理模式中治理结构发生阶段性转变的案例——（澳）奥克斯河流域治理模式经验，通过分析其不同阶段流域治理结构中主体及主体间关系变化，探索适合现阶段长江流域治理模式类型和政策措施。

一、流域治理模式历程与问题

奥克斯利河(Oxley Creek)是澳大利亚昆士兰州东南地区布里斯班河的重要支流。布里斯班河横穿澳洲第三大城市布里斯班(Brisbane)。该城市规划,居住人口将从2006年的40—55万增加到2031年的100—125万(Queensland Government,2009)。因此,布里斯班河流域及其支流奥克斯利河流域对流经城市的社会、经济和为城市提供生态系统服务至关重要(见图13-1)。

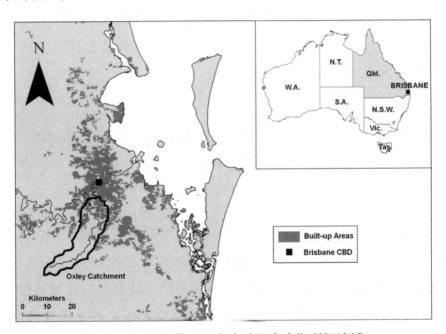

图 13-1　澳洲昆士兰东南地区奥克斯利河流域

资料来源:James J. Patterson, Carl Smith, Jennifer Bellamy. Enabling and Enacting 'Practical Action' in Catchments: Responding to the 'Wicked Problem' of Nonpoint Source Pollution in Coastal Subtropical Australia [J]. Environmental Management,2015(2):482-483

奥克斯利河流域对于整个布里斯班河流域具有战略意义,因为它是昆士兰州政府在20世纪90年代中期选择的第一个城市流域管理试点地区①。不同寻常的流域管理模式应用于城市区域对于城市规划和环境管理都具有重要的意义。而且，奥克斯利河流域管理也是政府第一次采用综合和动态的方式管理该流域环境过程的先行示范。本文以图表的形式展示奥克斯利河流域 1996—2008 年所经历的城市流域管理过程，发现这一过程中治理模式经历了 3 个阶段（见图 13-2）。

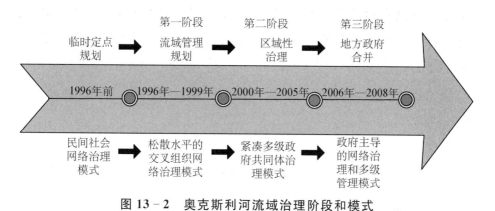

图 13-2　奥克斯利河流域治理阶段和模式

资料来源：笔者整理

（一）第一阶段：参与流域管理规划

1991 年，昆士兰州政府制定了"州内流域管理战略"来整合流域土地和水环境管理②（OCCA，1999）。同时，这一战略对于澳洲和国际上乡村地区的流域管理具有较强借鉴作用，这一主动水管理战略也为快速城市化的奥克斯利河流域奠定了城市管理基础。基于大量的国家级科学研究，奥克斯利河流域管理试点工程始于 1996 年（Kinhill，1996）。

如上所述，20 世纪 60 年代后期公民参与公共政策制定的热情不断高涨，随之出现的流域管理模式是在第一阶段环境管理模式中，体

---

① 这个选址由非政府组织（NGO）和州政府环保局于 1995 年制定"州内流域管理战略"时选定批准的。

② 其他政府部门（如，澳洲、加拿大、美国的政府和省政府）也发起类似项目（只是项目名称稍有不同）。

现参与政策制定趋势的一种模式。奥克斯利河流域试点项目支持利益相关者参与建立流域协会并准备制定流域管理规划。通过制定流域管理工作框架和扩大之前的民间组织（如地方志愿者灌木保护组织）治理活动，高水平的参与政策制定工作被开启。奥克斯利河流域协会最初的力量被广泛的环境活动所巩固、被主流政策所扶持，并被生态系统过程的科学解释不断改善，所有这些使得协会被人们深刻地认可。根据流域管理发展规划，正式的流域管理成员包括承担环境责任的企业、州和地方政府。同时，奥克斯利河流域建立了一个利益相关者工作组，以促进流域管理中公众参与部分的工作的进展（见图 13 - 3）。

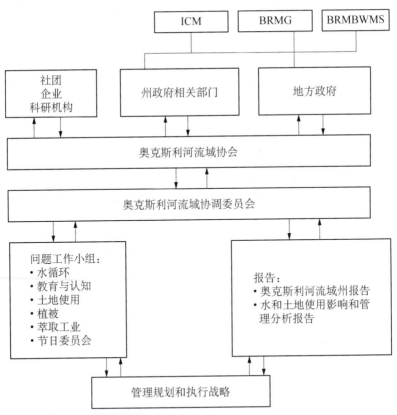

图 13 - 3　奥克斯利河流域水环境管理最初自发模式

资料来源：OCCA（1999，p. 15）。

注：ICM：综合流域管理；BRMG：布里斯班河流管理集团；BRMBWMS：布里斯班河和莫顿湾废水管理战略。

之后，又成立奥克斯利河流域专业工作小组①（以下简称"工作小组"）初步应对流域发展的压力和需求，并从流域内突发环境事件修复者那里获取资金来源。工作小组再设立多个工作团队关注特定的问题，并将信息以咨询报告形式传导到市政府。一系列的利益相关者参与专业工作小组，他们包括来自流域协会的代表和其他 NGO 组织、企业和地方政府。其参与的形式具有专业聚焦性，即参与者可以对流域规划的某个方面进行强大信息输入的深度参与。

因此，如其他国家的经验（Kraft and Johnson BN，1999），在这一时期参与流域协会的管理模式不是一种静态趋势。1999 年，流域管理规划的制定标志着流域治理模式从仅做规划转变为进行动态更新的流域管理，同时把活动参与者变成相应的利益相关者。然而，随着政策和资金安排的变化，政府参与的职能也发生相应变化；重点行业转移作为流域管理的重要项目也被完成；最初的工作小组组织架构开始瓦解。对于流域协会参与者，工作小组重构了参与者结构。虽然工作小组对许多利益相关者关于企业影响度尚存质疑，但工作小组仍关注有利于团结多方参与者的实际建议。因此，当公共利益相关者们的意见对庞大的流域管理集团存在重要的民主化影响时，工作小组中的各参与主体会出现强烈的概念趋同，这一趋同性也暗示了公民社会的制度获得，并有碍于人们发出批评的声音。然后，流域管理集团开始面临可持续性问题和自愿参与者代表性问题，这些问题与澳洲和其他地区的流域治理趋势一致（Lockie，2001；Byron and Curtis，2002；Ruzza，2006）。

（二）第二阶段：区域化自然资源和人口增长

流域管理规划制定之后，流域协会也开始被一些超出流域范围和某个利益相关者兴趣范围的问题所困扰。2000 年，流域内开始出

---

① 工作小组的主席由颇有争议的土地开发商来担任，其个人财富和影响力较大。

现了一定规模、更新的网络治理模式,这一模式涉及了兼顾自然资源管理(NRM)项目和人口增长管理的区域规划的制定。从而,整个流域协会的组织体系和流域管理方式开始发生转变。

由于流域管理已深入人心,一大批重要的地区规划不断涌现,大到国家和省级政府规划,小到解决城市相应的土地使用退化和发展压力问题的规划。其中,人们对于新的"州内规划法案"[①]和"非法定区域增长管理规划"[②]通过的区域土地使用规划存在大量争议。此外,通过州政府和中央政府之间的协议[③]分别建立了由联邦政府资助的水质项目和 NRM 项目,这些项目确定了区域和地区范围并作为项目实施的载体。

因此,这一时期一系列的重大事件稳固了区域治理框架,这一框架有助于流域管理主体实现新制度和建立所有尺度下的流域网络治理模式。区域治理手段数量不断增加,从 NRM 和增长管理规划发展到包含区域水质管理和生态系统评价的规划。这些规划也激发了流域协会重新思考流域规划目标如何适应更新的制度顶层区域治理框架。

这一区域化趋势同样也刺激了利益相关者关系的转变,从 2000 年前一个松散综合的水平治理模式(即交叉组织网络治理模式,Rhodes,1997)转变成 2000 年后一个更紧凑综合的垂直治理模式(即为政策共同体模式)。

(三) 第三阶段: 多级政府的网络治理模式中地方政府合并

2005 年,不同的参与主体基于不同组织的关注和不同干预水平开始参与各种规模水平的流域治理。省级参与者包括省级规划和环境部门;国家级参与者包括国家农业部门和环境部门;重要的大城市

---

① 《1997 昆士兰州综合规划法案》(Queensland Integrated Planning Act 1997).

② 《增长管理的区域框架》(Regional Frameworks for Growth Management).

③ 《自然遗产信托计划(第二阶段)》和《盐度和水质国家行动计划》(The Natural Heritage Trust program (Stage 2) and the National Action Plan for Salinity and Water Quality.)

和地区组织主要有布里斯班市政府、区域自然资源管理组织本部(昆士兰东南流域治理组织(SEQ))和健康航道伙伴关系倡议会(促进区域通航倡议的组织);流域级参与者包括奥克斯利河流域协会、奥克斯利河流域专业工作小组;私人部门和非盈利性组织(NPO)包括开发商、企业、关注环境和社会发展的 NGO(见表 13 - 1)。

表 13 - 1 1996—2008 年奥克斯利河流域治理重要的政府和非政府主体

规模(级别)	政府主体	非政府主体
国家级	环境、水、传统和艺术管理部门 渔业和林业部门 农业部门	流域水利合作研究中心
州级	基础设施和规划部门 自然资源和水管理部门 第一产业和渔业部门 环保机构	布里斯班大学 绿化澳洲昆士兰组织
区域级	SEQ 区域协会理事会 健康航道伙伴关系倡议会*	SEQ 流域治理组织*
大城市级	布里斯班市政府及相关部门包括: 城市规划部门、水资源管理部门、 自然资源和可持续性管理部门 布里斯班河流管理集团* 布里斯班流域网络组织*	布里斯班区域环境联盟 市议会工业合作组织 土地开发商
流域级	奥克斯利河流域专业工作小组	奥克斯利河流域协会 水泥企业和其他地方企业
地方级	社区规划团队* 市议会灌木保护集团* 市议会防卫	奥克斯利河环境管理集团 社区行动组 居民协会 社区发展协会

* 包含政府性和非政府参与者。

资料来源:James J. Patterson, Carl Smith, Jennifer Bellamy. Enabling and Enacting 'Practical Action' in Catchments: Responding to the 'Wicked Problem' of Nonpoint Source Pollution in Coastal Subtropical Australia [J]. Environmental Management, 2015(2): 482 - 483

　　然而,政府向某些地区推出新区域 NRM 项目资助存在一定滞后性。在流域层面,这种滞后性将限制协调组织的职能,减低组织吸引骨干自愿参与者的积极性。相应的,市议会弥补了这一滞后性,已经开始资助城市中流域管理团体的协调组织工作。当新的资助在下一年补充进来且支持流域管理团体的区域主体已经建立时,流域协会就开始与市议会进行深入的沟通,以确定治理目标,而不再是按照区域治理框架进行行动。

　　这时候,为保持在更高的空间尺度上作出决策,同时重构参与理念,新的区域制度安排被制定。流域协会对于新的区域制度安排采取的发展战略将会被政策共同体更好地理解。如今,市议会资助的协调组织关注的问题为流域协会网络的能力建设和旧城改造。最初的利益相关者工作组组织架构被作为"利益集团"重新构建,这一"利益集团"囊括了来自社团的个体,关注的主题包括水、生物多样性、社团和土地。同时,在流域管理规划制定后解散的社团组织与工业企业再次联系起来。新的"利益集团"包括了许多个人而不仅仅是来自各部门的组织。虽然流域协会尚未具体实施流域管理新模式,但现实中这一流域管理模式已经失去了跨部门的参与者,且适应了新的制度安排的管理模式已经演变成地方政府自主高端社团的模式,最终导致来自于城市选民日益增长的呼声——支持开放空间、私人保护,重新计量环境样本和公开项目信息。当这些呼声成为政策难以执行(Sabatier, 1986)和 Wagenaar and Hajer(2003)提出的治理网络变得不稳定假设的证据时,在流域级,市议会担任更重要的治理角色,同时,这一治理模式在水质评价的提升上完全没有可持续的作用。

二、存在问题的原因和挑战

　　流域管理是一种环境管理模式,在农村地区得到了广泛的采用,但在高度城市化地区应用较少。奥克斯利河流域案例证实了在城市地区影响环境治理效果的关键因素，这些因素影响了治理模式的地区适应性。

（一）综合环境管理和城市地区地方政府的重要性

过去 20 年环境管理和规划的重要趋势主要包括公众参与、区域治理级别方式的转变、多层次治理网络的出现。在奥克斯利河流域，治理模式随着时间变化从 20 世纪 90 年代后期的非正式网络治理模式转变为流域管理模式，再转变为 2003 年后新的区域治理级别方式下紧凑多层次政策共同体治理模式。流域管理模式的核心内容是：成功的环境管理是区域内主体共同参与的结果。区域已经成为公民互动交流的主要规模级别——这个级别的规模已经足够小且内部关系复杂，能够使得公民对他们自己的问题做出非正式的和内在的决策，同时，这个级别的规模也足够大来调动自愿参与解决这些问题人们的积极性(Ostrom，1990；Healey，1997)。

然而，公众参与流域管理的机会已经在土地使用规划和 NRM 项目的区域化影响下发生改变。奥克斯利河流域的许多利益相关者发现，已经很难定义流域的空间尺度，更不用说定义地区的概念。Hooper(2002)同样认为，巨大的城市人口数量已成为传统利益相关者对 NRM 项目特征进行商议的挑战。城市中的利益相关者被发现对于区域 NRM 项目本身的接受度和尊重度较低，对于利益相关者参与区域机构的观念较落后(Davidson et al.，2008)。这些现象产生的原因主要来自土地使用的压力、城市居民的繁忙生活节奏，从而使他们自愿参与活动减少，城市居民脱离生态环境，他们对于社团意识没有农村地区的人们强烈(Western and Pilgrim，2001；Keogh et al.，2006)。

公众参与的目标主要是希望制定决策更加高效、合法，因此，由于需要适当多样化的当地利益相关者进入区域级别的决策制定过程和确定区域级别相关概念,公众参与变得复杂了。在这个案例中,地方政府在满足需求方面起到了重要的作用,而且在网络多级政策环境下作为中心主体进行了合并。作为中心主体,地方政府的职能主要有3个:管理跨尺度联接;激发区域性认可行动;促进专业的地方参与。

(二)现有制度设计下地方政府的局限性

但是地方政府在承担城市环境管理职能方面仍存在局限性。目前,多数学者认为,地方政府的职能包括了环境评价和政府主导的环境修复项目,如参与洪水、侵蚀和湿地管理,参与流域管理,他们的环境职能与联邦和州政府相比仍不够完善(Crowley,1998;Tarlock,2002;Margerum,1999;Morrison et al.,2010)。那是因为地方政府在执行主要环境政策,如污染治理政策、生物多样性保护政策时都没有被委以正式的角色。例如,当昆士兰新的区域框架扩大其对地方环境管理、增长管理的预期和责任时,地方政府的权利没有得到相应的扩大,同样资助额度也未被提高。在需要地方政府参与的决策过程中,由于"地方政府行政覆盖范围和责任级别不够,其建议不能支持基于证据、必要性的综合规划"(Gleeson et al.,2010),因此其参与决策过程常常是低效的。目前,大量关于澳洲的州和联邦区域自然资源管理政策的研究也表明,地方政府正在被持续进行的区域NRM项目逐步边缘化(Morrison et al.,2010;Australian Government,1997,2008,2010a)。

此外,地方政府通常不愿意出让土地使用权来弥补上述权利缺失(Tarlock,2002)。当城市地方政府比农村地方政府拥有更强的规划权时(Keogh et al.,2006),会因多种因素很难获得城市议程上的NRM项目。城市选民通常对该项目缺乏兴趣,城市和快速城市化的政府则要经常处理快速增长的人口和高强度发展水平所带来的环境问题。地方政府还要面对满足城市边远地区需求的挑战,尤其是信息沟通困难的小规模区域。地区棕地在减少、土地价值在提升意味着现在的市政府收益在上升，同时提供生态服务的成本也在上升。区域内土地拥有者的管理经验和不同目标也会对国家 NRM 项目形成挑战（Emtage et al.，2007）。至关重要的是，地方政府的工作正受到基于市场的房地产开发系统的束缚，但这个系统却是政府收入的主要来源（Crowley，1998）。

制度安排下所面临挑战的难度取决于地方政府在缺少经济和政策激励的条件下实施流域管理和保护的能力。有学者警告分权实施的联邦制改革不是最终答案，需要既关心"有派别的、不透明的、假公济私的"地方政府声誉，又关心"难以置信的权利和因土地开发市场产生的保护矛盾"。通常地方政府之间会产生较大的差异，这是由更高层次政府做出决策所产生的。布里斯班案例中的政府规模、权利不是一般的大且具有稳定性。在 SEQ 地区，区域 NRM 项目的组合改变和城市规划转向综合增长管理规划直接导致地方政府的集权，使得地方政府变得十分强大。这就意味着在区域框架和强权地方政府背景下，面对政府动态权利的直接反应是在地方政府保护下，城市流域治理网络会出现更强组合。强权地方政府能够使土地使用规划和环境管理在地方层面有机会进行整合。

三、澳大利亚河流治理模式转变的启示

通过奥克斯利河流域综合治理案例分析可以发现，更宽泛的制度设计会影响综合流域环境治理模式。同时，证明了地方环境管理体系中参与治理的重要性。而我国流域治理模式和体制构建尚处于起步阶段，澳洲流域治理模式转变的经验对我国长江流域治理模式的构建及其支流流域治理具有重要意义。

（一）适当增加长江流域经济落后地方的环保财政支持

在我国,城市土地使用权出让制度作为土地有偿使用制度的主要手段,在法律上得以固定,并得到了广泛的关注和认可。但在长江流域经济落后地区,因地理区位、地质结构和交通问题,使得土地资源不占优势,相应减少了长江流域经济落后地区地方政府财政的收入,从而使得该区域落实植树造林、退耕还林、工业污染治理等环境保护和治理的资金捉襟见肘,成为长江流域经济落后地区落实环保政策和项目的难点。建议加大对生态环境脆弱、经济落后地区的地方政府的资助,对于保护责任大和多的地区给予相对多的资助,同时,需要设立区域地方环保财政支持预备基金,以应对中央对地方财政支持的滞后性。此外,对于环保财政资金的使用,需要采用基于市场的环境治理手段,提高环保资金使用效率。建立基于流域内重要利益相关者的管委会,公开流域环境保护与治理项目信息,监督环保资金使用渠道。

（二）提升区域环保横向合作中地方政府的地位和权限

目前,长江流域地区之间的环保和污染治理横向合作机制主要有区域性生态补偿机制、长三角环保合作联席会议,但这些机制在整个流域内尚未得到较好的推广。主要原因是长江流域中支流流域和功能区水体水环境保护责任主体的地位不平等,尤其体现在某些流域流经地区,地方政府等级的不对等。等级较低的地级市、县与等级较高的直辖市、央企、省级单位在环保权利、义务和收益分配方面存在分歧,以至于长江流域多个地区的生态补偿机制有名无实,地区间生态环境协同治理机制难以实施。因此,需要在长江流域重点保护支流和水功能区的同时,制定相应政策平衡这些水体涉及的地方政府、企业事业单位等利益相关主体在环境保护项目、决策制定中地位和权限,提高在同一流域生态环境保护过程中行政等级较低的地方政府、企业参与项目、决策的权利和地位。

（三）整合流域内地区水环境治理模式与土地利用规划

不论是《全国土地利用总体规划纲要（2006—2020）》还是地方性土地利用总体规划尚未涉及水环境治理模式。而水具有流动性，不可避免地要影响所流经土壤的环境质量，以及因土地利用类型改变而导致所在地区水质变化和航道改变。在水环境治理过程中，不同的治理模式所涉及的利益相关者主体不同，权益分配也不同。目前，我国流域治理模式主要有 3 种：直接管制治理模式、市场治理模式和协商治理模式。这 3 种治理模式的主体分别以政府、企业和社会组织为主。但从生态文明价值导向来看，结合长江流域实际发展情况，未来长江流域治理模式也应参考奥克斯利河流域治理模式，采用综合治理模式，即以政府直接管制治理为主导，市场化治理与协商治理辅助的综合性治理模式。这种综合治理模式可以整合各地区土地利用规划，形成区域性流域治理模式，并推广到整个长江流域。

第二节　流域水资源管理国际案例

随着可持续发展理念深入发展，仅聚焦于供水管理的传统的水资源管理模式也来越不能满足水管理需求。水资源具有经济和生态双重价值，这决定了水资源开发、利用和保护必须以流域为基础，走水环境管理和水资源管理相结合的道路。1992 年，水资源综合管理（Integrated Water Resources Management，IWRM）在《都柏林宣言》中被倡导，其要点可归纳为：（1）从流域的角度全局统筹水资源规划、利用与管理；（2）重视水、森林、土地、生态系统等资源协调性与可持续性；（3）通盘考虑社会与经济利益最大化；（4）倡导利益相关者参与，满足不同层次人员的需求；（5）全过程水管理，从雨水、原水到污水整个循环链上的各环节进行管控,不断增强整体绩效;(6)强化制度保障,健全法律法规、规划和制度框架;(7)多手段并重,例如工程技术手段与市场机制同时使用。

一、美国俄勒冈州综合水资源管理

(一) 背景

由于土地利用变化、人口增长以及气候变化等,美国俄勒冈州在管理水资源领域面临着巨大的调整。其中,在夏季水管理方面的拨款紧张,地下水位也在下降,导致用水出现限制,水质恶化,生态系统发生退化。例如,有24种鱼类被美国联邦濒危物种法列为濒危或者濒临灭绝的物种。美国俄勒冈州水资源委员会意识到良好的水管理需要立法机关、商界、地方政府、环境组织、农业领域、大学及其他利益相关者的共同努力。因此,在2008年秋季,5场关于州内水资源管理的圆桌会议召开,为俄勒冈水资源综合管理打下了良好的舆论基础。在2009年,俄勒冈州议会通过法案,要求俄勒冈州水资源部门(Oregon Water Resources Department)会同环境质量部门(Oregon Department of Environmental Quality)、农业部门(the Oregon Department of Agriculture)与渔业、野生动物部门(the Oregon Department of Fish and Wildlife)共同制定综合水资源战略。在战略制定过程中,水资源部门在水质、水量和生态系统需求上,广泛听取公众、利益相关者、印第安部落和各层级政府的建议。同时,综合水资源战略是一个动态战略,要求管理方采取适应性管理措施,每5年更新一次战略。

(二) IWRS 框架

不同于传统的水资源规划,IWRM战略充分考虑经济、社会和环境因素,目的是为即将采取的行动和协调工作构建一个可适应性的框架来替代静态的工程导向的规划。俄勒冈州综合水战略制定经历了5个阶段:规划和开发过程;问题和需求识别;发展建议;生成IWRS文件;实施和评估的最终战略。表13-2为俄勒冈州的IWRS框架。

表 13-2 俄勒冈州 IWRS 框架

主要领域	具 体 内 容
理解水资源/供应/机构	进行额外的地下水调查 完善水资源数据采集和监测 协调跨部门数据的收集、处理和利用的决策
理解额外需求	更新长期需水预测 提高水的使用测量和报告 确定 pre-1909 水权 联系信息更新水权记录 更新俄勒冈的水有关的许可指南
理解河流本身水需求	确定支撑河道生态系统所需要的水量和水质 确定地下水相关生态系统的需求
研究水与能源关系	从能源开发项目和政策分析对水的影响 利用现有的基础设施发展水电 促进提高/整合能源节约和节约用水的策略
气候变化	支持流域尺度的气候变化研究工作 制定气候变化适应性和弹性策略
水与土地利用关系	提高水信息集成到土地利用规划(反之亦然) 更新国家机构协调计划 鼓励低影响发展的实践
基础设施	开发和升级水和废水基础设施 鼓励区域(流域)的方法发展水和废水系统的

（续表）

主要领域	具体内容
教育和宣传	支持俄勒冈的中小学环境教育计划 为俄勒冈下一代水专家提供教育和培训 促进社区教育和培训机会 确定持续的水相关的研究需求
承接地实践 （Place-Based Efforts）	承接地为主的综合性、水资源规划 协调实施现有的自然资源计划 与联邦机构、部落和邻近国家在长期水资源管理建立的合作伙伴
水管理与开发	提高水的利用效率和节约用水 提高蓄水能力 鼓励额外的中水回用项目 达到环境成果与非监管的替代品 批准和资助一个供水发展计划
健康的生态系统	改善流域健康、增强弹性、提升自然资本规模 进一步进行河道保护 预防和消灭外来物种 保护和恢复河道内栖息地、建设良好鱼类和野生动物迁徙廊道
公共健康	确保俄勒冈饮用水的安全 减少有毒物质和其他污染物排放 实施水质污染控制计划
融资	俄勒冈 IWRS 基金发展与实施 州级水资源管理基金 水资源保护、储存和再利用项目融资可行性研究

资料来源：American Water Resources Association Policy Committee：Case Studies in Integrated Water Resources Management：From Local Stewardship to National Vision (2012).

二、国际水资源管理案例的经验借鉴

IWRM 的实践印证了其概念中所倡导的整体性管理，经济、社会与生态目标的协调，迭代过程，公众参与，管理协调的理念。综合性管理体现在水质与水量综合管理、上游与下游综合管理、土地利用与水资源管理结合。经济、社会与生态目标的协调是要求不同的利益相关方的诉求必须与生态系统和经济发展目标相协调。迭代过程是采用目标驱动、过程导向的适应性管理的策略。国际水资源综合管理案例的经验表明，有利的实践环境、良好的机构角色构建和强有力的管理措施是将 IWRM 由理论转化为实践的关键，也是诸多案例实施 IWRM 的切入点。值得重视的是，可持续性承诺、适应性管理、合作与信息公开与融资发挥了不可替代的作用。表 13-3 列出了有利于 IWRM 成功实践的实践环境、机构角色和管理措施。

表 13-3　有利于 IWRM 成功实践的实践环境、机构角色和管理措施概况

主要方面		具 体 内 容
实践环境 (Enabling Environment)	政策 立法框架	立法是规划和授权融资的必备条件，也有利于政策的制定。大部分的案例表明，必须提出切实可行的管理目标
	融资与激励结构	充足的资金虽是严峻挑战，但也是取得管理绩效必不可少的一环。因此，如何从公共资金、私人或非盈利组织寻找到所需的资金是关键。在管理经验中，资金必须与信息有效地结合起来
机构角色 (Institutional Roles)	创新性组织框架	该组织负责水资源的整体管理，即供水、水质、防洪、自然系统保护与恢复。
	机构能力建设	一是公众、利益相关者和专家对流域管理知识认知提升；二是专业管理工具开发
管理措施 (Management Instruments)	水资源评估	识别水的可用性和需求是任何规划工作的基础
	IWRM 规划	IWRM 规划涉及一套由传统基础设施工程向高效、流域保护规划项目转变的行动，这需要复杂的建模过程来识别不同利益相关方的共同的且能够实现的目标
	管理需求	通过需求减少战略来实现降低水需求，进而减少新增供水设施的开发

（续表）

主要方面	具 体 内 容
社会变革的工具	最大限度地引入公众参与
冲突的解决	由于 IWRM 的合作性、协调性和多目标性特征使得流域内外的冲突能够有效降低
监管工具	供水管理、用水管理与自愿政策
经济手段	水价、水银行项目（water-banking program）、水核算
信息管理与交流	通过详实的数据和复杂的建模为决策提供支持

资料来源：同表 12 - 2。

第三节　流域排污权交易案例

流域排污权交易，亦被称为"水质交易"（Water Quality Trading），是当前环境经济研究的热点领域之一，已在美国、澳大利亚、新西兰、加拿大等国家应用。据世界资源研究所统计，世界范围内有超过 57 个水质交易项目处于实施状态或者正在着手实施。

水质交易作为以最低成本实现水质标准的一种市场工具，受到政府、企业和民众的广泛欢迎。它假定不同的排污主体的减排成本有高有低，并与排污主体的类型、规模、地理位置、管理能力等有关，允许高排污成本的企业向低排污成本的企业购买减排量，而低排污成本的企业可以通过出售减排量获得经济激励。从理论上讲，排污权交易分为减排量交易和限额交易。两种方式的区别在于减排量没有设定排污总量的上限，多用于非点源污染；而限额交易设定了排污总量上限，多用于点源污染。其交易方式主要有 3 种，即点源与点源、点源与非点源和非点源与非点源。参与的交易污染物涉及氮、磷、氨、盐、酸性物、温度、总悬浮固体(TSS)、硒、生化需氧量(BOD)、汞等，但主要以营养物为主。

一、国际流域排污权交易的案例一览

当前，世界上有 57 个水质交易的项目在实施或开发中，以美国居多，交易类型覆盖点源与非点源，市场结构包括交易市场(Exchange market)、双边谈判(Bilateral)、清算所(Clearinghouse)、单一源补偿(Sole-source offsets)等。表 13 - 4 列出了当前处于活跃状态的主要水质交易项目。

表 13 - 4　国际上处于活跃状态的主要水质交易项目

项目名称	所在国家	交易类型	市场结构
猎人河盐度交易计划(Hunter River Salinity Trading Scheme)	新南威尔士，澳大利亚	点源—点源	交易市场
南国河流域交易计划(South Nation River Watershed Trading Program)	安大略，加拿大	点源—非点源	交易所
南溪泡沫许可证计划(South Creek Bubble Licensing Scheme)	新南威尔士，澳大利亚	点源—点源	交易所
墨累-达令盆地盐度信贷方案(Murray-Darling Basin Salinity Credits Scheme)	澳大利亚东南部		双边
草原区农民可交易负荷计划(Grassland Area Farmers Tradable Loads Program)	加利福尼亚，美国	非点源—非点源	双边
查特菲尔德水库交易项目(Chatfield Reservoir Trading Program*)	科罗拉多，美国	点源—非点源/点源	单一源补偿
樱桃溪水库流域磷交易项目(Cherry Creek Reservoir Watershed Phosphorus Trading Program)	科罗拉多，美国	点源—非点源/点源	单一源补偿
狄龙湖(狄龙水库)交易计划(Lake Dillon (Dillon Reservoir) Trading Program)	科罗拉多，美国	点源—非点源	双边

（续表）

项目名称	所在国家	交易类型	市场结构
长岛湾交易计划（Long Island Sound Nitrogen Credit Exchange Program）	康涅狄格，美国	点源—点源	交易所
特拉华内陆的海湾（Delaware Inland Bays）	特拉华，美国	点源—非点源	单一源补偿
博伊西下游出水外交易示范项目（Lower Boise River Effl uent Trading Demonstration Project）	爱达荷州，美国	点源—非点源	双边
中蛇河示范工程（Middle Snake River Demonstration Project）	爱达荷州，美国	点源—点源	双边
明尼苏达流域交易计划（Minnesota River Basin Trading Program）	明尼苏达，美国	点源—点源	双边
南明尼苏达甜菜糖合作计划（Southern Minnesota Beet Sugar Cooperative Program）	明尼苏达，美国	点源—非点源	交易所
拉斯维加斯过水区（Las Vegas Wash）	内华达州，美国	点源—点源	交易所
陶斯滑雪谷（Taos Ski Valley）	新墨西哥，美国	点源—非点源	单一源补偿
纽斯河流域总氮交易项目（Neuse River Basin Total Nitrogen Trading Program）	北卡罗莱纳，美国	点源—非点源/点源	交易所
塔尔—帕姆利科营养物交易计划（Tar-Pamlico Nutrient Trading Program）	北卡罗莱纳，美国	点源—非点源/点源	交易所
大迈阿密流域交易试点（Great Miami River Watershed Trading Pilot）	俄亥俄，美国	点源—非点源/点源	交易所
宾夕法尼亚水质交易计划（Pennsylvania Water Quality Trading Program）	宾夕法尼亚，美国	点源—非点源/点源	交易市场
弗吉尼亚水质交易项目（Virginia Water Quality Trading Program）	弗吉尼亚，美国	点源—非点源/点源	交易所/双边

（续表）

项目名称	所在国家	交易类型	市场结构
红雪松河营养物交易试验计划(Red Cedar River Nutrient Trading Pilot Program)	威斯康辛，美国	点源—非点源	双边

资料来源：World Resources Institute：Water Quality Trading Programs：An International Overview（2009）。

政策驱动是水质交易得以开展的根本保障。如美国的《清洁水法》为点源向水体排放营养物设定了排放上限，允许各州针对不同的排污主体实施不同的排污标准。其中，最大日负荷量是根据水质标准设定，并在不同企业中分配，形成了以水质为基础的排污限制，并与排污许可证结合使用，进而促进了水质交易产生。新西兰的《资源管理法案》允许怀卡托区域议会在陶波湖流域设定营养物排放上限。澳大利亚新南威尔士州环保局设置盐化减排目标，并据此发放排污许可证。一旦排污上限被确定并在排污主体间分配，这意味着水质交易具有了一定的基础。在一些案例中，排污限额的分配是以年为单位发放的，且是按照项目设计标准来计量，而不是按实际运行量计算，这意味着排放总量的分配将会出现过大或过小的情况，不利于水质的改善。

对于点源排污主体，无论是环境规制还是技术手段都相对成熟。因此，以点源为交易类型的水质交易实施较为顺利。但是对于非点源则不同，原因在于缺乏必要的规制工具。建立非点源的营养物排放基准，能够使非点源产生营养物减排信用（nutrient reduction credits）为开展非点源水质交易打下基础。在实践中，非点源营养物交易计量采取交易率（Trading Ratios）方式，用于估算可交易减排信用，保证交易双方的利益及流域整体污染控制。

现有水位交易存在 4 种交易类型，各种市场交易类型各有利弊。

双边交易以一对一谈判为特征，交易价格根据双方约定形成。该方式交易成本高，不具备发挥市场价格的功能。

单一源补偿是排污主体通过在流域内任一地方采取减少排污行为就可以获得企业增加营养物排放的权利。

清算所市场是一个连接卖家和买家的场所，将减排信用作为商品一样在交易所进行。减排信用价格也随着市场供需不断变化。

交易市场比清算所市场更为成熟，买卖双方常利用在线交易，市场价格透明，信息较为公开。

二、美国流域排污权交易案例分析

得益于在大气污染排污权交易的成功，美国在 1981 年就开始在威斯康星州的福克斯河上开展点源之间的排污权交易试点。但是由于许可证产权不确定、未充分考虑污染源扩散、许可证制度限制条件苛刻以及缺乏法律法规有效支撑，早期的试点并没有实现预期效果。在 20 世纪 90 年代开始至今，美国水质交易项目超过 40 个。根据世界资源研究所的分析，3 方面的因素使得美国在水质交易项目开展中获得发展：一是由于水体富营养化事件频发，控制营养物排放环境规制增加。在 20 世纪 90 年代后期，国家清洁水法中开始实施最大日负荷标准为建立流域排污权交易市场提供了前提条件。二是美国环保署的大力支持。2003 年美国环保署发布《水质交易政策》，鼓励排污主体之间通过水质交易实现流域水质目标。更为特别的是，该政策鼓励自愿交易，推动最大日负荷的应用，降低清洁水法的实施成本。2004 年，美国环境保护署又制定了《水质交易评估手册》，从过程和目标两方面促进水质交易顺利实施。三是政府资金支持。美国环保署与农业部合作，对水质交易项目予以资助，主要有三大公共基金支持，分别是美国环保局的"目标流域拨款"、第 319 条条例拨款，以及 2002 年《农业法案》授权的通过美国农业部自然资源保护局（USDA -NRCS）发放的"环保创新拨款项目"。

纽斯河流域约占美国北卡罗莱州面积的 9%，约为 15 959 平方公里。流域内 35％的地是农田,34％的是森林,22％的是湿地和水体,4％的土地是灌木丛和贫瘠土地,5％的土地用于开发建设。纽斯河流域具有 5 000 公里的淡水溪流与 228 公里的咸水溪流。流域内人口约为 132 万人。在 1995 年由于总氮严重超标,纽斯河发生大面积鱼类死亡。此事件推动北卡罗莱州出台更为严格的总氮减排战略,目标到 2005 年在 1995 年的总氮排放量基础上减少 30％。

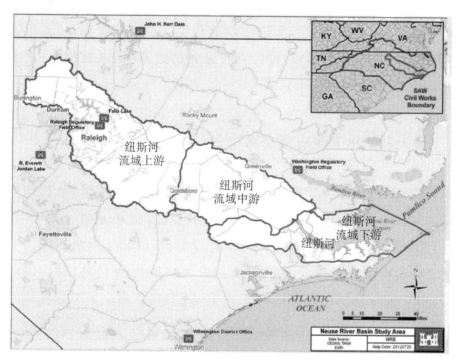

图 13-4 纽斯河流域

资料来源：U. S. Geological Survey.

北卡罗莱州的水质部门采取分步实施的方法确定每日最大负荷(TMDLs),第一阶段在 1999 年确定河口污染物分配方案;第二阶段在 2002 年利用模型来验证减排 30％情景下河口污染物每日最大负荷。水质部门采取历史监测与估算的方法测定基准年的氮排放总量,经测算 1995 年总氮排放量为 164 万磅。纽斯河被分为 12 个氮管理区,每一个管理区都受到传输因子的影响,而传输因子的大小取决于管理区距河口的距离。该计划为每一排放集体(groups of dischargers)设置年度排放额度,且排放额度的大小取决于排污集体所处的位置是河流的上游还是下游。每一个排污企业都会获得企业排放配置与等量化的河口配额,河口配额为企业排放配额与设施传输因子乘积。交易计划覆盖企业之间可以购买、销售与租借排放配额,但所有企业排放配额不能超过规定排放总量。如超过规定排放总量,必须启动补偿机制,即需向湿地恢复基金缴纳一定资金(每磅每年 11 美元)来帮助非点源进行总氮控制。对于新建企业,其可以向现有企业购买排放配额,也可以向湿地恢复基金购买配额(价格为22 美元/每磅每年)。

三、澳大利亚猎人河盐度交易计划

猎人河流域是澳大利亚新南威尔士最大的沿海流域,面积约为22 000 平方公里。流域内产业主要有农业、煤炭开采业与发电厂。由于煤炭开采与发电使得猎人河的盐度上升,以至于河水不能用于流域内农田灌溉。为此,在《国家盐度与水质行动方案》(National Action Plan for Salinity and Water Quality)与新南威尔士盐度战略等政策措施下,新南威尔士政府出台了盐度控制目标,并在猎人河引入覆盖 20 家煤炭采矿企业与 3 家发电厂的盐度交易计划。该计划始于 1995 年并于 2002 年全面实施。该计划以稀释原理为中心思想,通过设置监测点来确定河水流量处于丰水期还是枯水期(见图13-5)。当枯水期时,不允许煤炭开采企业和发电厂向河流排放污染物。在丰水期时,允许受规制的企业在许可证基础上向河流排放污水。流域内允许盐排放总量根据河流中的环境盐度而变化,在中下游部门不能超过 900 EC,上游部门不能超过 600 EC。在洪水期,任意水平的盐排放是允许的(见图 13-6)。

图 13 - 5　猎人河盐度交易计划中监测点的分布

资料来源：Department of Environment and Conservation NSW；Hunter River Salinity Trading Scheme；working together to protect river quality and sustain economic development（2003）。

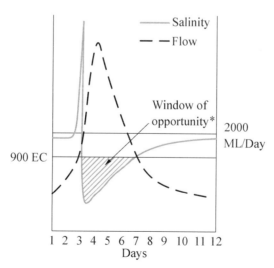

图 13 - 6　猎人河盐度交易计划中盐度与流量关系

＊window of opportunity 指的是可以排污的时间窗口。

资料来源：Department of Environment and Conservation NSW；Hunter River Salinity Trading Scheme；working together to protect river quality and sustain economic development（2003）。

交易计划将河流分成若干个水体块（"block"），每一块指的是一天内流经辛格尔顿（singleton）的一定量的水体。如 block 2003 - 198 是在 2003 年第 198 天也就是 7 月 17 日流经辛格尔顿的水体块（见图 13 - 7）。对于每一个水体块，计划执行方监测流量水平和环境盐度指标，并计算水体块内还能容纳多少盐。该计划共设置 1 000 个盐排放额度（salt discharge credits），每一份代表 0.1% 的初始排污权，根据每一排污主体的环境绩效、盐水产生量、就业情况和经济产出等向企业发放排放额度。

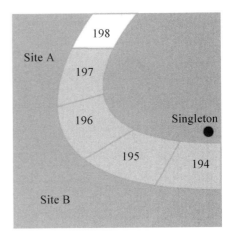

图 13 - 7　猎人河盐度交易计划中水体块示意图

资料来源：Department of Environment and Conservation NSW：Hunter River Salinity Trading Scheme：working together to protect river quality and sustain economic development（2003）.

初始排污权具有不同的生命周期，每隔两年 200 个排放额度退出。同时采取拍卖的形式对退出的 200 个额度重新分配，能够释放排放额度的价格信号。而新进入企业通过拍卖的形式或向其他企业购买盐水排放许可。

猎人河盐度交易计划的交易规则如图 13 - 8，并设置在线平台进行交易。

交易计划执行者通过建立指标体系对交易计划实施情况进行评估，认为该计划以较低的成本实现水质目标。交易计划之所以取得预期效果，主要有 5 方面的原因：一是立法支持；二是严格详实的数据及在此基础上的建模；三是利益相关者共同参与，并积极采用新的理念；四是更加关注环境绩效；五是监测体系完备和信息公开。

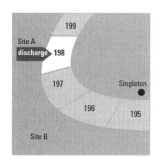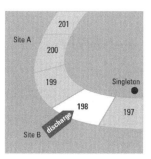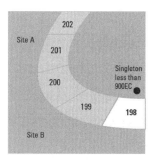

| 7月15日，block 198 流经 A 点，A 点企业拥有 20 个排放额度，可以向水体块排放 2.24 吨。 | 7月16日 block 198 流经 B 点，B 点企业拥有 45 个排放额度，能够向其排放 5.04 吨。如果 A 点不排放它可以向 B 点企业出售 20 个额度。则 B 点企业可以排放 65 个额度即 7.28 吨的盐水。 | 7月17日，block 198 流经辛格尔顿，但盐度不能超过 900EC。 |

图 13 - 8　猎人河盐度交易计划中交易规则

资料来源：Department of Environment and Conservation NSW；Hunter River Salinity Trading Scheme；working together to protect river quality and sustain economic development (2003)。

第四节　美国图拉丁河流域生态补偿项目的经验

目前，国外如欧盟、美国、加拿大、日本和澳大利亚等国家和地区已经广泛建立和实施生态补偿机制，涉及领域有河流、森林、矿产资源、农业、物种保育等，关注焦点主要在生态补偿财政项目实践、补偿机制的环保作用、补偿对象及主体、补偿标准、补偿途径或模式、补偿效应评价等方面。在流域领域，国外经验主要集中在生态补偿标准和机制评价的方法创新上。笔者选取最新流域生态补偿标准和评价方法的美国图拉丁河流域生态补偿项目进行分析，从中探索长江流域生态补偿机制的解决之道。

一、图拉丁河流域生态补偿项目背景

图拉丁(Tualatin)河项目是俄勒冈州(Oregon)西北部的流域生态补偿项目(见图 13 - 9)。这个项目是为应对《美国清洁水法案》(US Clean Water Act,CWA)对图拉丁河热污染提出新标准所设立的生态补偿项目。这些新标准的产生主要是由于图拉丁河及其主要支流的水温超过了州政府的要求,因而,根据 CWA 第 303(d)章,图拉丁河流域生态环境被列为"待修复"行列。这一评价措施促使相关政府设置了河流"日最大负荷"(TMDL)指标,这一指标提升流域内点源污染指标的严格度,其中包括俄勒冈州希尔斯伯勒市(Hillsboro)两家由清洁水服务公司(CWS)负责运营的污水处理厂污染排放指标。

图 13 - 9　图拉丁河流域区位

资料来源:维基百科。

不断上升的河流温度是影响本地西北太平洋沿岸水生生物生长繁殖的主要生态因素,也是该流域许多地方动物栖息地不断减少的原因。从历史上来看,该流域沿岸曾经是树林茂密,遮挡了大量的太阳辐射以保证河水温度符合正常的标准。但在过去的 150 年里,由于不断开垦,发展农业,加上近几十年城市化区域不断涌现,致使流域内大量的沿岸森林消失。因此,许多河流的温度上升直至不能适应某些物种生活、繁殖的要求。例如,根据《美国濒危物种法案》,该地区的大马哈鱼已被列为濒危物种。这些情况促使了 TMDL 指标的出现和图拉丁河流域更严格的点源热污染标准的出现。

面对新标准的挑战,CWS 的领导层核对了指标的每个影响因素选项,包括建造冷却塔和其他工程性解决方案,这些设备和解决方案需以 6 000 万—1.5 亿美元的成本降低排放入河流中的污废水温度(Cochran and Logue,2011)。同时,CWS 领导层也认识到,河流沿岸的森林树荫的消失是河流温度上升的主要原因,因此正在探索开发一项“水质交易项目”。通过这个项目,CWS 将图拉丁河及其支流沿岸的私人土地作为交易物来支付修复河流沿岸森林的费用。在理论上,新的植被最终将要遮盖河流以抵消排放污水的热负荷。采用“树荫温度补偿模型”(Shade-a-Lator),模拟每天因森林修复所抵消的热量千卡数据并被生成 CWS 履行温控监管义务的积分。由于有州官方人员的行政支持和俄勒冈州执行 CWA 的环境质量部门(DEQ)的弹性规则,CWS 最终在图拉丁河流域生态补偿项目上投资了 430 万美元。目前,这一示范项目已在俄勒冈州推广。

二、社会生态系统(SES)衡量框架的应用

采用生态补偿机制修复图拉丁河流域水环境的项目,应用了社会生态系统(social-ecological system,SES)衡量框架来帮助确定影响生态补偿效果的相关变量并识别子系统与第一层因素之间关系的不同假设(见图 13 - 10)。很显然,在 SES 框架中存在多级相关资源系统、资源单位和相关主体。两个相关的资源系统是河流系统

社会、经济、政策设定(S)

S1—中速经济增长；S2—中速人口增长

资源系统(RS)		资源系统(RS)
1RS—河流系统 1RS1—水务部 1RS2—清洁系统边界 1RS3—流域规模 1RS6—超温度阈值 1RS7—系统动态的强预测性 1RS9—与沿河系统同地协作	2RS—沿河系统 2RS1—农业部门 2RS2—清洁系统边界 2RS3—流域规模 2RS9—与河流系统同地合作	GS1—政府规制制定部门（ODEQ；US EPA） GS2—地方水土保持地区机构 　GS2a—与生态系统服务提供者存在联系 GS4—对沿岸地区清晰、很好的定义所有权 GS6—DEQ水质交易规则 　GS6a—Shade-a-Lator模型模拟 GS7—CWA

资源单位(RU)		主体(A)	
1RU—大卡/天 1RU1—高速流动的下游网络 1RU4—非经济价值	2RU—英亩 2RU1—不流动 2RU2—慢增长率（20—30年） 2RU4—适中价值	1A—清洁水服务公司（生态服务购买者） 1A1—单个主要主体（公共事业单位） 　1A1a—大型客户基础 1A2—中游主体 1A3—地方下游主体 1A5—远见和创新性领导者	2A—生态服务提供者 2A1—中等数量 2A2—变富裕主体 2A4—地方上游主体 2A8—中等到少量资源独立主体

相互作用(I) ➡ 效果(O)

相互作用(I)	效果(O)
I1—为修复河岸森林而进行农业土地种植 I5—430万美元投资于河岸森林修复 　I5a—生态服务提供者全部自愿 　I5b　高交易成本 　I5c—现金支付 I6—公共事业游说政策制定者设立项目 I9—项目监督 　I9a—遵守合同每年监督河岸修复地区 　I9b—州和联邦机构监督流域指标	O1—经济有效的方法来遵守规则 O2—因系统反应存在长时间滞后而产生生态条件不确定性 O3—类似模式在其他流域被复制

相关生态系统(ECO)

图 13-10　SES概念框架应用于图拉丁河流域生态补偿项目

资料来源：McGinnis and Ostrom, 2014；Ostrom, 2007 p.15183；Ostrom, 2009。

(1RS)和河岸系统(2RS);在河流系统中,相关资源单位是日热量千卡(1RU);在河岸系统中,相关资源单位是英亩土地修复(2RU)。在相关主体子系统中,公共事业单位、CWS是生态系统服务购买者(1A);流域的土地所有者是生态系统服务的销售者或购买者(2A)。

设定第二和第三层变量将更好地帮助描述SES特征并形成多种影响模式,在这些模式中子系统相互发生作用。例如,当图拉丁河流及其支流温度超过阈值(1RS6)限制水生生物生长时,根据CWA的要求(GS7),就会触发DEQ(GS1)设立新的TMDL标准。在新TMDL指标下,更严格规则导致CEW(1A)要求其他选择项相应发生改变并积极说服DEQ(I6)开发新的水质交易规则(GS6),水质交易规则促使最初的生态补偿机制的建立。CWS领导层被认为是有远见和创新性的,这些特性将使他们跳出思维局限并竭尽全力去开发备选方案来遵守规则(Willamette Partnership,2012)。同样的,俄勒冈州的政策支持也使得规则具有必要的弹性(GS1)来寻求一种合理的生态补偿模式。

一旦水质交易规则制定实施,CWS(1A)将投资430万美元(I5)来补偿流域土地所有者(2A),要求他们通过签订年度支付补偿款的15年合同,或者签订二三十年以上甚至永久的、一次付费的保护地役权①交易合同来修复他们属地河岸缓冲区。这项修复工作是由"图拉丁水土保持机构"(GS2)实施,这个机构作为中介机构根据自己在修复工作中获得的经验以及其与流域中土地所有者(GS2a)保持的良好关系努力推进生态补偿机制的实施。在这些努力下,目前已种植修复沿岸森林植被515英亩(I1)。同时,采用Shade-a-Lator模型模拟,如果种植的树木一直存活,修复区域预计将抵消河流每日2.95亿千卡热负荷,(2RU)并产生有利于20年甚至更长时间的积分。

---

① 地役权是指土地权利人为了自己使用土地的方便或者土地利用价值的提高,通过约定而得以利用他人土地的一种定限物权。——《物权法》,2007.

CWS 将使用这些积分来遵守法规。当然,这个树荫收益只是来自模型模拟的结果,因为从种植植被的效益到全部生态系统服务(2RU2)效益实现存在 20 多年滞后期。

对于 CWS,这个生态补偿项目最明显的效果是以一种经济有效的方式来遵守环保规则(O1),因为公共事业单位仅仅花费了 430 万美元就避免了使用 6 000—15 000 万美元成本购置冷却塔的费用。生态收益(O2)也能被预期,但由于项目存在时间滞后性,以及在理论上、因规范管理或政策措施改变而导致生态弹性,生态效益预期也存在不确定性。同时,生态补偿项目的寿命也是不确定的,因为只有种植的树木一直在原地,产生的树荫收益积分有效期才为 20 年,那么,土地所有者是否能够在合同期内坚持修复约定地区还有待观察。土地所有者的长期决策将最终决定流域生态补偿项目到底是一个解决水质问题有效的策略还是只是一个公共事业单位节约成本的有效手段。目前,由 CWS 发起的创新型生态补偿项目正在作为示范项目在俄勒冈州和西北太平洋地区其他地方得到推广。示范项目中水质交易规则(GS6)、知识和经验可以被认为是一种积极的外部性(O3),这一外部性对其他采用 SES 系统地区的环境政策创新起到相互影响的作用。

三、SES 框架下多视角流域生态补偿机制

图拉丁河流域生态补偿项目证实了社会生态系统(SES)框架这一综合性多层次分析方法应用于流域生态补偿机制评价的合理性,也说明了在这一框架下流域生态补偿项目的复杂性。但是当人们不能厘清 SES 系统某些方面的复杂性时,不同视角的生态补偿机制可能会趋向于关注 SES 系统中不同的因素。例如,在科斯定律视角下,人们可能更关注经济有效的生态补偿机制(如,给土地所有者种树支付报酬),而不是那些非生态补偿方案(如,建造制冷设备冷却污水),

同时也关注相关的交易成本。在社会制度视角下,人们更加关注生态补偿机制相关主体中土地所有者、中间机构和政府等主体特征及之间的相互关系,同时,这一视角也关注与法律结构和制度规范相关的变量,这些法律制度能使生态补偿项目出现、起作用并获得良好的社会效益。在生物物理视角下,人们将关注采用生态补偿机制进行生态修复的项目中河岸树荫与河流温度之间的科学解释,并指出沿河种植植被与其全部的绿荫效果潜力之间存在长时间滞后性。在批判视角下,人们可能会指出,采用生态补偿机制进行生态修复的项目所获得权益积分应基于模型模拟,而不是生态系统服务提供方测量的实际增加值,这一视角同时也更关注不同主体之间权利的动态变化,并想了解货币激励的引入是否可以改变图拉丁河流域土地管理工作的传统观念。

综上所述,所有视角都为实践中的流域生态补偿机制的复杂性提出了重要的、深刻的见解。但是,正如奥斯特罗姆(Ostrom,2009)所指出的:"理解复杂性整体需要掌握具体的变量并且了解这些变量之间的相互关系。因此,我们必须学会利用复杂性而不是从系统中消除它。"SES 框架有利于确定流域生态补偿机制中这些视角的适用性,并开启生态补偿机制复杂性研究之路。

四、对长江流域生态补偿机制的启示

(一)采用综合概念 SES 框架厘清流域生态补偿机制要素

社会生态系统(SES)框架是一个综合多层级概念框架,通过图拉丁河流域生态补偿项目分析可以发现,SES 框架能够更好地、更全面地分析和评价流域生态补偿机制。笔者认为,在我国水系众多、地区复杂性较大的长江流域,应采用 SES 框架对已经实施生态补偿机制的长江上游地区(云、贵、川)进行分析,厘清生态补偿机制中的资源系统（RS）、治理系统（GS）、资源单位（RU）、相关主体（A）、相互关系（I）、最终的效应（O）以及各子系统第二、第三层关键影响因素，从而更科学地计算流域生态补偿标准、优先等级；根据主体之间的相关关系和交易模式来确定生态补偿的合理模式，并形成示范，逐步推广。

（二）划分流域内生态补偿区域模式，建立流域协调机构

长江流域地区间社会经济、人文地理存在较大差异。因此，采用SES框架分析流域生态补偿项目更能够分清不同地区和支流流域而采用不同的生态补偿模式。

在社会经济发达地区，采用政府主导的市场化生态补偿模式，即地方政府通过市场化治理手段并采用排污权交易等方式来实施生态补偿机制将会达到社会、经济、环境的三重效果，这种模式也是大多数发达国家流域生态补偿机制的主要模式；在社会经济欠发达、公众环保意识强的地区，采用由国际、社会组织为主导的生态补偿模式，即国际、社会组织发起的生态补偿项目，并通过对地方政府施压迫使其为生态系统服务提供者支付补偿费用。

在社会经济欠发达、公众环保意识弱的地区，则宜采用地区之间转移支付的生态补偿模式。其中，政府主导的市场化生态补偿模式和地区间转移支付的生态补偿模式是长江流域生态补偿机制的主要模式，这两种模式目前仍为"省内模式"，跨省的生态补偿模式由于缺少一个流域性、具有国家事权的协调机构，尚无法正式实施。因此，需要建立具有国家事权的长江流域协调机构来推进跨省的生态补偿模式的实施。

（三）签订长期生态服务合同以实现补偿机制的最大效益

图拉丁河流域生态补偿机制案例中生态系统服务——基于水质的水权是可以被交易的，这种生态系统服务效益的全部实现存在20年的滞后期，因此需要签订20年以上甚至是永久性的生态系统服务

交易合同,以保证生态效益的实现和生态补偿机制的可持续性。实施长江流域生态补偿机制,除了排污权、水权,很多生态系统服务,如由森林碳汇产生的碳排权,也是可以被交易的。这些生态系统服务的全部效益是在生态补偿项目中生态环境修复工程、治理工程之后逐步实现,需要签订一个长期、不受政府主体变化影响的生态服务交易合同,以保证长江流域生态补偿机制最大效益的实现。

(四)流域水权交易应严格水质指标

自 2014 年,我国水利部发文开展 7 省市水权交易试点工作以来,目前,我国的水权交易形式主要有 5 种:初始水权的市场分配,水银行,地方之间水权交易,部门(产业)之间水权交易,用水个体户之间的水权交易。其中地方之间水权交易适用于长江流域水资源生态补偿机制,即由水资源富裕地区出售水资源给缺乏地区,如东阳—义乌的水权交易。但在交易过程中,对于水环境的要求仅限于水质类别,即达到Ⅱ类或Ⅲ类标准。但长江流域某些污染物不能稳定达到Ⅱ类或Ⅲ类水的水质要求,因此,在长江流域涉及水权交易的生态补偿项目中,需要将重点污染物的水质要求加入水权交易规则,这对长江流域重点污染指标治理具有积极作用。

第五节　流域环境绩效评估的国际案例

河流是其沿岸地区的重要自然资产,为其提供丰富的直接或间接的流域服务(watershed services),如清洁水、可靠水供应、河流生态、社区娱乐、健康与福利以及雨水输送与洪泛区弹性。在很大程度上,河流的健康代表着流域的健康。而流域内的城市通过各种项目工程及政策措施确保流域服务的最大化获取。因此,评估流域环境绩效是分析流域治理进展及目标实现的重要手段。

一、美国柯林斯堡市的 Cache la Poudre River 健康评估框架

2015 年 8 月,美国柯林斯堡市的自然区与公用事业服务区部门(Natural Areas Department and Utilities Service Area)发布了河流健康评估框架,试图从城市的视角来定义 Poudre 河健康和弹性,研究如何改善河流健康状况及维持其生态服务功能。表 13-5 解释了 Cache la Poudre 河提供流域服务与柯林斯堡市的关系。

表 13-5　Cache la Poudre River 提供流域服务与城市目标的关系

清洁水	
1	能够利用现有技术实现饮用水标准
2	水质条件稳定,且不随季节和年际变化
3	河流中鱼类和底栖生物并未受到城市径流污染的显著影响
4	保护河流免于受到污染
5	在确保水质标准基础上允许向河流排放一定量的污染物
6	防止雨水径流对河岸侵蚀及降低其带来的泥沙沉淀及污染物负荷
可靠的水供应	
1	河流能够满足城市当前和未来的用水需求
2	良好的水权管理和存储水机制
3	盈余水租赁(surplus water leases)为城市公共设施提供资金
雨水输送与洪泛区弹性	
1	为减少基础设施损坏及公共安全影响,通过限制城市活动来确保河段稳定性
2	保持洪水弹性最大化的同时,确保社区土地利用目标实现
3	在遵守现有联邦/州/城市泛洪区法规的基础上缺乏洪水安全、高效通过
娱乐、健康、福利	
1	通过教育活动、志愿服务、参观游览等将社区和河流廊道结合

（续表）

娱乐、健康、福利	
2	保护和宣传流域内的文化和历史资源
3	打造健康的河流生态环境，使人们有地方远离压力、观察野生动物、改善人类健康
4	修建滨水公园、提升滨水基础设施水平
河流生态系统	
1	确保河水流量能够维持关键生态系统功能和过程
2	最大限度的管理污染物和化学物质对河流的污染
3	在河水流量、生态系统、地方基础设施及安全的基础上确保河流和泛洪区的空间形态
4	水生和河岸生境及相关特征生物群的健康

资料来源：City of Fort Collins：River Health Assessment Framework：Cache la Poudre River (2015).

图 13－11 表示河流功能的金字塔。水流动态是保障河流健康和生态系统服务功能的根本保障；物理模式是次之于水流动态的指标，其由河流的物理形态和河岸带共同决定。水质和野生动物多样性是其更为高级的功能。

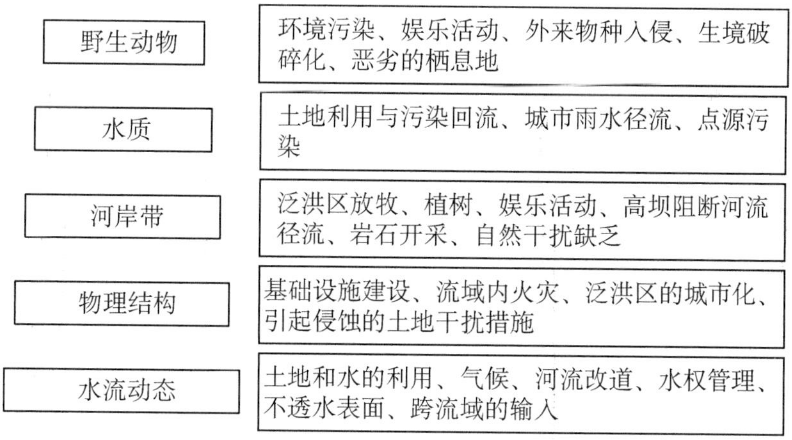

图 13－11　河流功能金字塔

资料来源：City of Fort Collins：River Health Assessment Framework：Cache la Poudre River (2015).

为了评估河流健康，柯林斯堡市建立一套评估指标体系，共 10 大类 29 个指标，如表 13-6。该框架将每一指标分为 A、B、C、D 和 F 五个等级，并给出每个等级的评价标准。B 等级以上表示富有弹性，D 等级以下表示处于危险状态。

表 13-6　Cache la Poudre River 河流健康评估指标体系

指　标	指　标　矩　阵
水流动态(Flow Regime)	洪峰流量(Peak flows) 基础流量(Base flows) 变化率
沉积物(Sediment)	土地侵蚀(land Erosion) 河槽冲蚀(Channel erosion) 泥沙输送(Transport)
水质(water quality)	温度 营养物 PH 值 溶解氧含量
泛洪区连接性(Floodplain connectivity)	范围 饱和时间(Saturation duration)
河岸条件(Riparian condition)	植被结构与复杂性 栖息地的连通性 集水面积
碎石(Detritus)	大片林地 碎石
河槽弹性	动态平衡 河槽恢复能力
河流形态	河道形态 面积 轮廓
物理形态	粗糙结构(Coarse structure) 精细结构(Fine structure)

（续表）

指 标	指 标 矩 阵
水生和河岸野生动物	水栖昆虫 本土鱼类 鳟鱼 水生栖息地的连通性 鸟类

资料来源：City of Fort Collins；River Health Assessment Framework；Cache la Poudre River (2015).

二、加拿大南阿尔伯塔流域环境绩效评价指标体系

加拿大南阿尔伯塔省于 2003 年在水生命战略中提出水环境绩效管理的目标，即安全的饮用水供应、可靠的能够支持可持续经济发展的水质与健康生态系统。为了管理流域的环境绩效，南阿尔伯塔省采用五步适应性管理系统：一是定义环境产出，二是选择压力和条件指标，三是监测指标，四是利用目标值和阈值评估产出，五是将评估结果应用于管理行动。关于评估结果的应用，主要取决于指标值与目标值或阈值的关系，如果指标值处于期望状况的范围内，当前的管理活动依旧延续；如果指标值不在期望范围内，针对特定问题的管理必须做出改变，如经济激励手段使用及政策制定。

南阿尔伯塔流域环境绩效管理的指标体系设计非常详细，完全涵盖了流域管理所涉及的方方面面。尤其是对土地的评估指标实质上包括了土地利用类型、土地覆盖等多个方面。

表 13－7　南阿尔伯塔省流域环境绩效评价指标体系

	分指数	指 标
土地	土地状况 指标	草原原始植被类型（河岸、草场、湿地）
		阿尔伯塔省植被覆盖类型中被燃烧、再生、衰老及自然非森林植被

（续表）

	分指数	指　　标
土地	土地状况指标	土壤流失率
		草场土地质量（植物种类、植物群落结构、植物凋落物量、人类造成裸露地面）
		河岸土地质量（木本植物再生、牲畜、深植物覆盖、人类造成裸露地面）
	土地压力指标	人类开发的土地覆盖类型（灌溉作物、非灌溉作物、灌溉牧场、森林削减、矿山、工业开发、城市住宅、农村住宅、非渗透表面）
		土地场景（大型饲养基地、石油天然气电池、压缩机或炼油厂、工业加工厂、油气井、地下水井）
		线性（公路、铁路、输电线路、输油管、水坝）
		人口（人口密度、居住密度）
		农业肥料使用率
		农业及非农产品农药使用
水量	水量状况指标	实测流量与自然流量偏差
		实测流量与节水目标偏差
		实测流量与基流量偏差
		实测流量与流量目标偏差
	水量压力指标	用水量（灌溉区、私人灌溉、工业用水、城市用水）
		在土地覆盖面积正在或即将被改变的地区，允许在临界范围内发生的基本水位和洪流的变化幅度和频率，以及年径流率和径流量的变化幅度和频率
水质	水质状况指标	水温与溶解氧
		氮磷等营养成分
		总悬浮物
		病原体（粪大肠菌、大肠杆菌）
	水质压力指标	市政及工业废水

资料来源：Indicators for Assessing Environmental Performance of Watersheds in Southern Alberta.

三、美国威斯康星州流域健康综合评价

2014 年 3 月，美国威斯康星州自然资源部门与美国环保署共同发布流域健康综合评估报告，目标是评估流域健康水平和健康特征，为进一步制定环保政策提供依据。评估小组通过全面分析现有数据可得性、详实程度，从流域健康和脆弱性出发，选取相对性指标，并将评估的结果在水管理人员、政策制定者和公众之间交流，为下一步的环境政策改进打下基础，具体的技术路线如图 13 - 12 所示。

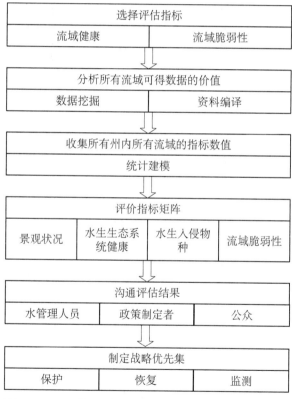

图 13 - 12　美国威斯康星流域健康综合评价技术路线图

资料来源：USEPA. Wisconsin Integrated Assessment of Watershed Health. USEPA，2014.

表 13-8 是流域健康综合评估的指标体系,它关注流域 6 个主要的属性,即景观状况、地理特征、栖息地、水质、生物状况与水文特征,并从中选取指标。

表 13-8　美国威斯康星流域健康综合评价指标体系

指标	子指标	度　量
景观状况		自然土地覆盖率
		湿地覆盖率
		枢纽与廊道的百分比(Percent Hubs & Corridors)
		完整且活跃河流区域占比(intact Active River Area)
水生生态系统健康	水文条件	径流变化
	生境条件/地貌	河流斑块大小
		运河/沟渠密度
		穿越河流的公路密度
		以芦苇为主的湿地面积
		栖息地状况
	水质指标	硝酸盐亚硝酸盐浓度
		河流总磷浓度
		河流悬沙浓度
		湖的清澈度
	生物状况	大型底栖动物的 IBI 得分
水生入侵物种		欧亚水菜草(Eurasian Watermilfoil)的百分比
		卷叶眼子菜(Curly Leaf Pondweed)的百分比
		刺水蚤(Spiny Waterflea)的百分比
		斑马贻贝(Zebra Mussel)的百分比
流域脆弱性	气候变化脆弱性	地表径流变化
		总氮产量的变化
		总磷产量的变化
		总悬浮固体产量的预测变化
	土地利用脆弱性	人造土地覆盖变化
	水利用脆弱性	地下水的依赖指数
		地下水开采量

资料来源: USEPA. Wisconsin Integrated Assessment of Watershed Health. USEPA,2014.

第十四章

提升长江经济带环境绩效的对策建议

长江经济带各城市环境绩效发展水平尚存在一定差距,要打破环境绩效管理的行政分割和部门分割,提升环境绩效管理能力,提升区域间环境绩效的协同管理能力,构建体现生态文明建设要求的环境绩效考核体系。必须坚持生态优先,以资源环境容量控制约束流域经济发展,实现长江经济带发展模式转型。要因地制宜地制定流域绿色发展战略和生态系统功能定位,充分利用市场机制解决环境绩效管理中遇到的难题,发挥市场配置资源的功能和作用。同时还应提升环境绩效管理的社会参与能力,综合考虑地方政府管理、社会参与等多种架构,以建立适应环保新形势下的多元化环境绩效管理体系。

第一节 坚持生态优先的流域绩效考核体系

从长江经济带环境与经济社会发展关系的演化进程看,过去几十年压缩型经济增长进程带来了复合型、结构性环境问题,传统的生态环境与经济发展的关系已经走到了尽头。随着全社会环境保护意识普遍提高,在当前经济增长、社会进步和环境保护被认为是可持续发展的三大支柱,绿色经济被认为是实现可持续发展的重要手段的发展趋势下,长江经济带的发展必须从重视经济增长轻环境保护转向环境优先,并坚持生态优先、绿色发展。

一、生态优先

其内涵之一就是将生态环境容量和生态承载力作为经济发展的刚性约束条件,根据长江经济带的生态环境容量和生态承载力来约束经济发展的速度和规模。因此,需要基于流域环境容量编制长江经济带发展规划,明确长江流域经济发展与生态环境保护的定位和具体要求。同时还需要制定协调上、中、下游地区发展的长江流域生态环境治理、修复专项规划。明确水系干流和支流上、中、下游地区环境治理的目标、措施和时限,落实跨行政区域的产业布局和环境协调治理方案。

二、构建长江经济带生态文明绩效考核体系

为了实现生态优先和绿色发展,长江经济带需要构建体现生态文明理念的考核体系和办法,淡化 GDP 考核,把资源消耗、环境损害、污染治理、绿色发展成效等纳入区域发展评价体系,建立体现环境绩效管理要求的指标体系,制定相应的考核办法和责任追究制度。体现生态文明建设要求的流域绩效考核应从两个方面进行:一是与流域历史发展水平相比,生态环境状况改善情况;二是与流域规划目标相比,尚存在的差距情况。以此对长江经济带环境绩效进行综合评价。

第二节　构建高效的环境绩效管理组织体系

长江经济带缺乏综合性的环境绩效管理机制,多部门之间交叉

管理现象较为突出,容易产生环境绩效管理上的交叉和重复。区域与区域之间的生态环境协调治理机制尚未建立,行政区域分割严重,而流域环境绩效管理是一个系统性工作,流域整体性要求与当前分割的环境绩效管理体制相矛盾,需要构建联动高效的管理架构。

一、成立职能明确的环境绩效管理机构

一方面,成立长江经济带生态环境保护机构,明确长江水利委员会在长江经济带环境绩效管理中的主导地位,将其建设成为具有权威性的流域管理机构,并能够对长江经济带环境绩效的发展进行规划和部署,避免多头监管和管理真空;另一方面,厘清长江经济带各省市环境管理机构与部门的权责分工,可以由长江经济带生态环境保护机构行使长江经济带的环境治理相关行政管理职能,长江流域内各省市相关部门配合长江经济带生态环境保护机构,依法行使长江保护职能。

二、提升长江经济带环境绩效管理机构的执法能力

长江经济带环境绩效管理需要贯彻落实新环保法,加强环境执法监管力度。建设专职的执法队伍,提高执法人员的专业素养,强化流域环境执法力度,实现环境监测与环境执法的有效联动。环境管理部门在执法过程中负责收集环境污染物的类型、数量、浓度等证据,充分发挥环境管理机构具备的环境监测功能的作用,为环境执法提供专业知识和技术支持。为了应对污染单位对执法部门不配合或拒绝执法的情况,环境管理部门应联合公安等执法部门,开展环境保护联合执法行动,切实提高违法企业的违法成本。

三、构建跨区域的环境绩效管理协调机制

长江经济带包括9省2市,在当前区域环境管理合作尝试的基础上,长江流域各省市环保部门可以构建环境绩效管理联动工作机制联席会议,研究决策流域环境保护重大问题,协调解决跨界环境治理的难点问题。通过建立健全跨区域的环境绩效管理协调机制,促进各省市在产业发展方面进行有机整合行动,协调环境绩效管理的步骤环节,优化协商沟通机制,联合开展环境执法检查,形成环境绩效与转型发展的"利益联合体",在产业布局、环保基础设施建设、资源开发利用等方面避免出现局部与整体之间的矛盾,实现区域的联动发展。

四、构建扁平化的社会公众参与机制

当前,我国正在进行生态文明体制改革。广泛的公众参与是这一改革取得成功的前提条件,以往基于利益竞争和利益最大化,长江流域形成了基于垂直合作的层级式环境绩效管理模式,由于信息沟通较为封闭,难以提高环境治理绩效。社会公众的参与能够促使环境管理从集中转向分散,环保部门、企业、社会组织、公众等多元主体构成开放的整体系统和治理结构,形成同一层级的主体之间横向联系密切的扁平化网络结构,使长江经济带从多个区属、独立、封闭的生态环境保护系统转型为区域一体化、互动、开放的环境保护系统。

由于长江经济带涉及多个行政区,扁平化社会管理能够打破省市间的行政分割,使得不同环境保护主体信息沟通更加充分,有助于形成网络化结构,网络节点相互之间形成平等的关系,能够很好地解决环境保护中存在的机构分割、分段管理、各自为政等导致的整体环

境绩效低下问题。

因此,创新公众参与和信息公开方式是提高环境治理能力的有效手段,具体包括:构建制度化的公众或市民环保监督员机制;推广应用环境信息公开 App;在长江沿岸城市环保部门推广"重大环保事项社会稳定风险评估"机制或做法,将其作为一种及时了解公众意见的渠道,以与环境相关的社会矛盾做到防患于未然。此外,促进政府与公众的互信也是公众参与的重要前提。政府有关管理部门需要更新环境治理观念,为公众参与环境决策和环境监督创造条件和保障。公众也需要规范自身参与行为,实现参与环境事务的行为合法化、有序化、专业化及组织化,从互信走向共同治理,发挥公众参与的价值。

第三节　完善环境绩效管理体系

当前,长江经济带环境绩效管理缺乏综合性的法律法规给予保障。虽然《水法》《水污染防治法》《环境保护法》《防洪法》《水土保持法》以及地方政府出台的关于长江流域环境管理的相关管理法规等与长江经济带环境绩效管理有关,但现有的法律法规主要体现在对各个部门职责权限的规范,尚无系统性的法律法规来规范环境绩效管理。

一、推动长江保护立法

通过跨省和跨部门的统筹考虑,推进长江流域立法,以法律形式明确长江经济带生态优先的战略定位,梳理长江经济带的多元利益关系,确定长江经济带环境保护与经济发展中各种法律权利的优先位序,为确立长江经济带生态补偿机制、沿岸各省市的环境治理协调机制等,提供系统的法律法规方案。同时体现长江经济带开发合作的法律规范,将保护与开发相结合,实现"共抓大保护,不搞大开发"的发展目标。

二、构建环境绩效管理的配套制度体系

(一)构建长江流域排污权交易机制

排污权交易机制是能够以最低的社会成本取得污染物排放总量削减目标的市场机制。由流域机构对全流域环境承载力进行核算,提出主要污染物限制排污总量,基于历史排放量进行排污权初始分配,先以免费分配为主,少量拍卖为辅,再逐步过渡到全部拍卖。根据环境容量和治污成本的变化情况,指导排污权合理定价。

(二)探索流域生态补偿创新机制

在长江经济带共抓大保护过程中,可考虑由下游企业对上游具有重大生态价值的区域或对象进行投资,由消费者付费。如投资水源地或水源涵养区,投资人可从水费中获取回报;投资自然保护区、森林公园、湿地公园生态项目,可以门票收入等方式获取回报。

(三)构建生态环境责任管理制度体系

包括环境责任终身追究制度、环境损害赔偿制度、生态环境修复制度。环境责任终身追究对象应包括地方政府主要领导和企业两类主体,把资源消耗、环境损害、生态效益等体现生态文明建设状况的指标纳入官员政绩考核体系,组织部门负责对负有环境责任的地方政府主要领导进行追责。企业生产经营行为产生重大环境事故的,检察机关、公安机关依法对企业及其主要责任人启动环境责任追究程序。环境损害赔偿制度依据全面赔偿、区别对待和限额赔偿的原

则,对非法、过失或故意的环境损害行为施以惩罚性赔偿,防止环境损害行为重犯。赔偿的范围应包括环境公益损害赔偿和环境私益损害赔偿两个部分。生态环境修复制度首先应建立由环境修复基本法与环境修复地方法规组成的环境修复法律体系,对环境修复中涉及的适用范围、基本原则、法律责任、计划和程序、资金保障等重大问题进行详细规定。

(四) 发展绿色金融和绿色 PPP 融资

一方面,为环保企业提供金融产品,主要包括绿色信贷、绿色证券、绿色保险等;另一方面,利用金融市场或金融衍生工具来限制环境污染物的排放,如与碳金融相关的金融产品和服务。鼓励长江经济带设立区域性的绿色担保基金,专门为绿色融资等提供担保。大力发展 BOT、TOT、ROT、BOO、PFI 等 PPP 融资模式,为环保 PPP 行业领域制定相应的行业规范,规范 PPP 模式的流程,规范 PPP 行业的行为,降低风险,促进环保 PPP 模式健康发展。

三、对长江经济带不同区域实施环境绩效差异化管理

第一,上游城市重点提升要素效率。长江经济带上游地区的环境要素效率非常低。长江经济带上游城市群重点以保护和修复生态环境为首要任务,因地制宜地发展生态产业、绿色产业,减少对自然生态系统的负面影响。未来上游城市应改善公共基础设施和公共服务水平,承接下游及中游低污染、较高附加值产业的转移。在优势产业和特色经济发展中注重在当地延伸拓展产业链,提升产业附加值。完善生态补偿机制,将上游地区生态保护和生态修复的外部收益内部化。探索完善自然资本投资机制,使涵养水源、水源地保护、生态林建设等生态系统服务重建工作能够产生与之匹配的经济效益。

第二,对中游城市群,按照重点开发区域的发展要求,降低城市

化和工业化对生态系统健康的影响,以资源环境容量约束经济发展,努力提高环境质量。应推动中游城市群产业结构进一步高端化,大力发展产业链高端高效环节,都市圈应逐步疏解部分产业链中间环节和配套支持产业。中游城市群内部应形成次区域合作,承接产业转移。同时,健全经济要素优化配置机制。

第三,对于下游城市群,按照国家优化开发区域的发展要求,改善区域大气环境质量和水环境质量,优化人口与产业布局,促进产业升级,提升城市科技创新能力,进一步提升城市经济发展效益,构建高附加值的现代产业体系,培育具有一定规模、具备较强国际竞争力的跨国公司和产业集群。下游城市群还应推进环境绩效管理转型,环境治理的重点应该由以控制环境污染为目标导向转移到环境质量持续改善和解决区域共性环境问题上来。制定并实施更加严格的环境质量标准,实现环境绩效水平和环境质量的同步提升。

第四,发挥关键区域的辐射带动作用。充分发挥皖江城市带在长江流域承下启中、区域经济承东启西的区位资源优势,在承接产业转移中注重聚集人才、科技等要素资源,承接区域总部等价值链高端功能,逐步向服务经济为主的产业结构演进,并提升合肥等中心城市的辐射带动功能,带动安庆、池州甚至黄冈、黄石、九江等长江中游城市的发展,促进区域环境绩效水平的整体提升。

参考文献

英文

[1] American Water Resources Association Policy Committee. Case Studies in Integrated Water Resources Management: From Local Stewardship to National Vision [R]. November 2012. www. awra. org/ committees/AWRA-Case-Studies-IWRM. pdf.

[2] Ai H S, Deng Z G, Yang X J. The effect estimation and channel testing of the technological progress on China's regional environmental performance [J]. Ecological Indicators, 2015,51: 67 - 78.

[3] Almeida T A N, García-Sánchez I M. A comparative analysis between composite indexes of environmental performance: An analysis on the CIEP and EPI [J]. Environmental Science & Policy, 2016,64: 59 - 74.

[4] Australian Government. Preliminary Inquiries into the Natural Heritage Trust: Audit Report. [R]. 1997.

[5] Australian National Audit Office, Senate Inquiry Report on Natural Resource Management and Conservation Challenges [R]. Commonwealth of Australia, Canberra, 2010.

[6] Australian National Audit Office, Regional Delivery Model for the Natural Heritage Trust and the National Action Plan for Salinity and Water Quality: Audit Report. [R], 2008.

[7] Byron, I. , Curtis, A. Maintaining volunteer commitment to local watershed initiatives [J]. Environmental Management, 2002,30(1),59 - 67.

[8] Cochran, B. , Logue, C. , A watershed approach to improve water quality: Case study of Clean Water Services' Tualatin River Program. J. Am [J]. Water Resour. Assoc, 2011,47(1),29 - 38.

[9] Costantini V, Mazzanti M, Montini A. Environmental performance, innovation and spillovers. Evidence from a regional NAMEA [J]. Ecological Economics, 2013,89: 101 - 114.

[10] Crowley K. Glocalisation' and ecological modernity: challenges for local environmental governance in Australia [J]. Local Environment, 1998,3(1): 91 - 97.

[11] Davidson, J., Lockwood, M., Griffith, R., Curtis, A., Stratford, E. Status and good practice in Australian NRM governance: Report no. 5 of the project 'Pathways to good practice in regional NRM governance', University of Tasmania, Hobart, 2008.

[12] Emtage, N., Herbohn, J., Harrison, S. Landholder profiling and typologies for natural resource management policy and program support: potential and constraints [J]. Environmental Management, 2007, 40, 481 - 492.

[13] Ezzi F, Jarboui A. Does innovation strategy affect financial, social and environmental performance? [J]. 2016,21(40): 14 - 24.

[14] García-Sánchez I M, Thiago Alexandre das Neves Almeida T A D N. A proposal for a Composite Index of Environmental Performance (CIEP) for countries [J]. Ecological Indicators, 2015,48: 171 - 188.

[15] Ghisetti C, Quatraro F. Beyond inducement in climate change: Does environmental performance spur environmental technologies? A regional analysis of cross-sectoral differences [J]. Ecological Economics, 2013,96: 99 - 113.

[16] Gleeson, G., Dodson, J., Spiller, M. Metropolitan Governance for the Australian City: The Case for Reform, Urban Research Program Issues Paper 12, March. Griffith University, Brisbane, 2010.

[17] Healey, P. Collaborative Planning: Shaping Places in Fragmented Societies. Macmillan, Houndmills, 1997.

[18] Hooper, B. Towards More Effective Integrated Watershed Management in Australia: Results of a National Survey and Implications for Urban Catchment Management, 2002. http: //www. ucowr. siu. edu/updates/pdf/ V100 A5. pdf (accessed 04. 01. 2009).

[19] ISO. ISO 14031: Environmental performance evaluation: Guide-lines [S]. Geneva, ISO, 1999: 5 - 10.

[20] Jin J L, Zhou D, Zhou P. Measuring environmental performance with stochastic environmental DEA: The case of APEC economies [J]. Economic Modelling, 2014,38: 80 - 86.

[21] Keogh, K. , Chant, D. , Frazer, B. Review of Arrangements for Regional Delivery of Natural Resource Management Programmes, Report prepared by the Ministerial Reference Group for Future NRM Programme Delivery, 2006, http://www. nrm. gov. au/publications/books/pubs/regional-deliveryr eview. pdf (accessed 17. 11. 09).

[22] Kinhill, C. M. State of Oxley Creek Catchment Report and Water and Land Use Impact and Management Analysis. Kinhill Cameron McNamara, Brisbane, 1996.

[23] Kraft, M. E. , Johnson, B. N. Clean water and the promise of collaborative decision-making: the case of the Fox-Wolf Basin in Wisconsin. In: Mazmanian, D. A. , Kraft, M. E. (Eds.), Towards Sustainable Communities: Transition and Transformations in Environmental Policy [M]. MIT Press, Cambridge, 1999.

[24] Lockie, S. Community environmental management? Landcare in Australia. In: Lockie, S. , Bourke, L. (Eds.), Rurality Bites: the Social and Environmental Transformation of Rural Australia [M]. Sydney, Pluto Press: 2001.

[25] Margerum, R. D. Integrated environmental management: the foundations for successful practice [J]. Environmental Management, 1999, 24 (2), 151 – 166.

[26] McGinnis, M. D. , Ostrom, E. Social — ecological system framework: initial changes and continuing challenges. Ecol. Soc, 2014,19(2).

[27] Melnyk S A, Sroufe R P. "Calantone R. Assessing the impact of environmental management systems oncorporate and environmental performance" [J]. Journal of Operations Management. 2003. vol. 21(3).

[28] Morrison, T. H. , McAlpine, C. , Rhodes, J. R. , Peterson, A. , Schmidt, P. Back to the future: planning for environmental outcomes and the new caring for our country program. Australian Geographer, 2010,41, 521 –538.

[29] Ostrom, E. Governing the Commons: The Evolution of Institutions for Collective Action [M]. Cambridge University Press, Cambridge, 1990.

[30] Ostrom, E. A diagnostic approach for going beyond panaceas. PNAS, 2007, 104(39),15181 – 15187.

[31] Ostrom, E. A general framework for analyzing sustainability of social — ecological systems [J]. Science (New York, N. Y.), 2009,325(5939),419 – 422.

[32] Ostrom, E. , Cox, M. Moving beyond panaceas: a multi-tiered diagnostic approach for social — ecological analysis [J]. Environ. Conserv, 2010,37

(04)，451－463.

[33] Oxley Creek Catchment Association. Oxley Creek Catchment Management Plan，OCCA，viewed 20/10/2008，http：//www. oxleycreekcat chment. org. au/land use. html.

[34] Queensland Government. South East Queensland Regional Plan 2009－2031 ［R］. Queensland Department of Infrastructure and Planning，Brisbane，2009.

[35] Repar N，Jan Pierrick，Dux D. mplementing farm-level environmental sustainability in environmental performance indicators：A combined global-local approach ［J］. Journal of Cleaner Production，2016.

[36] Rhodes，R. Understanding Governance：Policy Networks，Governance，Reflexivity and Accountability. Philadelphia：Open University Press，1997.

[37] Ruzza，C. European Institutions and the policy discourse of organised civil society. In：Smismans，Stijn（Eds.），Civil Society and Legitimate European Governance. Edward Elgar，London，2006.

[38] Sabatier，P. Top-down and bottom-up approaches to implementation research：a critical analysis and suggested synthesis ［J］. Journal of Public Policy，1986，6，21－48.

[39] Tarlock，A. D. The potential role of local governments in watershed management ［J］. Pace Environmental Law Review，2002，20，149－176.

[40] Thomakos D D，Alexopoulos T A. Carbon intensity as a proxy for environmental performance and the informational content of the EPI ［J］. Energy Policy，2016，94：179－190.

[41] Wen J，Hao Y，Feng G F，Chang C P. Does government ideology influence environmental performance? Evidence based on a new dataset ［J］. 2016，40（2）：232－246.

[42] Western，L. ，Pilgrim，A. Learning as we go：Catchment management in the urban rural fringe ［J］. Australian Journal of Environmental Education，2001，17，143－148.

[43] Willamette Partnership. In it Together：A How-to Reference for Building Point — Nonpoint Water Quality Trading Programs — Case Studies. Willamette Partnership，Hillsboro，OR，2012.

[44] Xu X，Tan Y，Yang G. Environmental impact assessments of the Three Gorges Project in China：Issues and interventions ［J］. Earth-science reviews，2013，124（9）：115－125.

[45] Xu Xibao，Tan Yan，Chen Shuang，et al. Changing patterns and determinants of natural capital in the Yangtze River Delta of China 2000－

2010 [J]. Science of the Total Environment，2014，467(1)：326-337.

[46] Yang S L，Belkin I M，Belkina A I.，et al. Delta response to decline in sediment supply from the Yangtze River：evidence of the recent four decades and expectations for the next half-century [J]. Estuarine，Coastal and Shelf Science，2003，57：789-799.

中文

[47] 蔡其华.考虑河流生态系统保护因素完善水库调度方式[J].中国水利，2006 (2)：14—17.

[48] 蔡新华，刘静.如何推进排污权交易试点？[J].环境经济，2014，(Z2)：56.

[49] 蔡秀锦.关于建立政府环境保护绩效评价制度的思考[J].中国环境管理，2013，5(4)：62—65.

[50] 曹雪.建立南水北调中线水权交易制度[J].现代经济信息，2009，(8)：5—6.

[51] 曹颖，张象枢，刘昕.云南省环境绩效评估指标体系构建[J].环境保护，2006，(1B).

[52] 陈德敏，谭志雄.长江上游流域综合开发治理思路与实现路径研究[J].中国软科学，2010，(11)：1—11.

[53] 陈国阶.对建设长江上游生态屏障的探讨[J].山地学报，2002，20(05)：536—541.

[54] 陈亮，张玉军.构建环境绩效考核机制[J].环境保护，2009，(16)：15—18.

[55] 戴仕宝，杨世伦.近50年来长江水资源特征变化分析[J].自然资源学报，2006，21(04)：501—506.

[56] 邓宏兵.长江中上游地区生态环境建设初步研究[J].地理科学进展，2000，19(2)：173—180.

[57] 丁国蕾，刘云啸，王晓光.长江三角洲主要港口间的协同发展机制[J].城市发展研究，2016，(3)：64—71.

[58] 董战峰，郝春旭.积极构建环境绩效评估与管理制度[J].社会观察，2015，(10)：34—37.

[59] 董竹，张云.中国环境治理投资对环境质量冲击的计量分析——基于VEC模型与脉冲响应函数[J].中国人口·资源与环境，2011，21(8)：61—65.

[60] 杜丽娟，王秀茹，王治国.生态补偿机制现状及发展趋势[J].中国水土保持科学，2008，(6)：120—124.

[61] 段学军，邹辉，王磊.长江经济带建设与发展的体制机制探索[J].地理科学进展，2015，34(11)：1377—1387.

[62] 樊杰，王亚飞，陈东等.长江经济带国土空间开发结构解析[J].地理科学进展，2015，34(11)：1336—1344.

[63] 范继辉，程根伟.长江上游水电开发存在的问题及对策[C].中国水论

坛.2008.

[64] 范继辉.岷江上游水电梯级开发存在的问题及建议[J].中国水利,2005(10)：47—49.

[65] 方创琳,王振波.新型城镇化的战略、思路与方法——长江经济带的束簇状城镇体系构想[J].人民论坛·学术前沿,2015,18：35—45.

[66] 傅为忠,李怡玲.区域技术创新能力对环境绩效影响的实证研究——基于SEM-PLS和DEA相结合[J].工业技术经济,2015,(8)：81—90.

[67] 高柱,李寿德.基于水功能区划的流域初始排污权分配方式研究[J].上海管理科学,2010,(5)：36—38.

[68] 官紫玲.中国省际资源节约指数的空间差异研究[J].自然资源学报,2007,22(5)：718—723.

[69] 郭存芝,凌亢,白先春等.城市可持续发展能力及其影响因素的实证[J].中国人口·资源与环境,2010,20(3)：143—148.

[70] 郭金泉.浅谈我国内河航道和港口的布局研究[J].珠江水运,2013,(9)：72—73.

[71] 国家防汛抗旱总指挥部　中华人民共和国水利部.中国水旱灾害公报[M].中国水利水电出版社,2015,7.

[72] 国家海洋局.中国海洋环境质量公报[EB/OL].国家海洋局,http：//www.coi.gov.cn/gongbao/nrhuanjing/nr2015/201604/t20160414_33874.html,2012016-04-14.

[73] 国家统计局,环境保护部.中国环境统计年鉴2014[M].北京：中国统计出版社,2014.

[74] 国涓,刘丰,王维国.中国区域环境绩效动态差异及影响因素——考虑可变规模报酬和技术异质性的研究[J].资源科学,2013,35(12)：2444—2456.

[75] 海纳小分队.四川为什么强烈反对重庆建小南海水电站[EB/OL].海纳财经,2015-03-21,http：//mt.sohu.com/20150321/n410095937.shtml.

[76] 胡四一.人类活动对长江河口的影响与对策[J].人民长江,2009,9：1—3.

[77] 胡学萃.水电开发要注重利益合理分配[N].中国能源报,2010-07-05：020.

[78] 黄思光.区域环境治理评价的理论与方法研究[D].西北农林科技大学,2005.

[79] 姜爱林.城市环境治理评价的涵义与方法[J].安徽科技,2009(4)：46—48.

[80] 姜翠玲,严以新.水利工程对长江河口生态环境的影响[J].长江流域资源与环境,2003,12(6)：547—551.

[81] 蒋洪强,王金南,程曦.建立完善生态环境绩效评价考核与问责制度[J].环境保护科学,2015,(05)：43—48.

[82] 李干杰.坚持走生态优先、绿色发展之路　扎实推进长江经济带生态环境保护工作[J].环境保护,2016,(11).

［83］ 李国平,李潇,汪海洲.国家重点生态功能区转移支付的生态补偿效果分析
［J］.当代经济科学,2013,35(05):58—64.

［84］ 李鹏,杨世伦,戴仕宝等.近10年来长江口水下三角洲的冲淤变化——兼论
三峡工程蓄水的影响［J］.地理学报,2007,26(7):707—716.

［85］ 李天惊.长江干线危险品物流港口布局研究［D］.武汉理工大学,2009.

［86］ 李伟.长江上游生态屏障建设的经济学分析［D］.四川大学,2006.

［87］ 李学辉,邱世美,方爱琼.强化长江流域危化品运输管控［N］.中国环境报,
2016-04-28.

［88］ 李亦秋,鲁春霞,邓欧等.流域库坝工程开发的生物多样性敏感度分析［J］.
生态学报,2014,34(11):3081—3089.

［89］ 刘鹤,金凤君,刘毅.中国石化产业空间组织的演进历程与机制［J］.地理研
究,2012,31(11):2031—2043.

［90］ 刘金龙,杨明霞.以"五个一定"治企 建设一流电厂［J］.思想工作,2005
(2):44—45.

［91］ 刘世庆,郭时君,林睿等.中国水权制度特点及水权改革探索［J］.工程研
究—跨学科视野中的工程,2016,(1):12—22.

［92］ 刘淑德,线薇薇.长江口及其近邻水域鱼类浮游生物群落的时空格局［J］.生
物多样性杂志,2009,2:152—159.

［93］ 刘卫先.对我国水权的反思与重构［J］.中国地质大学学报:社会科学版,
2014,(2):75—84.

［94］ 刘洋,毕军.生态补偿视角下长江经济带可持续发展战略［J］.中国发展,
2015,(1):15—20.

［95］ 刘宇.中国化学工业年鉴(2014)［Z］.中国化工信息中心,2015.

［96］ 卢小兰.中国省级区域资源环境绩效实证分析［J］.江汉大学学报(社会科学
版),2013,(1).

［97］ 陆民敏.促进长江港口可持续发展的思考［J］.中国水运,2015,(7):
24—25.

［98］ 马嘉铭.矿山环境治理绩效评价与预测研究［D］.中国地质大学,2012.

［99］ 马建平.我国区域环境治理水平差异及影响因素分析［J］.环境与可持续发
展,2012,37(3):90—94.

［100］ 马鹏翔,杨金锋,虞孔卡.产业集中度视角下长江上游化工产业发展研究
［J］.三峡大学学报(人文社会科学版),2010(S):28—30.

［101］ 孟祺,尹云松,孟令杰.流域初始水权分配研究进展［J］.长江流域资源与环
境,2008,(5):734—739.

［102］ 孟志华.对我国环境绩效审计研究现状的评述［J］.山东财政学院学报,
2011,(1):70—73.

［103］ 牛新国,李月彬.城市可持续发展评价指标体系初探［J］.环境保护,1998

(8)：21—23.

[104] 钱翌,刘莹.中国流域环境管理体制研究[J].生态经济,2010,(1)：161—165.

[105] 任丙强.地方政府环境治理能力及其路径选择[J].内蒙古社会科学：汉文版,2016,37(1)：25—30.

[106] 任勇,俞海,冯东方等.建立生态补偿机制的战略与政策框架[J].环境保护,2006,(19)：18—23.

[107] 任勇,俞海,冯东方等.建立生态补偿机制的战略与政策框架[J].环境保护,2006,(19)：18—23.

[108] 上海安全生产科学研究所.航运隐患重 重危化品船舶成长江"移动炸弹"[EB/OL].上海安全生产科学研究所,2016 - 01 - 05.

[109] 水利部长江水利委员会.长江泥沙公报 2014[R].水利部长江水利委员会,2015.

[110] 孙鹏,曾刚,尚勇敏等.中国大都市主体功能区规划的理论与实践——以上海市为例[M].南京：东南大学出版社,2014.

[111] 唐纯喜.关于推进长江流域综合管理的思考[J].人民长江,2014,(23)：22—26.

[112] 唐冠军.服务长江经济带 黄金水道当先行[J].学习月刊,2015,(8)：28—29.

[113] 唐冠军.新常态下的长江航运与长江经济带建设[J].武汉交通职业学院学报,2015,(1)：1—6.

[114] 唐冠军.以五大发展理念为指导加快推进长江港口现代化[J].水运管理,2016,(3)：10—13.

[115] 田超,王磊.长江中游城市群石化产业空间组织研究——现状、机制与路径[J].世界地理研究,2016(3)：106—114.

[116] 汪燕.生态环保成为长江经济带发展主题[J].浙江经济,2016(3)：41.

[117] 王海平,周慧.长江经济带重化产量占全国46% 急需转型[N].21世纪经济报道,2016 - 01 - 16.

[118] 王海伟.长江流域水资源综合管理探讨[J].人民长江,2014,(23)：1—5.

[119] 王健.我国生态补偿机制的现状及管理体制创新[J].中国行政管理,2007,(11)：87—91.

[120] 王金南,龙凤,葛察忠等.排污费标准调整与排污收费制度改革方向[J].环境保护,2014,(19)：37—39.

[121] 王俊能,许振成,胡习邦等.基于DEA理论的中国区域环境效率分析[J].中国环境科学,2010,30(4)：565—570.

[122] 王树华.长江经济带跨省域生态补偿机制的构建[J].改革,2014(6)：32—34.

[123] 王玉宽,孙雪峰,邓玉林等.对生态屏障概念内涵与价值的认识[J].山地学

报,2005,23(04):431—436.

[124] 魏艳素,肖淑芳,程隆云.环境会计:相关理论与实务[M].北京:机械工业出版社.2006.

[125] 翁俊豪,徐鹤.基于数据包络分析的城市环境绩效评估研究[J].未来与发展,2016,(3):49—57.

[126] 翁立达.专家:长江上游水电开发出现"跑马圈水"局面[N].人民日报海外版,2009-09-13.

[127] 乌兰,李玉新.区域环境绩效评估的基本思路及应用研究[J].东岳论丛,2013,34(12):132—135.

[128] 吴次芳,鲍海君,徐宝根.我国沿海城市的生态危机与调控机制——以长江三角洲城市群为例[J].中国人口·资源与环境,2005,15(3):32—37.

[129] 伍世安.改革和完善我国排污收费制度的探讨[J].财贸经济,2007,(8):65—67.

[130] 肖建华,游高端.地方政府环境治理能力刍议[J].天津行政学院学报,2011(5):64—69.

[131] 谢花林,李波.城市生态安全评价指标体系与评价方法研究[J].北京师范大学学报:自然科学版,2004,40(5):705—710.

[132] 谢瑞娟.2015年长江干线主要港口企业集装箱生产经营分析[J].中国港口,2016,(2):13—16.

[133] 辛明.长江口海域关键环境因子的长期变化及其生态效应[D].中国海洋大学,2014.

[134] 熊学海.长江经济带流域生态补偿机制构建研究[J].经营管理者,2015(24):227.

[135] 徐伯海.绿色港口的规划与布局[J].中国水运:学术版,2007,(4):2—1:1.

[136] 燕文明,刘凌.长江流域生态环境问题及其成因[J].河海大学学报(自然科学版),2006,34(6):610—613.

[137] 杨芳,潘晨,贾文晓等.长三角地区生态环境与城市化发展的区域分异性研究[J].长江流域资源与环境,2015,24(7):1094—1101.

[138] 杨桂山,徐昔保,李平星.长江经济带绿色生态廊道建设研究[J].地理科学进展,2015,34(11):1356—1367.

[139] 杨桂山.长江水问题基本态势及其形成原因与防控策略[J].长江流域资源与环境,2012,21(7):821—830.

[140] 杨建党.长江经济带战略背景下港口经济发展的思考?[J].武汉交通职业学院学报,2015,(4):1—3.

[141] 杨欧,刘苍宇.上海市湿地资源开发利用的可持续发展研究[J].海洋开发与管理,2002,(6):42—45.

[142] 杨青山,张郁,李雅军.基于 DEA 的东北地区城市群环境效率评价[J].经济地理,2012,32(9):51—56.

[143] 杨勇.审视西南水电开发的地质风险和泥沙问题[N].科学时报,2009-2-20.

[144] 尧斯丹.依靠统一战线　全面建成长江上游生态屏障[J].四川统一战线,2015,(7):61—61.

[145] 姚瑞华,赵越,王东等.长江中下游流域水环境现状及污染防治对策[J].人民长江,2014,(S1):45—47.

[146] 姚瑞华,赵越,杨文杰等.长江经济带生态环境保护规划研究初探[J].环境保护科学,2015,41(6):15—19.

[147] 叶闽,王孟,雷阿林等.长江流域实施排污权交易初探[J].人民长江,2008,39(23).

[148] 叶闽,肖彩,杨国胜等.浅论我国排污权交易机制的构建[J].人民长江,2008,39(02):66—68.

[149] 叶闽,杨芳,王孟.长江流域排污权交易制度框架设计研究[J].人民长江,2011,42(02):116—120.

[150] 虞孝感.长江流域生态环境的意义及生态功能区段的划分[J].长江流域资源与环境,2002,11(4):323—326.

[151] 原金.长江危化品运输安全升级　2016 年起禁行部分船舶[N].每日经济新闻,2014-06-24.

[152] 张建升.我国主要城市群环境绩效差异及其成因研究[J].经济体制改革,2016,(01):57—62.

[153] 张忠孝.重拳出击彻底整治"四无"水电站[J].中国农村水电及电气化,2005(2—3):13—14.

[154] 张子龙,陈兴鹏,逯承鹏.中国工业环境绩效动态变化的经验分析[J].统计与决策,2015b,(12):113—116.

[155] 张子龙,逯承鹏,陈兴鹏.中国城市环境绩效及其影响因素分析:基于超效率 DEA 模型和面板回归分析[J].干旱区资源与环境,2015a,29(6):1—7.

[156] 章轲.长江上游水电无序开发造成生态失衡[N].第一财经日报,2011-06-14.

[157] 长江水电开发警惕过度行为[N].第一财经日报,2007-04-19:A02.

[158] 智颖飙,邱爱军,王再岚,等.新疆资源环境绩效研究[J].中国人口·资源与环境,2009,19(4):61—65.

[159] 中国环保在线.中国长江口水污染致赤潮爆发频率加快[EB/OL].2015-02-02.http://www.hbzhan.com/Company_news/Detail/164389.html.

[160] 中华人民共和国环境保护部.2014 年环境统计年报[R],中华人民共和国环境保护部,2014,http://zls.mep.gov.cn/hjtj/nb/2014tjnb/201601/

t20160122_326785.htm

[161] 中华人民共和国环境保护部.2014 年中国环境状况公报[R].中华人民共和国环境保护部,2015,05.

[162] 中华人民共和国水利部.2014 年中国水土保持公报[R].中华人民共和国水利部,2015.

[163] 钟勤建.统筹生态环境监管与治理加快建设长江绿色生态走廊[J].前进论坛,2016(2):38—39.

[164] 钟云霞,杨鸿山,赵立清等.长江口水域氮、磷的变化及其影响[J].中国水产科学,1999,6(5):6—9.

[165] 周家艳,李冰,王水等.中国化工园区发展现状及环境风险管理策略研究[J].污染防治技术,2012(3):5—10.

[166] 周智玉.环境 DEA 模型改进及其在城市环境绩效评价中的应用[J].科技进步与对策,2016,33(4):112—118.

[167] 朱和.世界化工园区的百年之路[J].中国石油石化,2006(9):24—25.

[168] 朱静,万新南,江玲龙.关于完善中国生态补偿机制若干问题的研究[J].环境科学与管理,2007,32(12):158—161.

[169] 朱磊.长江流域水电开发须专门立法[N].法制日报,2013-06-24:003.

后　记

区域可持续发展离不开良好的环境管理,而环境绩效评价则是提升环境管理水平的重要环节之一。2016年,在推动长江经济带发展座谈会上,习近平总书记指出,长江流域要共抓大保护,不搞大开发,长江生态环境修复在今后要处在区域发展的压倒性位置。去年7月,我们上海社会科学院生态与可持续发展研究所曾联合多家单位发布了长三角城市环境绩效指数,希望通过定量计量的方法,为长三角城市群未来的环境治理和合作提供参考。

鉴于长江经济带生态文明建设在国家发展战略中的重要意义,本课题组在长三角城市环境绩效指数研究的基础上,对长江经济带环境绩效管理开展研究,并对长江经济带不同功能区进行了实地调研。在实证研究的基础上,我们撰写了本书。

本书是周冯琦研究员主持的国家社科基金重大项目《我国环境绩效管理体系研究》(课题编号:12&ZD081)以及上海社会科学院重大项目《长江经济带生态环境治理深化研究》课题的中期成果。它融入了全球环境绩效管理研究与实践的最新进展,总结了长江经济带生态环境问题及其成因,分析了长江经济带环境绩效管理现状,系统评价了长江沿岸29个城市和长三角"15+1"城市的环境绩效发展水平,围绕长江上游支流与干流绿色协同发展、优化长江经济带化学工业布局、长江港口现代化建设、扶贫攻坚与保护长江、长江上游珍稀特有鱼类保护等专题深入剖析了长江经济带环境治理的现状与瓶颈并提出对策建议。

在前期实地调研过程中，课题组得到了上海社会科学院王战院长、于信汇书记等相关领导，云南省社会科学院、云南省环保厅、云南省水利厅、云南省环境规划院、云南省扶贫办、昭通市政府，四川省泸州市环保局、宜宾市环保局、宜宾临港经济开发区等单位的大力支持，在此一并致以诚挚的谢意。上海社会科学院生态与可持续发展研究所的程进、陈宁、刘新宇、刘召峰、曹莉萍、尚勇敏、张希栋等同志参与了本书的编写。

由于环境绩效管理研究仍在不断发展和完善之中，本书不足之处在所难免，敬请读者批评指正。

作　者
2016 年

图书在版编目(CIP)数据

长江经济带环境绩效评估报告 / 周冯琦等著.—上海：上海社会科学院出版社,2016

ISBN 978-7-5520-1596-6

Ⅰ.①长… Ⅱ.①周… Ⅲ.①长江经济带—环境管理—评估—研究报告 Ⅳ.①X321.250.2

中国版本图书馆 CIP 数据核字(2016)第 252276 号

长江经济带环境绩效评估报告

著　　者：周冯琦　程　进　陈　宁 等
责任编辑：董汉玲
封面设计：李　廉
出版发行：上海社会科学院出版社
　　　　　上海顺昌路 622 号　邮编 200025
　　　　　电话总机 021－63315900　销售热线 021－53063735
　　　　　http://www.sassp.org.cn　E-mail:sassp@sass.org.cn
照　　版：南京前锦排版服务有限公司
印　　刷：上海颛辉印刷厂
开　　本：710×1010 毫米　1/16 开
印　　张：22.75
插　　页：2
字　　数：290 千字
版　　次：2016 年 11 月第 1 版　　2016 年 11 月第 1 次印刷

ISBN 978-7-5520-1596-6/X·010　　　　　　定价：80.00 元